经济应用数学基础

新形态教材

概率论与数理统计

第三版　学习参考

姚孟臣 / 编著

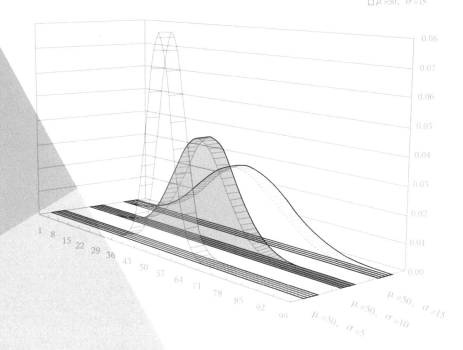

中国人民大学出版社
·北京·

出版说明

为适应公共数学教学形势的发展，我社邀请姚孟臣教授编写了《概率论与数理统计》. 同时，为了满足广大读者尤其是自学读者的学习需要，我们邀请他编写了这本学习参考读物. 本书是一本教与学的参考书.

这里要特别指出的是，编写、出版学习参考书的目的是使读者更加清晰、准确地把握正确的解题思路和方法，扩大知识面，加深对教材内容的理解，及时纠正解题中出现的错误，克服在一些习题求解过程中遇到的困难. 读者一定要本着对自己负责的态度，先自己做教材中的习题，不要先看解答或抄袭解答，在独立思考、独立解答的基础上，再参考本书，并领会注释中的点评，总结规律、加深对基本概念的理解、提高解题能力.

《概率论与数理统计（第三版）学习参考》各章内容均分为两部分.

（一）习题解答与分析

该部分基本上对《概率论与数理统计》（第三版）中的习题给出了解答，并结合教与学作了大量的分析和注释. 通过这些分析和注释，读者可以深刻领会教材中基本概念的准确含义，开阔解题思路，掌握解题方法，避免在容易发生错误的环节出现问题，从而提高解题能力，培养良好的数学思维.

（二）参考题（附解答）

该部分编写了一些难度略大且有参考价值的题目，目的是给愿意多学一些、多练一些的学生及准备考研的读者提供一些自学材料，也为教师在复习、考试等环节的命题工作提供一些参考资料.

本书给出了较多的单项选择题. 单项选择题是答案唯一且不考核推理步骤的题型，因此，不论用什么方法（诸如排除法、图形法、计算法、逐项检查法，等等），只要能找出正确选项即可. 在必须使用逐项检查法时，只要检查到符合题目要求的选项，即可得出答案，停止检查，不必将所有选项全部检查完. 但是选择题的各个选项恰恰具有迷惑性、内容容易混淆或计算容易出错，恰恰是需要读者搞清楚的问题，所以本书作为辅导书，在使用逐项检查法时，对四个选项均做了探讨，目的是使读者不仅能解答这个题目，而且能对这个题目有更全面、更准确的认识，通过总结规律，提高知识水平与解题技能．必须提醒读者，在参加考试时，一旦辨别出所要求的选项，即可停止探讨，不必继续往下讨论，以免浪费考试时间．

　　本书是我社出版的姚孟臣教授编写的《概率论与数理统计》（第三版）的配套参考书，但它本身独立成书，选用其他概率论与数理统计教材的读者也可以选作参考书，同时也适合自学或准备考研的读者作为自学练习读物．

　　由于多方面的原因，书中不妥之处在所难免，我们衷心欢迎广大读者批评指正．

中国人民大学出版社

2022 年 4 月

前言

本书是姚孟臣教授编写的《概率论与数理统计》(第三版)的学习参考书. 它涵盖了经济管理专业有关教学大纲的全部内容与基本要求，分为习题解答与分析、参考题（附解答）两个部分. 由于各个学校不同专业方向的学生对数学基础知识的掌握存在一定的差异，我们建议，使用时有些内容如方差分析、回归分析等可视教学需要与学时安排略去不讲；有些较难的习题，如（B）中的某些题目则不要求学生掌握.

在本书的编写过程中，我们参考了有关教材和著作，并且从中选取了一些例题和习题，书中没有一一注明，再次一并向有关作者致谢!

由于编者水平有限，书中难免有不妥之处，恳请读者批评指正.

编者

2022 年 4 月

目　　录

第1章

随机事件及其概率

（一）习题解答与分析

（A）

1. 写出下列随机试验的样本空间 Ω：

(1) 同时掷两枚骰子，记录两枚骰子点数之和；

(2) 10 件产品中有 3 件是次品，每次从中取 1 件，取出后不再放回，直到 3 件次品全部取出为止，记录抽取的次数；

(3) 生产某种产品直到得到 10 件正品，记录生产产品的总件数；

(4) 将一尺之棰折成三段，观察各段的长度.

解 (1) $\Omega = \{2, 3, \cdots, 12\}$；

(2) $\Omega = \{3, 4, \cdots, 10\}$；

(3) $\Omega = \{10, 11, \cdots\}$；

(4) 分别用 x, y, z 表示三段的长度，我们有
$$\Omega = \{(x, y, z) \mid x > 0, y > 0, z > 0, x + y + z = 1\}.$$

2. 设 A, B, C 是三个事件，用 A, B, C 的运算关系表示下列事件：

(1) A 与 B 都发生，而 C 不发生；　　(2) A, B, C 中至少有一个发生；

(3) A, B, C 都不发生；　　(4) A, B, C 中不多于一个发生；

(5) A, B, C 中不多于两个发生；　　(6) A, B, C 中至少有两个发生.

解 (1) $AB\overline{C}$；

(2) $A + B + C$；

(3) $\overline{A}\overline{B}\overline{C}$ 或 $\overline{A + B + C}$；

(4) $\overline{A}\overline{B}\overline{C} + A\overline{B}\overline{C} + \overline{A}B\overline{C} + \overline{A}\overline{B}C$ 或 $\overline{B}\overline{C} + \overline{A}\overline{C} + \overline{A}\overline{B}$；

(5) $\overline{A} + \overline{B} + \overline{C}$ 或 $\overline{ABC}$；

(6) $AB + AC + BC$ 或 $ABC + AB\overline{C} + A\overline{B}C + \overline{A}BC$.

3. 停车场有 10 个车位排成一行, 现在停着 7 辆车. 求恰有 3 个连接的车位空着的概率.

解 设 $A=\{$恰有 3 个连接的车位空着$\}$.

因为这个试验样本空间共有 C_{10}^3 个样本点, 事件 A 包含 8 个样本点, 这可由车位号 $123, 234, 345, \cdots, 8910$ 得到. 所以

$$P(A)=\frac{8}{C_{10}^3}=\frac{1}{15}.$$

4. 某产品 50 件, 其中有次品 5 件. 现从中任取 3 件, 求其中恰有 1 件次品的概率.

解 这是一个古典概型问题, 设 $A=\{$其中恰有 1 件次品$\}$.

$$n=C_{50}^3, \qquad m=C_5^1 C_{45}^2,$$

故

$$P(A)=\frac{m}{n}=\frac{C_5^1 C_{45}^2}{C_{50}^3}=\frac{99}{392}.$$

注意 无放回抽取时, 建议使用组合公式来计算, 这样较为方便.

5. 从一副扑克牌的 13 张梅花中, 有放回地取 3 次, 求 3 张都不同号的概率.

解 这是一个古典概型问题, 设 $A=\{3$ 张都不同号$\}$.

$$n=13^3, \qquad m=P_{13}^3,$$

故

$$P(A)=\frac{m}{n}=\frac{P_{13}^3}{13^3}=\frac{132}{169}.$$

注意 有放回抽取时, 建议使用排列公式来计算, 这样较为方便.

6. 某化工商店出售的油漆中有 15 桶标签脱落, 售货员随意重新贴上了标签. 已知这 15 桶中有 8 桶白漆, 4 桶红漆, 3 桶黄漆. 现从这 15 桶中取 6 桶给一欲买 3 桶白漆、2 桶红漆、1 桶黄漆的顾客, 那么这位顾客正好买到自己所需的油漆的概率是多少?

解 设 $A=\{6$ 桶油漆中恰好有 3 桶白漆、2 桶红漆、1 桶黄漆$\}$.

$$P(A)=\frac{C_8^3 C_4^2 C_3^1}{C_{15}^6}=\frac{144}{715}\approx 0.201.$$

7. 10 个塑料球中有 3 个黑色, 7 个白色, 今从中任取 2 个, 求在已知其中一个是黑色球的条件下, 另一个也是黑色球的概率.

解 设 $A_i=\{$两个球中有 i 个黑球$\}(i=0,1,2), B=\{$其中有一个是黑球$\}$, 本题所求为 $P(A_2 \mid B)$.

因为 $B=A_1+A_2, A_1$ 与 A_2 互不相容, 所以

$$P(B)=P(A_1)+P(A_2)=\frac{C_3^1 C_7^1}{C_{10}^2}+\frac{C_3^2}{C_{10}^2}=\frac{8}{15},$$

或

$$P(B)=1-P(\bar{B})=1-P(A_0)=1-\frac{C_7^2}{C_{10}^2}=\frac{8}{15}.$$

又因为 $A_2 B=A_2$, 所以

$$P(A_2 B)=P(A_2)=\frac{C_3^2}{C_{10}^2}=\frac{1}{15},$$

$$P(A_2 \mid B)=\frac{P(A_2 B)}{P(B)}=\frac{1}{8}.$$

8. 从 5 副不同的手套中任取 4 只,求这 4 只都不配对的概率.

解 这是一个古典概型问题,设 $A=\{4$ 只都不配对$\}$.

方法 1(使用排列方法) 考虑到抽取是有序的,因此
$$n=\mathrm{P}_{10}^4,$$
这时 4 只都不配对,共有 $m=\mathrm{C}_{10}^1\cdot\mathrm{C}_8^1\cdot\mathrm{C}_6^1\cdot\mathrm{C}_4^1$ 种情况,故
$$P(A)=\frac{\mathrm{C}_{10}^1\mathrm{C}_8^1\mathrm{C}_6^1\mathrm{C}_4^1}{\mathrm{P}_{10}^4}=\frac{8}{21}.$$

方法 2(使用组合方法) 由于没有考虑抽取的顺序,因此
$$n=\mathrm{C}_{10}^4,$$
这时 4 只都不配对,共有 $m=\mathrm{C}_5^4\mathrm{C}_2^1\mathrm{C}_2^1\mathrm{C}_2^1\mathrm{C}_2^1$ 种情况,故
$$P(A)=\frac{\mathrm{C}_5^4\cdot 2^4}{\mathrm{C}_{10}^4}=\frac{8}{21}.$$

9. 三个人独立地破译一个密码,他们能译出的概率分别为 $\frac{1}{5},\frac{1}{3},\frac{1}{4}$,求此密码能译出的概率.

解 设 $B=\{$此密码能译出$\}$,$A_i=\{$第 i 个人能译出$\}$,$i=1,2,3$.

方法 1(加法公式) 由于 $B=A_1+A_2+A_3$,根据加法公式,我们有
$$\begin{aligned}P(B)&=P(A_1+A_2+A_3)\\&=P(A_1)+P(A_2)+P(A_3)-P(A_1)P(A_2)\\&\quad-P(A_2)P(A_3)-P(A_3)P(A_1)\\&\quad+P(A_1)P(A_2)P(A_3)\\&=\frac{1}{5}+\frac{1}{3}+\frac{1}{4}-\frac{1}{5}\times\frac{1}{3}-\frac{1}{3}\times\frac{1}{4}\\&\quad-\frac{1}{4}\times\frac{1}{5}+\frac{1}{3}\times\frac{1}{4}\times\frac{1}{5}\\&=\frac{3}{5}.\end{aligned}$$

方法 2(乘法公式) 由于 $\overline{B}=\overline{A}_1\overline{A}_2\overline{A}_3$,根据独立情况下的乘法公式,我们有
$$P(\overline{B})=P(\overline{A}_1)P(\overline{A}_2)P(\overline{A}_3)$$
$$=\left(1-\frac{1}{5}\right)\left(1-\frac{1}{3}\right)\left(1-\frac{1}{4}\right)=\frac{24}{60}=\frac{2}{5},$$
故
$$P(B)=1-P(\overline{B})=\frac{3}{5}.$$

分析 由此可见,多个独立事件和的计算使用乘法公式较为方便.

10. 设某种产品 50 件为一批,如果每批产品中没有次品的概率为 0.35,有 1,2,3,4 件次品的概率分别为 0.25,0.2,0.18,0.02.今从某批产品中任取 10 件,检查出一件次品,求该批产品中次品不超过 2 件的概率.

解 设 $A_i=\{$一批产品中有 i 件次品$\}(i=0,1,2,3,4)$，$B=\{$任取 10 件，检查出一件次品$\}$，本题所求为

$$P(A_0\mid B)+P(A_1\mid B)+P(A_2\mid B).$$

因为

$$P(B\mid A_0)=0,$$

$$P(B\mid A_1)=\frac{C_1^1 C_{49}^9}{C_{50}^{10}}=\frac{1}{5},$$

$$P(B\mid A_2)=\frac{C_2^1 C_{48}^9}{C_{50}^{10}}=\frac{16}{49},$$

$$P(B\mid A_3)=\frac{C_3^1 C_{47}^9}{C_{50}^{10}}=\frac{39}{98},$$

$$P(B\mid A_4)=\frac{C_4^1 C_{46}^9}{C_{50}^{10}}=\frac{988}{2\,303}.$$

又因为 A_0,A_1,A_2,A_3,A_4 构成一个完备事件组，所以

$$P(B)=\sum_{i=0}^{4}P(A_i)P(B\mid A_i)$$

$$=0.35\times 0+0.25\times\frac{1}{5}+0.2\times\frac{16}{49}$$

$$+0.18\times\frac{39}{98}+0.02\times\frac{988}{2\,303}$$

$$\approx 0.196,$$

$$P(A_0\mid B)=\frac{P(A_0)P(B\mid A_0)}{P(B)}=0,$$

$$P(A_1\mid B)=\frac{P(A_1)P(B\mid A_1)}{P(B)}\approx 0.255,$$

$$P(A_2\mid B)=\frac{P(A_2)P(B\mid A_2)}{P(B)}\approx 0.333,$$

所以 $P(A_0\mid B)+P(A_1\mid B)+P(A_2\mid B)=0.588.$

11. 两台机床加工同样的零件，第一台出现废品的概率是 0.03，第二台出现废品的概率是 0.02.加工出来的零件放在一起，并且已知第一台加工的零件比第二台加工的零件多一倍，求任意取出的零件是合格品的概率；如果任意取出的零件经检查是废品，求它是由第二台机床加工的概率.

解 设 $A_i=\{$第 i 台机床生产的产品$\}(i=1,2)$，$B=\{$任取一件是废品$\}$.由题意有

$$P(A_1)=\frac{2}{3},\quad P(A_2)=\frac{1}{3},$$

$$P(B\mid A_1)=0.03,\quad P(B\mid A_2)=0.02.$$

(1) 由全概率公式有

$$P(B) = \sum_{i=1}^{2} P(A_i)P(B \mid A_i)$$

$$= \frac{2}{3} \times 0.03 + \frac{1}{3} \times 0.02 \approx 0.026\,7,$$

$$P(\bar{B}) = 1 - P(B) = 0.973\,3.$$

(2) 由逆概公式,有

$$P(A_2 \mid B) = \frac{P(A_2 B)}{P(B)} = \frac{P(A_2)P(B \mid A_2)}{P(B)}$$

$$= \frac{\frac{1}{3} \times 0.02}{\frac{2}{3} \times 0.03 + \frac{1}{3} \times 0.02} = 0.25.$$

12. 盒中有 12 个乒乓球,其中有 9 个是新的.第一次比赛时从中任取 3 个,用后仍放回盒中,第二次比赛时再从盒中任取 3 个,求第二次取出的球都是新球的概率.又已知第二次取出的球都是新球,求第一次取到的都是新球的概率.

解 设 $A_i = \{$第一次取出的 3 个球中有 i 个新球$\}(i = 0, 1, 2, 3)$,$B = \{$第二次取出的都是新球$\}$.由题意,我们有

$$P(A_i) = \frac{C_9^i C_3^{3-i}}{C_{12}^3} \quad (i = 0, 1, 2, 3),$$

而

$$P(B \mid A_i) = \frac{C_{9-i}^3}{C_{12}^3}.$$

由全概率公式,有

$$P(B) = \sum_{i=0}^{3} P(A_i)P(B \mid A_i)$$

$$= \sum_{i=0}^{3} \frac{C_9^i C_3^{3-i}}{C_{12}^3} \cdot \frac{C_{9-i}^3}{C_{12}^3}$$

$$\approx 0.145\,8.$$

再由逆概公式,有

$$P(A_3 \mid B) = \frac{\frac{C_9^3}{C_{12}^3} \cdot \frac{C_6^3}{C_{12}^3}}{P(B)} = \frac{5}{21}.$$

13. 某仪器有三个独立工作的元件,它们损坏的概率都是 0.1,当一个元件损坏时,仪器发生故障的概率为 0.25;当两个元件损坏时,仪器发生故障的概率为 0.6;当三个元件损坏时,仪器发生故障的概率为 0.95.求仪器发生故障的概率.

解 设 $A_i = \{$三个元件中有 i 个损坏$\}(i = 0, 1, 2, 3)$,$B = \{$仪器发生故障$\}$.

因为

$$P(A_0) = 0.9^3 = 0.729,$$

$$P(A_1)=C_3^1 \times 0.1 \times 0.9^2 = 0.243,$$

$$P(A_2)=C_3^2 \times 0.1^2 \times 0.9 = 0.027,$$

$$P(A_3)=0.1^3 = 0.001,$$

且 A_0, A_1, A_2, A_3 构成一个完备事件组.

又因为

$$P(B \mid A_0)=0, \quad P(B \mid A_1)=0.25,$$

$$P(B \mid A_2)=0.6, \quad P(B \mid A_3)=0.95,$$

所以

$$P(B)=\sum_{i=0}^{3} P(A_i)P(B \mid A_i) \approx 0.078.$$

14. 某人买了四节电池,已知这批电池有百分之一的产品不合格.求这人买到的四节电池中恰好有一节、二节、三节、四节不合格的概率.

解 设 $A_i = \{$四节电池中有 i 节是不合格的$\}$ $(i=1,2,3,4)$

$$P(A_1)=C_4^1 \times 0.01 \times 0.99^3 \approx 0.039,$$

$$P(A_2)=C_4^2 \times 0.01^2 \times 0.99^2 \approx 0.000\,6,$$

$$P(A_3)=C_4^3 \times 0.01^3 \times 0.99 \approx 4 \times 10^{-6},$$

$$P(A_4)=0.01^4 = 10^{-8}.$$

15. 设某人打靶,命中率为 0.6.现独立地重复射击 6 次,求至少命中两次的概率.

解 这是一个伯努利概型问题.由题意,有

$$P_6(\mu \geqslant 2) = 1 - P_6(\mu < 2)$$

$$= 1 - P_6(\mu=0) - P_6(\mu=1)$$

$$= 1 - C_6^0 \times 0.6^0 \times 0.4^6 - C_6^1 \times 0.6^1 \times 0.4^{6-1}$$

$$= 1 - 0.4^6 - 6 \times 0.6 \times 0.4^5$$

$$= 0.959\,04.$$

16. 设 A, B 为两个事件,$P(A \mid B)=P(A \mid \bar{B}), P(A)>0, P(B)>0$,证明：$A$ 与 B 独立.

证 由于 $0 < P(B) < 1$,并且

$$P(A \mid B)=\frac{P(AB)}{P(B)}, \quad P(A \mid \bar{B})=\frac{P(A\bar{B})}{P(\bar{B})}.$$

因为已知 $P(A \mid B)=P(A \mid \bar{B})$,所以

$$\frac{P(AB)}{P(B)}=\frac{P(A\bar{B})}{P(\bar{B})}. \qquad \qquad ①$$

又因为 AB 与 $A\bar{B}$ 互不相容,且 $AB+A\bar{B}=A$,所以

$$P(A)=P(AB)+P(A\bar{B}),$$

$$P(A\bar{B})=P(A)-P(AB). \qquad \qquad ②$$

将式②代入式①得

$$P(AB)[1-P(B)]=[P(A)-P(AB)]P(B),$$

化简得 $$P(AB)=P(A)P(B).$$

所以 A 与 B 独立.

17. 事件 A,B 相互独立,且 $P(A)>0$,$P(B)>0$,证明:A 与 B 必不互斥.

证 由于 A,B 相互独立,有
$$P(AB)=P(A)\cdot P(B),\text{而 }P(A)\cdot P(B)>0,$$
即 $P(AB)>0$,因此 A 与 B 必不互斥.

18. 事件 A,B 互斥,且 $P(A)>0$,证明:$P(B|A)=0$.

证 由于 A,B 互斥,即 $AB=\varnothing$,所以 $P(AB)=0$.而
$$P(AB)=P(A)\cdot P(B\mid A),$$
由于 $P(A)>0$,故 $P(B|A)=0$.

19. 设 A,B 为两个随机事件,若 $B\subset\overline{A}$,证明:$\overline{A}+\overline{B}=U$.

证 由于 $B\subset\overline{A}$,所以 A 与 B 互斥,即 $AB=\varnothing$.因此
$$\overline{A}+\overline{B}=\overline{AB}=\overline{\varnothing}=U.$$

20. 若事件 A,B 相互独立,证明:$\overline{A}$ 与 $\overline{B}$ 亦相互独立.

证 因为 A 与 B 相互独立,有
$$P(AB)=P(A)P(B).$$
根据事件的关系与运算,我们有
$$\begin{aligned}
P(\overline{A}\,\overline{B})&=P(\overline{A+B})=1-P(A+B)\\
&=1-P(A)-P(B)+P(AB)\\
&=1-P(A)-P(B)+P(A)\cdot P(B)\\
&=1-P(A)-P(B)[1-P(A)]\\
&=[1-P(A)]\cdot[1-P(B)]\\
&=P(\overline{A})\cdot P(\overline{B}),
\end{aligned}$$
所以 $\overline{A}$ 与 $\overline{B}$ 亦相互独立.

(B)

1. 以 A 表示事件"甲种产品畅销,乙种产品滞销",则其对立事件 $\overline{A}$ 为 （ ）

(A)"甲种产品滞销,乙种产品畅销"

(B)"甲、乙两种产品均畅销"

(C)"甲种产品滞销"

(D)"甲种产品滞销或乙种产品畅销"

答案是:(D).

分析 设 $B=\{$甲种产品畅销$\}$,$C=\{$乙种产品滞销$\}$,则由题设 $A=BC$,对立事件 $\overline{A}$ 为
$$\overline{A}=\overline{BC}=\overline{B}\bigcup\overline{C}=\{\text{甲种产品滞销或乙种产品畅销}\}.$$

2. 设 A 和 B 是任意两个概率不为零的不相容事件,则下列结论中肯定正确的是

（ ）

(A) $\bar{A}$ 与 $\bar{B}$ 不相容   (B) $\bar{A}$ 与 $\bar{B}$ 相容

(C) $P(AB)=P(A)P(B)$ (D) $P(A-B)=P(A)$

答案是：(D).

分析 据题设 A 和 B 是任意两个不相容事件，$AB=\varnothing$，从而 $P(AB)=0$.

利用公式 $A\bar{B}+AB=A$，知

$$P(A-B)=P(A\bar{B})=P(A)-P(AB)=P(A),$$

所以 (D) 为正确答案.

另外，由于 $P(A)\neq0,P(B)\neq0$，故 (C) 项不可能成立，值得注意的是 (A)、(B) 两项，有人认为 (A) 项与 (B) 项是互逆的，总有一个是正确的. 实际上，当 $AB=\varnothing$ 且 $A\cup B\neq\Omega$ 时，(A) 项不成立；当 $AB=\varnothing$ 且 $A\cup B=\Omega$ 时，(B) 项不成立.

3. 假设事件 A 和 B 满足 $P(B|A)=1$，则   (   )

(A) A 是必然事件   (B) $P(B|\bar{A})=0$

(C) $A\supset B$ (D) $A\subset B$

答案是：(D).

分析 由 $P(B|A)=\dfrac{P(AB)}{P(A)}=1$，可知 $P(AB)=P(A)$，从而有 $A\subset B$.

4. 设 A,B 为任意两个事件且 $A\subset B$，$P(B)>0$，则下列选项必然成立的是   (   )

(A) $P(A)<P(A|B)$ (B) $P(A)\leqslant P(A|B)$

(C) $P(A)>P(A|B)$ (D) $P(A)\geqslant P(A|B)$

答案是：(B).

分析 由 $A\subset B$，$P(B)>0$ 知

$$P(A|B)=\frac{P(AB)}{P(B)}=\frac{P(A)}{P(B)}\geqslant P(A),$$

故 (B) 为正确选项.

5. 设 A,B,C 是三个相互独立的随机事件，且 $0<P(C)<1$，则在下列给定的四对事件中不相互独立的是   (   )

(A) $\overline{A+B}$ 与 C (B) $\overline{AC}$ 与 $\bar{C}$ (C) $\overline{A-B}$ 与 $\bar{C}$ (D) $\overline{AB}$ 与 $\bar{C}$

答案是：(B).

分析 由于 A,B,C 是三个相互独立的随机事件，故其中任意两个事件的和、差、交、逆与另一个事件或其逆是相互独立的，根据这一性质，(A)、(C)、(D) 三项中的两事件是相互独立的，因而均为干扰项.

6. 设 A,B,C 三个事件两两独立，则 A,B,C 相互独立的充分必要条件是   (   )

(A) A 与 BC 独立   (B) AB 与 $A\cup C$ 独立

(C) AB 与 AC 独立   (D) $A\cup B$ 与 $A\cup C$ 独立

答案是：(A).

分析 先证必要性，设 A,B,C 为相互独立的事件，则有

$$P(ABC)=P(A)P(B)P(C)=P(A)P(BC),$$

故事件 A 与事件 BC 独立,从而必要性成立.

反之,设 A,B,C 两两独立,且 A 与 BC 独立,于是有
$$P(AB)=P(A)P(B),$$
$$P(BC)=P(B)P(C),$$
$$P(CA)=P(C)P(A),$$
$$P(ABC)=P(A)P(BC)=P(A)P(B)P(C),$$

根据三事件 A,B,C 相互独立的定义知,A,B,C 相互独立,从而充分性成立.

7. 设 A,B,C 是三个随机事件,$P(ABC)=0$,且 $0<P(C)<1$,则一定有 ( )

(A) $P(ABC)=P(A)P(B)P(C)$

(B) $P((A+B)|C)=P(A|C)+P(B|C)$

(C) $P(A+B+C)=P(A)+P(B)+P(C)$

(D) $P((A+B)|\overline{C})=P(A|\overline{C})+P(B|\overline{C})$

答案是:(B).

分析 对于(A),由于不知道 $P(A)$ 或 $P(B)$ 是否为零,因此不能确定(A)一定成立.

对于(B),因为
$$P((A+B)C)=P(AC+BC)=P(AC)+P(BC)-P(ABC)$$
$$=P(AC)+P(BC),$$
$$P((A+B)|C)=\frac{P((A+B)C)}{P(C)}=\frac{P(AC)+P(BC)}{P(C)}$$
$$=P(A|C)+P(B|C),$$

因而选项(B)是正确的.

对于(C),由于不能判断 AB,BC,AC 的概率是否全为零,因此不能确定(C)一定成立.

对于(D),$P((A+B)\overline{C})=P(A\overline{C}+B\overline{C})=P(A\overline{C})+P(B\overline{C})-P(AB\overline{C})$,但是 $P(AB\overline{C})=P(AB)-P(ABC)$,不能判断其值是否为零.因此,亦不能说明(D)一定成立.

8. 假设 A,B,C 是三个随机事件,其概率均大于零,A 与 B 相互独立,A 与 C 相互独立,B 与 C 互不相容,则下列命题中不正确的是 ( )

(A) A 与 BC 相互独立 (B) A 与 $B\cup C$ 相互独立

(C) A 与 $B-C$ 相互独立 (D) AB,BC,CA 相互独立

答案是:(D).

分析 仅需用相互独立的定义验证各选项是否成立即可.由于 $BC=\varnothing$,因而首先要验证(D)是否成立,易知 $P(ABCA)=0\neq P(AB)P(CA)$,故选(D).

注意 由于 $BC=\varnothing$,因而 BC 与任何事件相互独立,但 AB,CA 未必相互独立,因而(D)未必成立.

9. 已知 A,B 为任意两个随机事件,$0<P(A)<1,0<P(B)<1$,假设两个事件中只有 A 发生的概率与只有 B 发生的概率相等,则下列等式未必成立的是 ( )

(A) $P(A|B)=P(B|A)$ (B) $P(A|\overline{B})=P(B|\overline{A})$

(C) $P(A\,|\,\bar{B})=P(\bar{A}\,|\,B)$ (D) $P(A-B)=P(B-A)$

答案是：(C).

分析 仅需写出已知条件中所隐含的数量关系，即可得到所要的选项. 事实上，由题设知 $P(A\bar{B})=P(B\bar{A})$，即 $P(A-B)=P(B-A)$，故(D)成立，且 $P(A)=P(B)$，所以有

$$P(A\,|\,B)=\frac{P(AB)}{P(B)}=\frac{P(AB)}{P(A)}=P(B\,|\,A),$$

故(A)成立；

$$P(A\,|\,\bar{B})=\frac{P(A\bar{B})}{P(\bar{B})}=\frac{P(B\bar{A})}{P(\bar{A})}=P(B\,|\,\bar{A}),$$

故(B)成立.

而 $P(\bar{A}\,|\,B)=\frac{P(\bar{A}B)}{P(B)}=\frac{P(A\bar{B})}{P(B)}$，若(C)成立，必有 $P(B)=P(\bar{B})=1-P(B)$，即 $P(B)=\frac{1}{2}$，此式未必成立. 因而应选(C).

10. 对于任意两事件 A 和 B，下列说法正确的是   (   )

(A) 若 $AB\neq\varnothing$，则 A,B 一定独立   (B) 若 $AB\neq\varnothing$，则 A,B 有可能独立

(C) 若 $AB=\varnothing$，则 A,B 一定独立   (D) 若 $AB=\varnothing$，则 A,B 一定不独立

答案是：(B).

分析 我们知道，事件之间的"互斥"与"相互独立"是没有任何关系的，它们是在不同层面上的两个概念. 因此，当 $AB\neq\varnothing$ 时，A,B 可能独立，也可能不独立，故选择(B).

当 $AB\neq\varnothing$ 时，例如 $P(A)=\frac{1}{3}$，$P(B)=\frac{1}{6}$，$P(AB)=\frac{1}{12}\neq0$，这时 A,B 就不独立. 因此，(A)不成立.

而当 $AB=\varnothing$ 时，有 $P(AB)=0$，只有当 $A=\varnothing$，$B=\varnothing$ 时，A 与 B 才独立；否则 A,B 就不独立. 因此，(C)、(D)也不成立.

（二）参考题（附解答）

(A)

1. 袋内放有 2 个伍分的、3 个贰分的和 5 个壹分的钱币，任取其中 5 个，求钱额总数超过壹角的概率.

解 这是一个古典概型问题. 设 $A=\{$取 5 个钱币钱额超过 1 角$\}$，于是有

$$n=C_{10}^5.$$

由题意可知，当取两个 5 分币时，其余的三个可任取，其种数为

$$C_2^2C_3^3+C_2^2C_3^2C_5^1+C_2^2C_3^1C_5^2+C_2^2C_5^3=C_2^2C_8^3.$$

而当取一个 5 分币时，2 分币至少要取 2 个，其种数为

$$C_2^1 C_3^3 C_5^1 + C_2^1 C_3^2 C_5^2.$$

因此有利于事件 A 的基本事件总数为

$$m = C_2^2 C_8^3 + C_2^1 C_3^3 C_5^1 + C_2^1 C_3^2 C_5^2 = 126,$$

故
$$P(A) = \frac{126}{C_{10}^5} = \frac{1}{2}.$$

2. 从一副扑克牌的 13 张梅花中,有放回地取 3 次,求 3 张都不同号的概率.

解 这是一个古典概型问题.设 $A=\{3$ 张都不同号$\}$.由题意,有 $n=13^3, m=P_{13}^3$,则

$$P(A) = \frac{m}{n} = \frac{132}{169}.$$

3. 从 $0,1,2,\cdots,9$ 等 10 个数字中任意选出 3 个不同的数字,试求下列事件的概率:

$A_1 = \{3$ 个数字中不含 0 和 5$\}$;

$A_2 = \{3$ 个数字中含 0 但不含 5$\}$.

解 从 $0,1,2,\cdots,9$ 这 10 个数字中任意选出 3 个不同数字的所有选法即从 10 个数字中任意选 3 个不同数字的全部组合数为 C_{10}^3,它就是所研究的概率空间中的全部基本事件数,而 A_1 所含的基本事件数为 C_8^3,它是从 $1,2,3,4,6,7,8,9$ 等 8 个数字中任选 3 个不同数字的组合数,因此

$$P(A_1) = \frac{C_8^3}{C_{10}^3} = \frac{7}{15}.$$

同理,A_2 所含的基本事件数为 C_8^2,因为 3 个数字中有一个一定是 0,而另外两个不同数字必须从 $1,2,3,4,6,7,8,9$ 这 8 个数字中任意选取,所以

$$P(A_2) = \frac{C_8^2}{C_{10}^3} = \frac{7}{30}.$$

4. 设事件 AB 发生,则事件 C 一定发生.证明
$$P(A) + P(B) - P(C) \leqslant 1.$$

证 由概率基本性质,因为 $AB \subset C$,有 $P(AB) \leqslant P(C)$.考虑到
$$P(A) = P(AB) + P(A\bar{B}),$$
$$P(B) = P(AB) + P(\bar{A}B),$$

以及 $P(AB) + P(A\bar{B}) + P(\bar{A}B) = 1 - P(\bar{A}\ \bar{B})$,有

$$P(A) + P(B) - P(C) \leqslant [P(AB) + P(A\bar{B})] + [P(AB) + P(\bar{A}B)] - P(AB)$$
$$= P(AB) + P(A\bar{B}) + P(\bar{A}B) = 1 - P(\bar{A}\ \bar{B}) \leqslant 1.$$

5. 设 $0 < P(A) < 1, 0 < P(B) < 1, P(A|B) + P(\bar{A}|\bar{B}) = 1$.问 A 与 B 是否独立?

解 因为 $P(A|B) + P(\bar{A}|\bar{B}) = 1$,所以 $P(A|B) = 1 - P(\bar{A}|\bar{B}) = P(A|\bar{B})$,即

$$\frac{P(AB)}{P(B)} = \frac{P(A\bar{B})}{P(\bar{B})},$$

$$P(AB)[1 - P(B)] = P(B)P(A\bar{B}),$$

$$P(AB) = P(B)[P(AB) + P(A\bar{B})] = P(B)P(AB \cup A\bar{B})$$

$$= P(A(B \cup \bar{B}))P(B) = P(A)P(B).$$

故 A 与 B 相互独立.

6. 设 A,B 为任意两个事件，求证
$$P(AB)=1-P(\bar{A})-P(\bar{B})+P(\overline{AB}).$$

证 左 $=1-P(\overline{AB})=1-P(\bar{A}\cup\bar{B})=1-[P(\bar{A})+P(\bar{B})-P(\overline{AB})]=$ 右.

7. 设 $P(A)=p,P(B)=q,P(AB)=r$，求下列各事件的概率：$P(\bar{A}\cup\bar{B})$，$P(\bar{A}B)$，$P(\bar{A}\cup B)$，$P(\bar{A}\bar{B})$.

解 $P(\bar{A}\cup\bar{B})=P(\overline{AB})=1-P(AB)=1-r$；

$P(\bar{A}B)=P(B-AB)=P(B)-P(AB)=q-r$；

$P(\bar{A}\cup B)=P(\bar{A})+P(B)-P(\bar{A}B)=1-P(A)+P(B)-P(\bar{A}B)=1-p+r$；

$P(\bar{A}\bar{B})=P(\overline{A\cup B})=1-P(A\cup B)$
$$=1-[P(A)+P(B)-P(AB)]=1-p-q+r.$$

8. 设平面区域 D_1 由 $x=1,y=0,y=x$ 围成，今向 D_1 内随机地投入 10 个点，求这 10 个点中至少有 2 个点落在由曲线 $y=x^2$ 与 $y=x$ 所围成的区域 D 内的概率.

解 设 A 表示"任投一点落在区域 D 内"，则有
$$P(A)=\frac{L(A)}{L(\Omega)}=\frac{\frac{1}{2}-\frac{1}{3}}{\frac{1}{2}}=\frac{1}{3}=p.$$

于是，由二项概型可知这 10 个点中至少有 2 个点落在区域 D 内的概率为
$$P_{10}(\mu\geqslant 2)=1-P_{10}(\mu=0)-P_{10}(\mu=1)$$
$$=1-C_{10}^0 p^0(1-p)^{10}-C_{10}^1 p^1(1-p)^9$$
$$=1-\left(\frac{2}{3}\right)^{10}-10\left(\frac{1}{3}\right)\left(\frac{2}{3}\right)^9.$$

9. 设有甲、乙两名射手轮流独立地对同一目标射击，甲的命中率为 p_1，乙的命中率为 p_2. 甲先射，谁先命中谁得胜，试分别求甲获胜的概率和乙获胜的概率.

解 以 A 表示"甲获胜"，A_{2k+1} 表示"前 $2k$ 次均未命中，第 $2k+1$ 次甲命中"$(k=0,1,2,\cdots)$，则
$$A=\bigcup_{k=0}^{\infty}A_{2k+1}.$$
由于 $A_1,A_3,A_5,\cdots$ 两两互不相容，故甲获胜的概率为
$$P(A)=P\left(\bigcup_{k=0}^{\infty}A_{2k+1}\right)=\sum_{k=0}^{\infty}P(A_{2k+1})=\sum_{k=0}^{\infty}(1-p_1)^k(1-p_2)^k p_1$$
$$=\frac{p_1}{1-(1-p_1)(1-p_2)}=\frac{p_1}{p_1+p_2-p_1 p_2}.$$
同理，以 B 表示"乙获胜"，B_{2k} 表示"前 $2k-1$ 次均未命中，第 $2k$ 次乙命中"$(k=1,2,\cdots)$，则
$$P(B)=P\left(\bigcup_{k=1}^{\infty}B_{2k}\right)=\sum_{k=1}^{\infty}P(B_{2k})=\sum_{k=1}^{\infty}(1-p_1)^k(1-p_2)^{k-1}p_2$$

$$=\frac{(1-p_1)p_2}{1-(1-p_1)(1-p_2)}=\frac{(1-p_1)p_2}{p_1+p_2-p_1p_2}.$$

10. 考虑一元二次方程 $x^2+Bx+C=0$,其中 B,C 分别是将一枚色子(骰子)接连掷两次先后出现的点数.求该方程有实根的概率 p 和有重根的概率 q.

解 B,C 是均可取值 1,2,3,4,5,6 的随机变量,而且取任一值的可能性均为 $\frac{1}{6}$,当 $B^2\geq 4C$ 时方程有实根,当 $B^2=4C$ 时方程有重根.关键是判断出满足 $B^2\geq 4C$ 和 $B^2=4C$ 的基本事件数.

一枚色子(骰子)掷两次,其基本事件总数为 36.方程组有实根的充分必要条件是 $B^2\geq 4C$ 或 $C\leq B^2/4$.

易见下表:

B	1	2	3	4	5	6
使 $C\leq B^2/4$ 的基本事件个数	0	1	2	4	6	6
使 $C=B^2/4$ 的基本事件个数	0	1	0	1	0	0

由此可见,使方程有实根的基本事件个数为
$$1+2+4+6+6=19.$$
因此
$$p=\frac{19}{36}.$$

方程有重根的充分必要条件是 $B^2=4C$ 或 $C=B^2/4$,满足此条件的基本事件共有 2 个,因此
$$q=\frac{2}{36}=\frac{1}{18}.$$

11. 设两箱内装有同种零件,第一箱装 50 件,有 10 件一等品,第二箱装 30 件,有 18 件一等品.先从两箱中任挑一箱,再从此箱中先、后不放回地任取两个零件.求:(1)先取出的零件是一等品的概率 p;(2)在先取出的是一等品的条件下,后取出的仍是一等品的条件概率 q.

解 引入下列事件:
$H_i=\{$被挑出的是第 i 箱$\}$ $(i=1,2)$;
$A_j=\{$第 j 次取出的零件是一等品$\}$ $(j=1,2)$.
由题设知
$$P(H_1)=P(H_2)=\frac{1}{2},\quad P(A_1\mid H_1)=\frac{1}{5},\quad P(A_1\mid H_2)=\frac{3}{5}.$$
(1)由全概率公式知
$$p=P(A_1)=P(H_1)P(A_1\mid H_1)+P(H_2)P(A_1\mid H_2)$$
$$=\frac{1}{2}\cdot\frac{1}{5}+\frac{1}{2}\cdot\frac{3}{5}=\frac{2}{5}.$$

（2）由条件概率的定义和全概率公式，知

$$q = P(A_2 \mid A_1) = \frac{P(A_1 A_2)}{P(A_1)}$$

$$= \frac{1}{P(A_1)} \{ P(H_1) P(A_1 A_2 \mid H_1) + P(H_2) P(A_1 A_2 \mid H_2) \}$$

$$= \frac{5}{2} \left(\frac{1}{2} \cdot \frac{10 \times 9}{50 \times 49} + \frac{1}{2} \cdot \frac{18 \times 17}{30 \times 29} \right) = \frac{1}{4} \left(\frac{9}{49} + \frac{51}{29} \right)$$

$$\approx 0.485\,57.$$

12. 设玻璃杯整箱出售，每箱 20 只，各箱含 0，1，2 只残次品的概率分别为 0.8，0.1，0.1. 一顾客欲购买一箱玻璃杯，由售货员任取一箱，顾客开箱随机查看 4 只，若无残次品，则买此箱玻璃杯，否则不买. 求：（1）顾客买此箱玻璃杯的概率 α；（2）在顾客买的此箱玻璃杯中，确实没残次品的概率 β.

解 设 $B_i = \{$箱中恰好有 i 件残次品$\}$ $(i = 0, 1, 2)$；

$A = \{$顾客买下所查看的一箱$\}$.

由题设知

$$P(B_0) = 0.8, \quad P(B_1) = 0.1, \quad P(B_2) = 0.1,$$

$$P(A \mid B_0) = 1, \quad P(A \mid B_1) = \frac{C_{19}^4}{C_{20}^4} = \frac{4}{5}, \quad P(A \mid B_2) = \frac{C_{18}^4}{C_{20}^4} = \frac{12}{19}.$$

（1）由全概率公式，得

$$\alpha = P(A) = \sum_{i=0}^{2} P(B_i) P(A \mid B_i) = 0.8 + \frac{0.4}{5} + \frac{1.2}{19} \approx 0.94.$$

（2）由逆概公式，得

$$\beta = P(B_0 \mid A) = \frac{P(B_0) P(A \mid B_0)}{P(A)} \approx \frac{0.8}{0.94} \approx 0.85.$$

13. 设有分别来自三个地区的 10 名、15 名和 25 名考生的报名表，其中女生的报名表分别为 3 份、7 份和 5 份. 随机地取一个地区的报名表，从中先后抽出两份.

（1）求先抽到的一份是女生表的概率 p；

（2）已知后抽到的一份是男生表，求先抽到的一份是女生表的概率 q.

解 本题考查全概率公式，关键是定义事件以及这些事件的概率和条件概率.

设 $H_i = \{$报名表是第 i 区考生的$\}$ $(i = 1, 2, 3)$；

$A_j = \{$第 j 次抽到的报名表是男生表$\}$ $(j = 1, 2)$.

则

$$P(H_1) = P(H_2) = P(H_3) = \frac{1}{3};$$

$$P(A_1 \mid H_1) = \frac{7}{10}, \quad P(A_1 \mid H_2) = \frac{8}{15}, \quad P(A_1 \mid H_3) = \frac{4}{5};$$

（1）$p = P(\overline{A_1}) = \sum_{i=1}^{3} P(H_i) P(\overline{A_1} \mid H_i) = \frac{1}{3} \left(\frac{3}{10} + \frac{7}{15} + \frac{1}{5} \right)$

$$= \frac{29}{90}.$$

（2）由全概率公式，得

$$P(A_2 \mid H_1) = \frac{7}{10}, \quad P(A_2 \mid H_2) = \frac{8}{15}, \quad P(A_2 \mid H_3) = \frac{4}{5}.$$

$$P(\overline{A}_1 A_2 \mid H_1) = \frac{7}{30}, \quad P(\overline{A}_1 A_2 \mid H_2) = \frac{4}{15}, \quad P(\overline{A}_1 A_2 \mid H_3) = \frac{1}{6}.$$

$$P(A_2) = \sum_{i=1}^{3} P(H_i) \cdot P(A_2 \mid H_i) = \frac{1}{3}\left(\frac{7}{10} + \frac{8}{15} + \frac{4}{5}\right) = \frac{61}{90}.$$

$$P(\overline{A}_1 A_2) = \sum_{i=1}^{3} P(H_i) P(\overline{A}_1 A_2 \mid H_i) = \frac{1}{3}\left(\frac{7}{30} + \frac{4}{15} + \frac{1}{6}\right) = \frac{2}{9}.$$

因此，

$$q = P(\overline{A}_1 \mid A_2) = P(\overline{A}_1 A_2)/P(A_2) = \frac{\dfrac{2}{9}}{\dfrac{61}{90}} = \frac{20}{61}.$$

14. 一批产品共有 50 件，其中含次品 0 件、1 件、2 件是等可能的.现从中随机逐件抽出 5 件产品进行检查（取后不放回）.在抽取过程中，若发现次品，则停止抽查，从而认为这批产品是不合格的；若抽出 5 件后仍未发现次品，则认为这批产品是合格品.求抽查进行 5 次后方能确定这批产品是否为合格品的概率.

解 用 X 表示抽查次数.依题意，所求的概率为 $P\{X=5\}$.若用 $B_5(i)$ 表示前 4 次抽查的产品均为正品，而第 5 次抽查含有 i 件次品（$i=1,0$）.显然，$\{X=5\}=B_5(1)+B_5(0)$.

记 $A_i = \{$ 该批产品中含有 i 件次品 $\}$（$i=0,1,2$），则

$$P(A_i) = \frac{1}{3}, \quad A_i A_j = \varnothing \ (i \neq j), \quad \bigcup_{i=0}^{2} A_i = \Omega.$$

由全概率公式即得

$$P(B_5(1)) = \sum_{i=0}^{2} P(A_i) P(B_5(1) \mid A_i)$$

$$= \frac{1}{3}\left(0 + \frac{49}{50} \cdot \frac{48}{49} \cdot \frac{47}{48} \cdot \frac{46}{47} \cdot \frac{1}{46} + \frac{48}{50} \cdot \frac{47}{49} \cdot \frac{46}{48} \cdot \frac{45}{47} \cdot \frac{2}{46}\right)$$

$$= \frac{1}{3}\left(\frac{1}{50} + \frac{9}{5 \times 49}\right) \approx 0.018\,9,$$

$$P(B_5(0)) = \sum_{i=0}^{2} P(A_i) P\{B_5(0) \mid A_i\}$$

$$= \frac{1}{3}\left(1 + \frac{49}{50} \cdot \frac{48}{49} \cdot \frac{47}{48} \cdot \frac{46}{47} \cdot \frac{45}{46} + \frac{48}{50} \cdot \frac{47}{49} \cdot \frac{46}{48} \cdot \frac{45}{47} \cdot \frac{44}{46}\right)$$

$$= \frac{1}{3}\left(1 + \frac{9}{10} + \frac{9 \times 22}{5 \times 49}\right) \approx 0.902\,7.$$

故所求概率为 $P\{X=5\} = P\{B_5(1)\} + P\{B_5(0)\} = 0.921\,6 \approx 92\%$.

注意 解答应用题的关键在于弄清题意."抽查必须进行 5 次"与"抽查进行 5 次后"是两个不同的含义.由于这批产品中所含的次品个数有三种情况，因此我们自然想到应用全概率公式来计算概率.

15. 甲袋中放有 5 只红球，10 只白球；乙袋中放有 5 只白球，10 只红球．今先从甲袋中任取一球放入乙袋，然后从乙袋中任取一球放回甲袋．求再从甲袋中任取两球全是红球的概率．

解 A_i＝{从甲袋中任取一球放入乙袋，再从乙袋任取一球放回甲袋后甲袋中含有 i 只红球}，$i＝4,5,6$，则

$$B＝\{最后从甲袋中任取两球全是红球\}.$$

$$P(A_4)＝P(先从甲袋中取出红球，后从乙袋中取出白球)＝\frac{5}{15}\cdot\frac{5}{16}＝\frac{5}{48},$$

$$P(A_5)＝P(先从甲袋中取出红球，后从乙袋中取出红球)$$
$$＋P(先从甲袋中取出白球，后从乙袋中取出白球)$$
$$＝\frac{5}{15}\cdot\frac{11}{16}+\frac{10}{15}\times\frac{6}{16}＝\frac{23}{48},$$

$$P(A_6)＝P(先从甲袋中取出白球，后从乙袋中取出红球)＝\frac{10}{15}\cdot\frac{10}{16}＝\frac{5}{12},$$

$$P(B\mid A_4)＝C_4^2/C_{15}^2＝\frac{2}{35},$$

$$P(B\mid A_5)＝C_5^2/C_{15}^2＝\frac{2}{21},$$

$$P(B\mid A_6)＝C_6^2/C_{15}^2＝\frac{1}{7}.$$

于是由全概率公式得所求概率为

$$P(B)＝\sum_{i=4}^{6}P(A_i)P(B\mid A_i)＝\frac{5}{48}\cdot\frac{2}{35}+\frac{23}{48}\cdot\frac{2}{21}+\frac{5}{12}\cdot\frac{1}{7}＝\frac{1}{9}.$$

16. 一批产品共 100 件，对产品进行不放回抽样检查，整批产品不合格的条件是：在被检查的 5 件产品中至少有一件是废品．如果该批产品中有 5 件是废品，求该批产品因不合格而被拒绝接收的概率．

解 **方法 1** 设事件 A_i 为"被检查的第 i 件产品是废品"$(i＝1,2,3,4,5)$，设事件 B 为"该批产品被拒绝接收"，则

$$B＝A_1\bigcup A_2\bigcup A_3\bigcup A_4\bigcup A_5.$$

于是

$$P(B)＝1-P(\overline{A}_1\overline{A}_2\overline{A}_3\overline{A}_4\overline{A}_5)$$
$$＝1-P(\overline{A}_1)P(\overline{A}_2\mid\overline{A}_1)P(\overline{A}_3\mid\overline{A}_1\overline{A}_2)P(\overline{A}_4\mid\overline{A}_1\overline{A}_2\overline{A}_3)P(\overline{A}_5\mid\overline{A}_1\overline{A}_2\overline{A}_3\overline{A}_4).$$

而 $P(\overline{A}_1)＝1-P(A_1)＝\frac{95}{100},\quad P(\overline{A}_2\mid\overline{A}_1)＝\frac{94}{99},\quad P(\overline{A}_3\mid\overline{A}_1\overline{A}_2)＝\frac{93}{98},$

$$P(\overline{A}_4\mid\overline{A}_1\overline{A}_2\overline{A}_3)＝\frac{92}{97},\quad P(\overline{A}_5\mid\overline{A}_1\overline{A}_2\overline{A}_3\overline{A}_4)＝\frac{91}{96},$$

因此 $$P(B)＝1-\frac{95}{100}\cdot\frac{94}{99}\cdot\frac{93}{98}\cdot\frac{92}{97}\cdot\frac{91}{96}\approx0.23.$$

方法 2 本题也可以用古典概型进行计算,先求 $P(\overline{B})$,有

$$P(\overline{B})=\frac{\mathrm{P}_{95}^5}{\mathrm{P}_{100}^5}\quad\left(\text{或}\frac{\mathrm{C}_{95}^5}{\mathrm{C}_{100}^5}\right),$$

再由 $P(B)=1-P(\overline{B})\approx0.23$ 即可.

17. 第一箱中有 10 个球,其中 8 个是白的;第二箱中有 20 个球,其中 4 个是白的.现从每箱中任取一球,然后从这两球中任取一球,取到白球的概率是多少?

解 这是一个全概率公式问题.

方法 1 设 $C=\{$取到白球$\}$,$A_i=\{$从第 i 箱中取到白球$\}(i=1,2)$,则有

$B_0=\{$取到黑黑$\}=\overline{A}_1\overline{A}_2,P(B_0)=(2/10)\times(16/20)=4/25;$

$B_1=\{$取到白黑$\}=A_1\overline{A}_2,P(B_1)=(8/10)\times(16/20)=16/25;$

$B_2=\{$取到黑白$\}=\overline{A}_1A_2,P(B_2)=(2/10)\times(4/20)=1/25;$

$B_3=\{$取到白白$\}=A_1A_2,P(B_3)=(8/10)\times(4/20)=4/25.$

$P(C|B_0)=0,P(C|B_1)=1/2,P(C|B_2)=1/2,P(C|B_3)=1.$

因此 $P(C)=0\times(4/25)+(1/2)\times(16/25)+(1/2)\times(1/25)+1\times(4/25)=1/2.$

方法 2 设 $A_i=\{$已取出的球来自第 i 箱$\}$,$P(A_i)=1/2(i=1,2).$ $B=\{$取到白球$\}$,则

$$P(B|A_1)=\frac{4}{5},\quad P(B|A_2)=\frac{1}{5};$$

由全概率公式有

$$P(B)=P(A_1)P(B\mid A_1)+P(A_2)P(B\mid A_2)$$
$$=(1/2)\times(4/5)+(1/2)\times(1/5)=1/2.$$

18. 某类灯泡使用时数在 1 000 小时以上的概率为 0.2,求 3 个灯泡在使用 1 000 小时以后最多只坏一个的概率.

解 利用二项概型,有

$$P_3\{\mu\leqslant1\}=P_3\{\mu=0\}+P_3\{\mu=1\}$$
$$=\mathrm{C}_3^0(0.8)^0(0.2)^3+\mathrm{C}_3^1(0.8)^1(0.2)^2=0.104.$$

19. 在对某厂的产品进行重复抽样检查时,从抽取的 200 件样品中发现有 4 件次品,问能否相信该厂产品的次品率不超过 0.005?

解 如果该厂产品的次品率为 0.005,由二项概型可知,这 200 件样品中出现大于或等于 4 件次品的概率为

$$P_{200}(\mu\geqslant4)=1-P_{200}(\mu<4)=1-\sum_{k=0}^3\mathrm{C}_{200}^k(0.005)^k(1-0.005)^{200-k}$$
$$\approx0.019\,0.$$

而当次品率小于 0.005 时,这个概率还要小,这说明在我们进行的一次抽取(一共抽取 200 个样品)的试验中,一个小概率的事件竟发生了.因此,我们可以说该厂产品的次品率不超过 0.005 是不可信的.

20. 设甲、乙都有 n 个硬币,全部掷完后分别计算掷出的正面数,求甲、乙两人掷出的

正面数相等的概率.

解 甲、乙两人掷出 k 个正面的概率均为

$$P_n(k) = C_n^k \left(\frac{1}{2}\right)^k \left(\frac{1}{2}\right)^{n-k} = C_n^k \left(\frac{1}{2}\right)^n,$$

由于甲、乙两人是独立投掷的,所以两人掷出的正面数相等的概率为

$$\sum_{k=0}^{n} P_n(k) P_n(k) = \sum_{k=0}^{n} C_n^k \left(\frac{1}{2}\right)^n C_n^k \left(\frac{1}{2}\right)^n = \frac{1}{2^{2n}} \sum_{k=0}^{n} C_n^k C_n^{n-k} = C_{2n}^n / 2^{2n}.$$

(B)

1. 设 A,B 为两事件且 $P(AB)=0$,则 　　　　　　　　　　　　　( )

(A) A 与 B 互斥　　　　　　　　　(B) AB 是不可能事件

(C) AB 未必是不可能事件　　　　(D) $P(A)=0$ 或 $P(B)=0$

答案是:(C).

分析 比如连续型随机变量取任何给定实数值的概率都等于0,故 $P(AB)=0$,AB 未必是不可能事件.

2. 设 A,B 为两事件,则 $P(A-B)$ 等于 　　　　　　　　　　　　( )

(A) $P(A)-P(B)$　　　　　　　　　(B) $P(A)-P(B)+P(AB)$

(C) $P(A)-P(AB)$　　　　　　　　(D) $P(A)+P(B)-P(AB)$

答案是:(C).

分析 由于 $P(A-B)=P(A\bar{B})$,而 $A\bar{B}+AB=A$,且 $A\bar{B}$ 与 AB 互不相容,于是有 $P(A\bar{B})+P(AB)=P(A)$,即

$$P(A-B)=P(A\bar{B})=P(A)-P(AB).$$

3. 设 A,B 为两随机事件,且 $B \subset A$,则下列式子正确的是 　　　　( )

(A) $P(A+B)=P(A)$　　　　　　　(B) $P(AB)=P(A)$

(C) $P(B|A)=P(B)$　　　　　　　(D) $P(B-A)=P(B)-P(A)$

答案是:(A).

分析 由 $A \supset B$,得 $A+B=A$,因而 $P(A+B)=P(A)$.

4. 设当事件 A 与 B 同时发生时,事件 C 必发生,则 　　　　　　( )

(A) $P(C) \leqslant P(A)+P(B)-1$　　(B) $P(C) \geqslant P(A)+P(B)-1$

(C) $P(C)=P(AB)$　　　　　　　　(D) $P(C)=P(A\bigcup B)$

答案是:(B).

分析 由题设 $AB \subset C$ 且 $P(AB) \leqslant P(C)$,又由 $P(A\bigcup B)=P(A)+P(B)-P(AB) \leqslant 1$,知

$$P(AB)=P(A)+P(B)-P(A \bigcup B) \geqslant P(A)+P(B)-1,$$

即 　　　　　　　　$P(C) \geqslant P(AB) \geqslant P(A)+P(B)-1.$

5. 设 $0<P(A)<1,0<P(B)<1,P(A|B)+P(\bar{A}|\bar{B})=1$,则 　　( )

(A) 事件 A 和 B 互不相容　　　　(B) 事件 A 和 B 互相对立

(C) 事件 A 和 B 互不独立   (D) 事件 A 和 B 相互独立

答案是：(D).

分析 将条件概率公式 $P(A|B)=\dfrac{P(AB)}{P(B)}$ 以及 $P(\bar{B})=1-P(B)$ 代入 $P(A|B)+P(\bar{A}|\bar{B})=1$，推得 $P(AB)=P(A)P(B)$，因而事件 A 和 B 相互独立.

6. 已知 $0<P(B)<1$ 且 $P[(A_1+A_2)|B]=P(A_1|B)+P(A_2|B)$，则下列选项成立的是   ( )

(A) $P[(A_1+A_2)|\bar{B}]=P(A_1|\bar{B})+P(A_2|\bar{B})$

(B) $P(A_1B+A_2B)=P(A_1B)+P(A_2B)$

(C) $P(A_1+A_2)=P(A_1|B)+P(A_2|B)$

(D) $P(B)=P(A_1)P(B|A_1)+P(A_2)P(B|A_2)$

答案是：(B).

分析 由题设知：

$$\frac{P(A_1B+A_2B)}{P(B)}=\frac{P(A_1B)}{P(B)}+\frac{P(A_2B)}{P(B)}.$$

因 $P(B)>0$，故 $P(A_1B+A_2B)=P(A_1B)+P(A_2B)$.

7. 设 A,B 是两个随机事件，且 $0<P(A)<1,P(B)>0,P(B|A)=P(B|\bar{A})$，则必有   ( )

(A) $P(A|B)=P(\bar{A}|B)$ (B) $P(A|B)\neq P(\bar{A}|B)$

(C) $P(AB)=P(A)P(B)$ (D) $P(AB)\neq P(A)P(B)$

答案是：(C).

分析 由条件概率公式以及条件 $P(B|A)=P(B|\bar{A})$ 知：

$$\frac{P(AB)}{P(A)}=\frac{P(\bar{A}B)}{P(\bar{A})}=\frac{P(\bar{A}B)}{1-P(A)},$$

有 $P(AB)(1-P(A))=P(A)P(\bar{A}B)$.

注意公式：$P(\bar{A}B)+P(AB)=P(B)$，所以有

$$P(AB)(1-P(A))=P(A)[P(B)-P(AB)],$$

即

$$P(AB)=P(A)P(B).$$

8. 对于任意两事件 A 和 B，与 $A\bigcup B=B$ 不等价的是   ( )

(A) $A\subset B$ (B) $\bar{B}\subset\bar{A}$ (C) $A\bar{B}=\varnothing$ (D) $\bar{A}B=\varnothing$

答案是：(D).

分析 本题主要考查"事件的关系与运算".由于对于任意两事件 A 和 B 来说，$\bar{A}B=\varnothing$ 与 $B\subset A$ 等价，又与 $A\bigcup B=A$ 等价，因此与 $A\bigcup B=B$ 不等价，故选 (D).

9. 设 A,B 为任意两个随机事件，则   ( )

(A) $(A+B)(A+\bar{B})$ 与 A 相互独立

(B) $(A+B)(\bar{A}+B)$ 与 A 相互独立

(C) $(A+B)(\bar{A}+B)(A+\bar{B})$ 与 A 相互独立

(D) $(A+B)(\overline{A}+B)(A+\overline{B})(\overline{A}+\overline{B})$ 与 A 互相独立

答案是：(D).

分析 由于 A 为任意事件,因而仅有 $\varnothing$ 或 Ω 才能与 A 相互独立.为了做出正确选择,只需运用事件之间的运算规则及性质,对另一事件进行化简,即可得出正确答案.事实上

$$(A+B)(A+\overline{B})=A+(A+B)\overline{B}=A,$$
$$(A+B)(\overline{A}+B)=(A+B)\overline{A}+B=B,$$
$$(A+B)(\overline{A}+B)(A+\overline{B})=B(A+\overline{B})=AB\subset A,$$
$$(A+B)(\overline{A}+B)(A+\overline{B})(\overline{A}+\overline{B})=AB(\overline{A}+\overline{B})=\varnothing.$$

故应选(D).

10. 设 A,B 为两任意事件,且 $P(B)>0$,下列不等式错误的是 （ ）

(A) $P(A\mid B)\geqslant 1-\dfrac{P(\overline{A})}{P(B)}$ 　　　　　 (B) $P(A\mid B)\geqslant \dfrac{P(A)+P(B)-1}{P(B)}$

(C) $P(A\mid B)\leqslant 1-\dfrac{P(\overline{A})-P(\overline{B})}{P(B)}$ 　　 (D) $P(A\mid B)\leqslant 1-\dfrac{P(A\overline{B})}{P(B)}$

答案是：(D).

分析 从条件概率公式出发,进行相应的运算,并做适当的放大或缩小.

由于
$$P(A\mid B)=\frac{P(AB)}{P(B)}=\frac{P(A)+P(B)-P(A+B)}{P(B)},$$

又
$$P(A+B)\leqslant 1,$$

所以
$$P(A\mid B)=\frac{P(A)+P(B)-P(A+B)}{P(B)}\geqslant \frac{P(A)+P(B)-1}{P(B)}$$

故(B)正确.由于
$$P(A\mid B)\geqslant \frac{P(A)+P(B)-1}{P(B)}=1-\frac{1-P(A)}{P(B)}=1-\frac{P(\overline{A})}{P(B)},$$

故(A)亦正确.对于(C)项,由于
$$\frac{P(A)+P(B)-P(A+B)}{P(B)}=1-\frac{P(A+B)-P(A)}{P(B)}$$
$$=1-\frac{1-P(\overline{A+B})-P(A)}{P(B)}=1-\frac{P(\overline{A})-P(\overline{A}\,\overline{B})}{P(B)}$$
$$\leqslant 1-\frac{P(\overline{A})-P(\overline{B})}{P(B)}$$

故(C)项正确.

对(C)项由右到左进行推导会更方便：
$$1-\frac{P(\overline{A})-P(\overline{B})}{P(B)}=\frac{P(B)-P(\overline{A})+P(\overline{B})}{P(B)}=\frac{1-P(\overline{A})}{P(B)}$$

$$= \frac{P(A)}{P(B)} \geqslant \frac{P(AB)}{P(B)} = P(A \mid B).$$

同样,对(A)与(B)也可以由右向左推导,更简便,读者不妨试试.因为(A)、(B)、(C)都正确,对单选题来说,(D)必定是错误的.至于(D),从不等式右边出发:

$$1 - \frac{P(A\bar{B})}{P(B)} = 1 - \frac{P(A) - P(AB)}{P(B)} = \frac{P(B) - P(A) + P(AB)}{P(B)}$$

$$\leqslant \frac{2P(B) - P(A)}{P(B)}.$$

因为 A,B 是任意事件,我们只要适当选择一对 A 和 B,使 $P(A) > 2P(B)$,右边的概率就变成负值了,故(D)错误.

用图 $1-1$ 来看(D)更直观:

$$1 - \frac{P(A\bar{B})}{P(B)} = \frac{P(B) - P(A\bar{B})}{P(B)} < 0,$$

与 $P(A|B) \geqslant 0$ 矛盾.

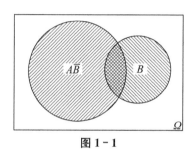

图 1-1

注意 本题主要考查条件概率、加法公式、对立事件概率的运用等知识.在做选择题时,要注意运用适当的方法.虽然我们在解题时是按顺序逐个排除的,但在应考时,这样很费时间.若能利用 A,B 的任意性,看出只要选择适当的 A,B,使 $P(A\bar{B}) > P(B)$,就能导致概率之差为负值,从而导致矛盾发生,于是可以马上判定(D)是错误的,而不必进行以上推导,从而可大大节省时间.

第 2 章

随机变量及其分布

（一）习题解答与分析

(A)

1. 同时掷两枚骰子,求两枚骰子点数之和 X 的概率分布,并计算 $P(X \leqslant 3)$ 和 $P(X > 12)$.

解 由题意可知 X 的正概率点为 $2,3,\cdots,12$.根据古典概型,其概率分布为

$$P(X=k) = \frac{6-|k-7|}{36}, \quad k=2,3,\cdots,12,$$

而

$$P(X \leqslant 3) = P(X=2) + P(X=3) = \frac{1}{36} + \frac{2}{36} = \frac{1}{12},$$

$$P(X > 12) = P(\varnothing) = 0.$$

2. 某产品 15 件,其中有次品 2 件.现从中任取 3 件,求抽得次品数 X 的概率分布,并计算 $P\{1 \leqslant X < 2\}$.

解 由题意可知,X 的正概率点为 $0,1,2$.根据古典概型,X 的概率分布为

$$P(X=k) = \frac{C_2^k C_{13}^{3-k}}{C_{15}^3} \quad (k=0,1,2),$$

而

$$P(1 \leqslant X < 2) = P(X=1) = \frac{C_2^1 C_{13}^2}{C_{15}^3} = \frac{12}{35}.$$

3. 袋中有 5 个红球,3 个白球.无放回地每次取一球,直到取得红球为止.用 ξ 表示抽取次数,求 ξ 的分布律.

解 由于此试验是无放回地抽取,所以 ξ 的所有可能取值为 $1,2,3,4$.因为

$$P\{X=1\} = \frac{5}{8},$$

$$P\{X=2\} = \frac{3}{8} \times \frac{5}{7} = \frac{15}{56},$$

$$P\{X=3\}=\frac{3}{8}\times\frac{2}{7}\times\frac{5}{6}=\frac{5}{56},$$

$$P\{X=4\}=\frac{3}{8}\times\frac{2}{7}\times\frac{1}{6}\times\frac{5}{5}=\frac{1}{56},$$

所以 X 的分布律如下表所示：

X	1	2	3	4
p	$\frac{5}{8}$	$\frac{15}{56}$	$\frac{5}{56}$	$\frac{1}{56}$

4. 设 X 服从泊松分布，且已知

$$P(X=1)=P(X=2),$$

求 $P(X=4)$.

解　由题意，先求出参数 λ.根据

$$P(X=1)=\frac{\lambda^1}{1!}\mathrm{e}^{-\lambda}=\frac{\lambda^2}{2!}\mathrm{e}^{-\lambda}=P(X=2),$$

得到 $\lambda=2$.因此

$$P(X=4)=\frac{\lambda^4}{4!}\mathrm{e}^{-\lambda}=\frac{2^4}{4!}\mathrm{e}^{-2}\approx0.090\,2.$$

5. 若随机变量 X 的概率密度 $p(x)$ 在 $[0,1]$ 之外的值恒为零，在 $[0,1]$ 上 $p(x)$ 与 x^2 成正比，求 X 的分布函数 $F(x)$.

解　设 $p(x)=cx^2$（c 为待定常数），则

$$\int_0^1 cx^2\mathrm{d}x=c\cdot\frac{1}{3}x^3\Big|_0^1=\frac{1}{3}c=1,\quad c=3.$$

从而 $p(x)=\begin{cases}3x^2,&0\leqslant x\leqslant1,\\0,&\text{其他},\end{cases}$ 故

$$F(x)=\begin{cases}0,&x<0,\\x^3,&0\leqslant x<1,\\1,&x\geqslant1.\end{cases}$$

6. 已知连续型随机变量 X 有概率密度

$$p(x)=\begin{cases}kx+1,&0\leqslant x\leqslant2,\\0,&\text{其他},\end{cases}$$

求系数 k 及分布函数 $F(x)$，并计算 $P\{1.5<X<2.5\}$.

解

$$\int_0^2(kx+1)\mathrm{d}x=\left[\frac{1}{2}kx^2+x\right]_0^2=2k+2=1,\quad k=-\frac{1}{2},$$

$$\int_0^x\left(-\frac{1}{2}t+1\right)\mathrm{d}t=\left[-\frac{1}{4}t^2+t\right]_0^x=-\frac{1}{4}x^2+x,$$

所求分布函数为

$$F(x) = \begin{cases} 0, & x < 0, \\ -\dfrac{1}{4}x^2 + x, & 0 \leqslant x < 2, \\ 1, & x \geqslant 2, \end{cases}$$

$$\begin{aligned} P\{1.5 < X < 2.5\} &= F(2.5) - F(1.5) \\ &= 1 - \left[-\frac{1}{4} \times 1.5^2 + 1.5 \right] = 0.062\,5. \end{aligned}$$

7. 设 $X \sim N(\mu, \sigma^2)$，且概率密度为：

$$p(x) = \frac{1}{\sqrt{6\pi}} \mathrm{e}^{-\frac{x^2-4x+4}{6}} \quad (-\infty < x < +\infty).$$

(1) 求 μ 和 σ^2；

(2) 若已知 $\displaystyle\int_c^{+\infty} p(x)\mathrm{d}x = \int_{-\infty}^c p(x)\mathrm{d}x$，求 c 的值.

解 （1）

$$p(x) = \frac{1}{\sqrt{6\pi}} \mathrm{e}^{-\frac{x^2-4x+4}{6}} = \frac{1}{\sqrt{3} \cdot \sqrt{2\pi}} \mathrm{e}^{-\frac{(x-2)^2}{2(\sqrt{3})^2}},$$

即

$$\mu = 2, \quad \sigma^2 = 3.$$

(2) 当 $\displaystyle\int_c^{+\infty} p(x)\mathrm{d}x = \int_{-\infty}^c p(x)\mathrm{d}x$ 时，有

$$P\{X > c\} = P\{X \leqslant c\},$$

$$1 - P\{X \leqslant c\} = P\{X \leqslant c\}, \quad 2P\{X \leqslant c\} = 1, \quad P\{X \leqslant c\} = \frac{1}{2}.$$

$$P\left(\frac{X-2}{\sqrt{3}} \leqslant \frac{c-2}{\sqrt{3}} \right) = 0.5.$$

查表得：$\dfrac{c-2}{\sqrt{3}} = 0$，即 $c = 2$.

8. 设某射手每次射击命中目标的概率为 0.5，现在连续射击 10 次，求命中目标的次数 X 的概率分布. 又设至少命中 3 次才可以参加下一步的考核，求此射手不能参加考核的概率.

解 由条件可知 $X \sim B(10, 0.5)$，因此

$$P\{X = k\} = \mathrm{C}_{10}^k 0.5^k 0.5^{10-k}, \quad k = 0, 1, 2, \cdots, 10.$$

设 $A = \{$此射手不能参加考核$\}$，有

$$P(A) = P\{X \leqslant 2\} = \sum_{k=0}^2 P\{X = k\}$$

$$= \sum_{k=0}^2 \mathrm{C}_{10}^k 0.5^k 0.5^{10-k} \approx 0.054\,7.$$

9. 设随机变量 X 具有概率密度

$$p(x) = \begin{cases} \dfrac{A}{\sqrt{1-x^2}}, & \text{当 } |x| < 1 \text{ 时,} \\ 0, & \text{当 } |x| \geqslant 1 \text{ 时.} \end{cases}$$

试确定常数 A, 并求出 X 落在 $\left[-\dfrac{1}{2},\dfrac{1}{2}\right]$ 内的概率.

分析 概率密度函数 $p(x)$ 必须满足 $p(x)\geqslant 0$, 且
$$\int_{-\infty}^{+\infty} p(x)\mathrm{d}x = 1.$$

解 由于
$$\int_{-\infty}^{+\infty} p(x)\mathrm{d}x = \int_{-1}^{1}\frac{A}{\sqrt{1-x^2}}\mathrm{d}x = A\arcsin x\,\Big|_{-1}^{1}$$
$$= A\left[\frac{\pi}{2}-\left(-\frac{\pi}{2}\right)\right] = \pi A = 1,$$

所以 $A=\dfrac{1}{\pi}$. 由此得
$$P\left\{-\frac{1}{2}\leqslant X\leqslant\frac{1}{2}\right\} = \int_{-\frac{1}{2}}^{\frac{1}{2}} p(x)\mathrm{d}x$$
$$= \int_{-\frac{1}{2}}^{\frac{1}{2}}\frac{1}{\pi\sqrt{1-x^2}}\mathrm{d}x = \frac{1}{\pi}\arcsin x\,\Big|_{-\frac{1}{2}}^{\frac{1}{2}} = \frac{1}{3}.$$

10. 设随机变量 X 的分布函数为
$$F(x)=\begin{cases}1-(1+x)\mathrm{e}^{-x}, & x\geqslant 0,\\ 0, & x<0,\end{cases}$$
试求相应的概率密度函数, 并求 $P(X\leqslant 1), P(X>2), P(1<X\leqslant 2)$.

分析 分布函数与概率密度函数有如下关系:
$$F(x)=\int_{-\infty}^{x} p(u)\mathrm{d}u, \quad p(x)=F'(x).$$

解 概率密度函数
$$p(x)=F'(x)=\begin{cases}-\mathrm{e}^{-x}+(1+x)\mathrm{e}^{-x}=x\mathrm{e}^{-x}, & x\geqslant 0,\\ 0, & x<0,\end{cases}$$
$$P\{X\leqslant 1\}=F(1)=1-\frac{2}{\mathrm{e}},$$
$$P\{X>2\}=1-P\{X\leqslant 2\}=1-F(2)$$
$$=1-[1-3\mathrm{e}^{-2}]=\frac{3}{\mathrm{e}^2},$$

$$P\{1<X\leqslant 2\}=\int_{1}^{2} p(x)\mathrm{d}x=F(2)-F(1)$$
$$=[1-(1+2)\mathrm{e}^{-2}]-[1-(1+1)\mathrm{e}^{-1}]$$
$$=\frac{2}{\mathrm{e}}-\frac{3}{\mathrm{e}^2}.$$

11. 设随机变量 X 的分布函数为
$$F(x)=\begin{cases}1-\mathrm{e}^{-x}, & x>0,\\ 0, & x\leqslant 0.\end{cases}$$

(1) 求 X 的概率密度函数 $p(x)$；

(2) 求 $P\{X \leqslant 2\}, P\{X > 3\}$.

解 (1) $p(x) = F'(x) = \begin{cases} e^{-x}, & x > 0, \\ 0, & x \leqslant 0. \end{cases}$

(2) $P(X \leqslant 2) = F(2) = 1 - e^{-2} \approx 0.864\,7$,

$\quad P(X > 3) = 1 - P(X \leqslant 3)$

$\qquad\qquad\quad = 1 - F(3) = 1 - (1 - e^{-3}) \approx 0.049\,79$.

12. 设连续型随机变量 X 的分布函数为

$$F(x) = \begin{cases} 0, & x \leqslant 0, \\ Ax^2, & 0 < x < 1, \\ 1, & x \geqslant 1. \end{cases}$$

(1) 求常数 A；

(2) 求 X 的概率密度函数 $p(x)$；

(3) 求 $P(0.5 < X < 10), P(X \leqslant -1), P(X \geqslant 2)$.

解 (1) 由于 $F(x)$ 具有连续性，我们有

$$F(1-0) = F(1),$$

即

$$F(1-0) = \lim_{x \to 1^-} F(x) = \lim_{x \to 1^-} Ax^2 = A = 1.$$

因此 $A = 1$.

(2) $p(x) = F'(x) = \begin{cases} 2x, & 0 < x < 1, \\ 0, & \text{其他}. \end{cases}$

(3) $P(0.5 < X < 10) = F(10) - F(0.5) = 1 - 0.5^2 = 0.75$,

$\quad P(X \leqslant -1) = F(-1) = 0$,

$\quad P(X \geqslant 2) = 1 - P(X < 2) = 1 - F(2) = 1 - 1 = 0$.

13. 设二维离散型随机变量 (X, Y) 的概率分布如下：

X \ Y	−1	0	2
−2	0.10	0.05	0.10
−1	0.10	0.05	0.10
4	0.20	0.10	0.20

求 X, Y 的边缘分布，并讨论 X, Y 的独立性.

解 由定义可知

$$P(X = -2) = \sum_j P(X = -2, Y = y_j)$$

$$= P(X = -2, Y = -1) + P(X = -2, Y = 0)$$

$$+ P(X = -2, Y = 2)$$

$$= 0.10 + 0.05 + 0.10 = 0.25.$$

同理，可求出 $P(X = x_k)$ 的其他值. 于是，X 的边缘分布为

$$X \sim \begin{bmatrix} -2 & -1 & 4 \\ 0.25 & 0.25 & 0.50 \end{bmatrix}.$$

同样, Y 的边缘分布为

$$Y \sim \begin{bmatrix} -1 & 0 & 2 \\ 0.40 & 0.20 & 0.40 \end{bmatrix}.$$

由于

$$P(X=-2, Y=-1) = 0.10,$$
$$P(X=-2)P(Y=-1) = 0.25 \times 0.40 = 0.10,$$
$$P(X=-2, Y=0) = 0.05,$$
$$P(X=-2)P(Y=0) = 0.25 \times 0.20 = 0.05,$$
$$P(X=-2, Y=2) = 0.10,$$
$$P(X=-2)P(Y=2) = 0.25 \times 0.40 = 0.10,$$
$$\cdots\cdots$$
$$P(X=4, Y=2) = 0.20,$$
$$P(X=4)P(Y=2) = 0.50 \times 0.40 = 0.20.$$

可见

$$P(X=x_i, Y=y_j) = P(X=x_i)P(Y=y_j)$$

对一切 i, j 都成立, 故 X, Y 相互独立.

14. 10 件产品中有 2 件一等品, 5 件二等品, 3 件三等品, 从中任取 3 件产品. 用 X 表示取到的一等品件数, 用 Y 表示取到的二等品件数. 求 (X, Y) 的联合分布律及关于 X, Y 的边缘分布律.

解 因为 X 的正概率点为 $0, 1, 2$, Y 的正概率点为 $0, 1, 2, 3$. 而且

$$P\{X=0, Y=0\} = \frac{C_3^3}{C_{10}^3} = \frac{1}{120},$$

$$P\{X=0, Y=1\} = \frac{C_5^1 C_3^2}{C_{10}^3} = \frac{15}{120},$$

$$P\{X=0, Y=2\} = \frac{C_5^2 C_3^1}{C_{10}^3} = \frac{30}{120},$$

$$P\{X=0, Y=3\} = \frac{C_5^3}{C_{10}^3} = \frac{10}{120},$$

$$P\{X=1, Y=0\} = \frac{C_2^1 C_3^2}{C_{10}^3} = \frac{6}{120},$$

$$P\{X=1, Y=1\} = \frac{C_2^1 C_5^1 C_3^1}{C_{10}^3} = \frac{30}{120},$$

$$P\{X=1, Y=2\} = \frac{C_2^1 C_5^2}{C_{10}^3} = \frac{20}{120},$$

$$P\{X=2,Y=0\}=\frac{C_2^2 C_3^1}{C_{10}^3}=\frac{3}{120},$$

$$P\{X=2,Y=1\}=\frac{C_2^2 C_5^1}{C_{10}^3}=\frac{5}{120},$$

$$P\{X=1,Y=3\}=P\{X=2,Y=2\}=P\{X=2,Y=3\}=0,$$

所以(X,Y)的联合分布律及关于X,Y的边缘分布律如下表所示：

X \ Y	0	1	2	3	$p_{i \cdot}$
0	$\frac{1}{120}$	$\frac{15}{120}$	$\frac{30}{120}$	$\frac{10}{120}$	$\frac{7}{15}$
1	$\frac{6}{120}$	$\frac{30}{120}$	$\frac{20}{120}$	0	$\frac{7}{15}$
2	$\frac{3}{120}$	$\frac{5}{120}$	0	0	$\frac{1}{15}$
$p_{\cdot j}$	$\frac{1}{12}$	$\frac{5}{12}$	$\frac{5}{12}$	$\frac{1}{12}$	

15. 两封信随机地投入编号为$1,2$的两个信箱内.用X表示第一封信投入的信箱号码,用Y表示第二封信投入的信箱号码.求(X,Y)的联合分布律与联合分布函数.

解 因为两封信投入哪一个信箱是独立的,所以

$$P\{X=1,Y=1\}=P\{X=1,Y=2\}$$
$$=P\{X=2,Y=1\}=P\{X=2,Y=2\}$$
$$=0.5\times 0.5=0.25,$$

所以(X,Y)的联合分布律如下表所示：

X \ Y	1	2
1	0.25	0.25
2	0.25	0.25

设(X,Y)的联合分布函数为$F(x,y)$,当$x<1$或$y<1$时,

$$F(x,y)=P\{X\leqslant x,Y\leqslant y\}=P\{\varnothing\}=0.$$

当$1\leqslant x<2,1\leqslant y<2$时,

$$F(x,y)=P\{X\leqslant x,Y\leqslant y\}=P\{X=1,Y=1\}$$
$$=0.25.$$

当$x\geqslant 2,1\leqslant y<2$时,

$$F(x,y)=P\{X\leqslant x,Y\leqslant y\}=P\{X=1,Y=1\}$$
$$+P\{X=2,Y=1\}=0.5.$$

当$1\leqslant x<2,y\geqslant 2$时,

$$F(x,y)=P\{X=1,Y=1\}+P\{X=1,Y=2\}$$
$$=0.5.$$

当 $x \geqslant 2, y \geqslant 2$ 时，

$$
\begin{aligned}
F(x, y) &= P\{X=1, Y=1\} + P\{X=1, Y=2\} \\
&\quad + P\{X=2, Y=1\} + P\{X=1, Y=2\} \\
&= 1.
\end{aligned}
$$

所以

$$
F(x, y) = \begin{cases}
0, & x < 1 \text{ 或 } y < 1, \\
0.25, & 1 \leqslant x < 2, 1 \leqslant y < 2, \\
0.5, & x \geqslant 2, 1 \leqslant y < 2 \text{ 或 } 1 \leqslant x < 2, y \geqslant 2, \\
1 & x \geqslant 2, y \geqslant 2.
\end{cases}
$$

16. 设连续型随机变量 X 的分布函数为

$$
F(x) = A + B \arctan x \quad (-\infty < x < +\infty).
$$

求：(1) 常数 A, B；

(2) X 的概率密度.

解 (1) 由分布函数的性质有

$$
\begin{cases}
F(-\infty) = \lim_{x \to -\infty} (A + B \arctan x) = A - \dfrac{\pi}{2} B = 0, \\
F(+\infty) = \lim_{x \to +\infty} (A + B \arctan x) = A + \dfrac{\pi}{2} B = 1,
\end{cases}
$$

解方程组得 $A = \dfrac{1}{2}, B = \dfrac{1}{\pi}$.

(2) X 的概率密度为

$$
p(x) = F'(x) = \frac{1}{\pi(1 + x^2)} \quad (-\infty < x < +\infty).
$$

17. 设二维连续型随机变量 (X, Y) 的联合概率密度为

$$
p(x, y) = \frac{A}{(1 + x^2)(1 + y^2)}
$$

$$
(-\infty < x < +\infty, -\infty < y < +\infty).
$$

求：(1) 系数 A；

(2) $P((X, Y) \in D)$，其中 D 为由直线 $y = x, x = 1$ 及 x 轴围成的三角形区域，如图 2-1 所示.

图 2-1

解 (1) 因为

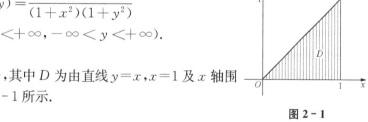

$$
\begin{aligned}
\int_{-\infty}^{+\infty} \int_{-\infty}^{+\infty} p(x, y) \, dx \, dy &= \int_{-\infty}^{+\infty} \frac{A}{1 + x^2} \, dx \int_{-\infty}^{+\infty} \frac{1}{1 + y^2} \, dy \\
&= A \left(\arctan x \, \Big|_{-\infty}^{+\infty} \right) \left(\arctan y \, \Big|_{-\infty}^{+\infty} \right) \\
&= A \pi^2 = 1,
\end{aligned}
$$

所以
$$
A = \frac{1}{\pi^2}.
$$

(2) $P((X,Y) \in D) = \iint\limits_{D} p(x,y)\mathrm{d}x\,\mathrm{d}y$

$$= \int_0^1 \mathrm{d}x \int_0^x \frac{1}{\pi^2(1+x^2)(1+y^2)}\mathrm{d}y$$

$$= \frac{1}{32}.$$

18. 设 X 与 Y 相互独立，其概率密度分别为

$$p_X(x) = \begin{cases} 1, & 0 \leqslant x \leqslant 1, \\ 0, & \text{其他}, \end{cases}$$

$$p_Y(y) = \begin{cases} \mathrm{e}^{-y}, & y > 0, \\ 0, & y \leqslant 0, \end{cases}$$

求 $X+Y$ 的概率密度.

解 由 $X \sim U(0,1), Y \sim \Gamma(1,1)$，有

$$p_1(x) = \begin{cases} 1, & 0 \leqslant x \leqslant 1, \\ 0, & \text{其他}, \end{cases} \qquad p_2(y) = \begin{cases} \mathrm{e}^{-y} & y > 0, \\ 0, & y \leqslant 0. \end{cases}$$

因为 X 与 Y 相互独立，所以 (X,Y) 的联合概率密度函数为

$$p(x,y) = p_1(x)p_2(y) = \begin{cases} \mathrm{e}^{-y}, & 0 \leqslant x \leqslant 1, y > 0, \\ 0, & \text{其他}. \end{cases}$$

要使 $p(x,y) > 0$，即 $p_1(x) > 0, p_2(y) > 0$，应满足 $0 \leqslant x \leqslant 1$ 且 $y > 0$，考虑到 $z = x+y$，于是

$$\begin{cases} 0 \leqslant x \leqslant 1 \\ y > 0 \end{cases} \Rightarrow \begin{cases} 0 \leqslant x \leqslant 1 \\ z-x > 0 \end{cases} \Rightarrow \begin{cases} 0 \leqslant x \leqslant 1, \\ x < z. \end{cases} \tag{2.1}$$

方法 1（分析法） 下面分三种情况讨论：

(i) 当 $z > 1$ 时，式(2.1)合并为 $0 \leqslant x \leqslant 1$，于是

$$p_Z(z) = \int_{-\infty}^{+\infty} p_1(x)p_2(z-x)\mathrm{d}x = \int_0^1 1 \cdot \mathrm{e}^{-(z-x)}\mathrm{d}x$$

$$= (\mathrm{e}-1)\mathrm{e}^{-z};$$

(ii) 当 $0 < z \leqslant 1$ 时，式(2.1)合并为 $0 \leqslant x < z$，于是

$$p_Z(z) = \int_{-\infty}^{+\infty} p_1(x)p_2(z-x)\mathrm{d}x$$

$$= \int_0^z 1 \cdot \mathrm{e}^{-(z-x)}\mathrm{d}x = 1 - \mathrm{e}^{-z};$$

(iii) 当 $z \leqslant 0$ 时，式(2.1)发生矛盾，因此，$p(x,y) = 0$，于是

$$p_Z(z) = \int_{-\infty}^{+\infty} 0\mathrm{d}x = 0.$$

故 Z 的概率密度函数为

$$p_Z(z) = \begin{cases} (\mathrm{e}-1)\mathrm{e}^{-z}, & z > 1, \\ 1 - \mathrm{e}^{-z}, & 0 < z \leqslant 1, \\ 0, & z \leqslant 0. \end{cases}$$

方法 2(图解法,见图 2 - 2)

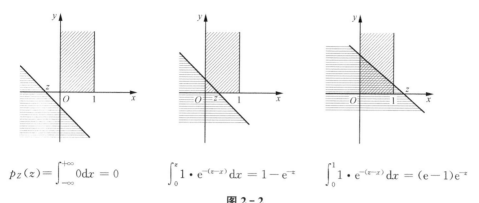

$$p_Z(z)=\int_{-\infty}^{+\infty}0\mathrm{d}x=0 \qquad \int_0^z 1 \cdot \mathrm{e}^{-(z-x)}\mathrm{d}x=1-\mathrm{e}^{-z} \qquad \int_0^1 1 \cdot \mathrm{e}^{-(z-x)}\mathrm{d}x=(\mathrm{e}-1)\mathrm{e}^{-z}$$

图 2 - 2

综上可得 Z 的概率密度函数为

$$p_Z(z)=\begin{cases}0, & z\leqslant 0,\\ 1-\mathrm{e}^{-z}, & 0<z\leqslant 1,\\ (\mathrm{e}-1)\mathrm{e}^{-z}, & z>1.\end{cases}$$

19. 设某种商品一周的需求量是一个随机变量,其概率密度为

$$p(x)=\begin{cases}x\mathrm{e}^{-x}, & x>0,\\ 0, & x\leqslant 0.\end{cases}$$

若各周的需求量是相互独立的,试求:

(1) 两周的需求量的概率密度;

(2) 三周的需求量的概率密度.

解　设第 i 周的需求量为 $X_i(i=1,2,3)$,它们的概率密度为

$$p_i(x_i)=\begin{cases}x_i\mathrm{e}^{-x_i}, & x_i>0,\\ 0, & x_i\leqslant 0.\end{cases}$$

(1) 前两周的需求量 $Y=X_1+X_2$,由于 X_1,X_2 相互独立.根据随机变量和的分布的公式,有

$$p_Y(y)=\int_{-\infty}^{+\infty}p_1(x_1)p_2(y-x_1)\mathrm{d}x_1.$$

为了使 $p_1(x_1)p_2(y-x_1)>0$,要求 $x_1>0,y-x_1>0$,即 $0<x_1<y$.因此

当 $y\leqslant 0$ 时,$p_Y(y)=0$;

当 $y>0$ 时,

$$p_Y(y)=\int_0^y x_1\mathrm{e}^{-x_1}(y-x_1)\mathrm{e}^{-(y-x_1)}\mathrm{d}x_1$$

$$=\mathrm{e}^{-y}\int_0^y (x_1 y-x_1^2)\mathrm{d}x_1$$

$$=\frac{1}{6}y^3\mathrm{e}^{-y}.$$

所以
$$p_Y(y) = \begin{cases} \dfrac{1}{6}y^3 e^{-y}, & y > 0, \\ 0, & y \leqslant 0. \end{cases}$$

（2）前三周的需求量 $Z = X_1 + X_2 + X_3 = Y + X_3$，注意到 Y 与 X_3 也相互独立，根据公式，有
$$p_Z(z) = \int_{-\infty}^{+\infty} p_Y(y)p_3(z-y)\mathrm{d}y.$$

为了使 $p_Y(y)p_3(z-y) > 0$，要求 $y > 0, z-y > 0$，即 $0 < y < z$. 因此

当 $z \leqslant 0$ 时，$p_Z(z) = 0$；

当 $z > 0$ 时，
$$\begin{aligned} p_Z(z) &= \int_0^z \frac{1}{6}y^3 e^{-y}(z-y)e^{-(z-y)}\mathrm{d}y \\ &= \frac{1}{6}e^{-z}\int_0^z (y^3 z - y^4)\mathrm{d}y \\ &= \frac{1}{6}e^{-z}\left(\frac{1}{4}z^5 - \frac{1}{5}z^5\right) = \frac{z^5}{120}e^{-z}. \end{aligned}$$

所以
$$p_Z(z) = \begin{cases} \dfrac{1}{120}z^5 e^{-z}, & z > 0, \\ 0, & z \leqslant 0. \end{cases}$$

20. 设随机变量 X, Y 相互独立，且 X, Y 的分布律分别如表 2-1 和表 2-2 所示.

表 2-1

X	-3	-2	-1
p_i	$\dfrac{1}{4}$	$\dfrac{1}{4}$	$\dfrac{1}{2}$

表 2-2

Y	1	2	3
p_i	$\dfrac{2}{5}$	$\dfrac{1}{5}$	$\dfrac{2}{5}$

求：（1）(X, Y) 的联合分布律；

（2）$Z_1 = 2X + Y$ 的分布律；

（3）$Z_2 = X - Y$ 的分布律.

解 （1）因为 X, Y 相互独立，所以对一切 i, j，$p_{ij} = p_i p_j$ $(i=1,2,3; j=1,2,3)$. (X, Y) 的联合分布律如表 2-3 所示：

表 2-3

X \ Y	1	2	3
-3	0.1	0.05	0.1
-2	0.1	0.05	0.1
-1	0.2	0.1	0.2

（2）利用分布律表 2-3 计算得表 2-4：

表 2 - 4

(X,Y)	$(-3,1)$	$(-3,2)$	$(-3,3)$	$(-2,1)$	$(-2,2)$	$(-2,3)$	$(-1,1)$	$(-1,2)$	$(-1,3)$
Z_1	-5	-4	-3	-3	-2	-1	-1	0	1
Z_2	-4	-5	-6	-3	-4	-5	-2	-3	-4
p	0.1	0.05	0.1	0.1	0.05	0.1	0.2	0.1	0.2

所以 $Z_1=2X+Y$ 的分布律如表 2-5 所示, $Z_2=X-Y$ 的分布律如表 2-6 所示.

表 2 - 5

Z_1	-5	-4	-3	-2	-1	0	1
p_1	0.1	0.05	0.2	0.05	0.3	0.1	0.2

表 2 - 6

Z_2	-6	-5	-4	-3	-2
p_2	0.1	0.15	0.35	0.2	0.2

21. 设 (X,Y) 的分布律如下:

X \ Y	1	2	3
1	$\frac{1}{6}$	$\frac{1}{9}$	$\frac{1}{18}$
2	$\frac{1}{3}$	α	β

问 α,β 为何值时, X 与 Y 相互独立?

解 由题意可知, X 与 Y 的边缘分布律分别为

X	1	2
p_i	$\frac{1}{3}$	$\frac{1}{3}+\alpha+\beta$

Y	1	2	3
p_j	$\frac{1}{2}$	$\frac{1}{9}+\alpha$	$\frac{1}{18}+\beta$

若 X 与 Y 相互独立,则必有 $p_{ij}=p_i \cdot p_j, i=1,2; j=1,2,3.$ 于是由

$$p_{12}=P\{X=1,Y=2\},$$
$$p_{13}=P\{X=1,Y=3\},$$

即

$$\frac{1}{9}=\frac{1}{3}\left(\frac{1}{9}+\alpha\right) \quad \text{及} \quad \frac{1}{18}=\frac{1}{3}\left(\frac{1}{18}+\beta\right),$$

解得 $\alpha=\frac{2}{9}, \beta=\frac{1}{9}.$ 此时有

$$p_{ij} = p_i \cdot p_j, \text{对任意的 } i=1,2, j=1,2,3 \text{ 都成立,}$$

即 X 与 Y 相互独立.

22. 设随机变量 X 以概率 1 取值 0,而 Y 是任意的随机变量,证明: X 与 Y 相互独立.

证 X 的分布函数为

$$F_1(x) = \begin{cases} 0, & \text{当 } x<0 \text{ 时,} \\ 1, & \text{当 } x \geqslant 0 \text{ 时.} \end{cases}$$

设 Y 的分布函数为 $F_2(y)$,(X,Y) 的分布函数为 $F(x,y)$,则当 $x<0$ 时,对任意的 y 有

$$\begin{aligned} F(x,y) &= P\{X \leqslant x, Y \leqslant y\} \\ &= P(\{X \leqslant x\} \cap \{Y \leqslant y\}) \\ &= P(\varnothing \cap \{Y \leqslant y\}) \\ &= P(\varnothing) = 0 = F_1(x)F_2(y); \end{aligned}$$

当 $x \geqslant 0$ 时,对任意的 y 有

$$\begin{aligned} F(x,y) &= P(\{X \leqslant x\} \cap \{Y \leqslant y\}) \\ &= P\{Y \leqslant y\} = F_2(y) = F_1(x)F_2(y). \end{aligned}$$

因此,对任意的 x, y 均有

$$F(x,y) = F_1(x)F_2(y),$$

即 X 与 Y 相互独立.

23. 设随机变量 (X,Y) 的概率密度为

$$p(x,y) = \begin{cases} c\mathrm{e}^{-(3x+4y)}, & x>0, y>0, \\ 0, & \text{其他,} \end{cases}$$

试求:(1) 常数 c;

(2) 联合分布函数 $F(x,y)$;

(3) 讨论 X 与 Y 的独立性.

解 (1) 因为 $\displaystyle\int_{-\infty}^{+\infty}\int_{-\infty}^{+\infty} p(x,y)\mathrm{d}x\,\mathrm{d}y = 1$,所以

$$1 = \int_{-\infty}^{+\infty}\int_{-\infty}^{+\infty} p(x,y)\mathrm{d}x\,\mathrm{d}y = \int_0^{+\infty}\int_0^{+\infty} c\mathrm{e}^{-(3x+4y)}\mathrm{d}x\,\mathrm{d}y$$

$$= c\int_0^{+\infty}\mathrm{e}^{-3x}\mathrm{d}x\int_0^{+\infty}\mathrm{e}^{-4y}\mathrm{d}y = \frac{c}{12}.$$

故 $c=12.$

(2) 求 (X,Y) 的分布函数 $F(x,y)$.

当 $x>0, y>0$ 时,

$$F(x,y) = \int_{-\infty}^{x}\int_{-\infty}^{y} p(x,y)\mathrm{d}x\,\mathrm{d}y = \int_0^x\int_0^y 12\mathrm{e}^{-(3x+4y)}\mathrm{d}x\,\mathrm{d}y$$

$$= (1-\mathrm{e}^{-3x})(1-\mathrm{e}^{-4y});$$

当 x, y 为其他情形时,$F(x,y)=0$,故

$$F(x,y) = \begin{cases} (1-\mathrm{e}^{-3x})(1-\mathrm{e}^{-4y}), & x>0, y>0, \\ 0, & \text{其他.} \end{cases}$$

(3) X 与 Y 的边缘概率密度为

$$p_1(x) = \int_{-\infty}^{+\infty} p(x,y)\mathrm{d}y.$$

当 $x > 0$ 时,

$$p_1(x) = \int_0^{+\infty} 12\mathrm{e}^{-(3x+4y)}\mathrm{d}y = 3\mathrm{e}^{-3x};$$

当 $x \leqslant 0$ 时,

$$p_1(x) = \int_{-\infty}^{+\infty} 0\mathrm{d}y = 0.$$

所以

$$p_1(x) = \begin{cases} 3\mathrm{e}^{-3x}, & x > 0, \\ 0, & x \leqslant 0. \end{cases}$$

同理

$$p_2(y) = \begin{cases} 4\mathrm{e}^{-4y}, & y > 0, \\ 0, & y \leqslant 0. \end{cases}$$

由于

$$p(x,y) = p_1(x)p_2(y),$$

故 X 与 Y 是相互独立的.

(B)

1. 设随机变量 X 服从正态分布 $N(\mu, \sigma^2)$,则随着 σ 的增大,概率 $P\{|X - \mu| < \sigma\}$ 　　　　　　　　　　　　　　　　　　　　　　　　　　　　 ( )

(A) 单调增加　　　　　　　　　(B) 单调减少

(C) 保持不变　　　　　　　　　(D) 增减不定

答案是:(C).

分析　由于 $X \sim N(\mu, \sigma^2)$,则 $Y = \dfrac{X - \mu}{\sigma} \sim N(0,1)$, $P\{|X - \mu| < \sigma\} = P\{|Y| < 1\}$,

可见此概率不随 σ 和 μ 的变化而变化.

2. 设随机变量 X 的分布函数为

$$F(x) = \begin{cases} 0, & x < -1, \\ \dfrac{1}{8}, & x = -1, \\ ax + b, & -1 < x < 1, \\ 1, & x \geqslant 1, \end{cases}$$

又已知 $P(X = 1) = \dfrac{1}{4}$,则 　　　　　　　　　　　　　　　　　　 ( )

(A) $a = \dfrac{5}{16}$, $b = \dfrac{7}{16}$ 　　　　　　(B) $a = \dfrac{7}{16}$, $b = \dfrac{9}{16}$

(C) $a = \dfrac{1}{2}$, $b = \dfrac{1}{2}$ 　　　　　　　(D) $a = \dfrac{3}{8}$, $b = \dfrac{3}{8}$

答案是：(A).

分析 由于分布函数 $F(x)$ 是右连续函数.因此有 $F(-1+0)=F(-1)$,即

$$-a+b=\frac{1}{8}. \qquad ①$$

由于

$$F(1)=P\{X\leqslant 1\}=P\{X<1\}+P\{X=1\},$$

且 $P\{X<1\}=F(1-0)=a+b$.因此,可得方程

$$a+b+\frac{1}{4}=1. \qquad ②$$

解由式①和式②组成的关于 a,b 的二元一次方程组,得 $a=\frac{5}{16},b=\frac{7}{16}$.故应选择(A).

注意 本题考查的是分布函数的性质.虽然连续型随机变量的分布函数处处连续,即对任意实数 $F(x)$,都有 $F(x-0)=F(x)=F(x+0)$,且 $P\{X=x\}=0$,但是如果随机变量 X 取某个值的概率不为零,则该随机变量就不是连续型的.不能认为对任意实数 x,$F(x)$ 均连续.本题中的随机变量既不是连续型的也不是离散型的,因此,若认为 $F(1)=F(1-0)=1$ 或 $F(-1)=F(-1-0)=0$ 均是错误的.选项(B)、(C)、(D)均是由上述错误导致的结果,正确的方法是运用下述有关结论：

$$F(x+0)=F(x),$$
$$P\{X<0\}=F(x-0),$$
$$F(x)=P\{X<x\}+P\{X=x\}.$$

3. 设随机变量 X 的概率密度函数为 $p(x)$,且 $p(-x)=p(x)$,$F(x)$ 是 X 的分布函数,则对任意实数 a,有 （　　）

(A) $F(-a)=1-\int_0^a p(x)\mathrm{d}x$ 　　　　 (B) $F(-a)=\frac{1}{2}-\int_0^a p(x)\mathrm{d}x$

(C) $F(-a)=F(a)$ 　　　　 (D) $F(-a)=2F(a)-1$

答案是：(B).

分析 因为 $F(-a)=\int_{-\infty}^{-a} p(x)\mathrm{d}x=-\int_{-\infty}^{-a} p(-x)\mathrm{d}(-x)=\int_a^{+\infty} p(x)\mathrm{d}x$,而

$$1=\int_{-\infty}^{+\infty} p(x)\mathrm{d}x=F(-a)+\int_{-a}^0 p(x)\mathrm{d}x+\int_0^a p(x)\mathrm{d}x+\int_a^{+\infty} p(x)\mathrm{d}x$$

$$=2F(-a)+2\int_0^a p(x)\mathrm{d}x,$$

故 $F(-a)=\frac{1}{2}-\int_0^a p(x)\mathrm{d}x$,即(B)成立.

4. 假设随机变量 X 的分布函数为 $F(x)$,概率密度函数为 $p(x)$.若 X 与 $-X$ 有相同的分布函数,则 （　　）

(A) $F(x)=F(-x)$ 　　　　 (B) $F(x)=-F(-x)$

(C) $p(x)=p(-x)$ 　　　　 (D) $p(x)=-p(-x)$

答案是：(C).

分析　由于 $F(x) \geq 0$，$p(x) \geq 0$，故(B)、(D)不能选. 又由题设知

$$P\{X \leqslant x\} = P\{-X \leqslant x\} = P\{X \geqslant -x\} = 1 - P\{X < -x\},$$

即 $F(x) = 1 - F(-x)$，所以有 $p(x) = p(-x)$. 应选(C).

5. 设连续型随机变量 X 的概率密度函数和分布函数分别是 $p(x)$ 与 $F(x)$，则　（　　）

(A) $p(x)$ 可以是奇函数　　　　　(B) $p(x)$ 可以是偶函数

(C) $F(x)$ 可以是奇函数　　　　　(D) $F(x)$ 可以是偶函数

答案是：(B).

分析　由于 X 的分布函数 $F(x)$ 是非负、单调不减的连续函数，因此，$F(x)$ 既不可能是奇函数，也不可能是偶函数. X 的概率密度函数 $p(x)$ 是非负函数，也不可能为奇函数，但 $p(x)$ 可以是偶函数，比如标准正态分布的概率密度函数 $p(x) = \dfrac{1}{\sqrt{2\pi}} \mathrm{e}^{-\frac{x^2}{2}}$ 就是定义在 $(-\infty, +\infty)$ 内的偶函数；再如在区间 $[-a, a]$ 上服从均匀分布的随机变量，其概率密度函数也是偶函数 $(a > 0)$.

6. 设随机变量 $X_i \sim \begin{bmatrix} -1 & 0 & 1 \\ \dfrac{1}{4} & \dfrac{1}{2} & \dfrac{1}{4} \end{bmatrix}$ $(i = 1, 2)$，且满足 $P(X_1 X_2 = 0) = 1$，则 $P(X_1 = X_2)$ 等于　（　　）

(A) 0　　　　　(B) $\dfrac{1}{4}$　　　　　(C) $\dfrac{1}{2}$　　　　　(D) 1

答案是：(A).

分析　设随机变量 (X_1, X_2) 的联合分布为

X_1 ＼ X_2	-1	0	1	$p_i.$
-1	p_{11}	p_{12}	p_{13}	$\dfrac{1}{4}$
0	p_{21}	p_{22}	p_{23}	$\dfrac{1}{2}$
1	p_{31}	p_{32}	p_{33}	$\dfrac{1}{4}$
$p_{\cdot j}$	$\dfrac{1}{4}$	$\dfrac{1}{2}$	$\dfrac{1}{4}$	1

由

$$\begin{aligned}
P\{X_1 X_2 = 0\} &= P\{X_1 = 0, X_2 = -1\} + P\{X_1 = 0, X_2 = 1\} \\
&\quad + P\{X_1 = -1, X_2 = 0\} + P\{X_1 = 1, X_2 = 0\} \\
&\quad + P\{X_1 = 0, X_2 = 0\} \\
&= p_{21} + p_{23} + p_{12} + p_{32} + p_{22} \\
&= 1
\end{aligned}$$

知 $p_{11}=p_{13}=p_{31}=p_{33}=0$，从而有 $p_{21}=\frac{1}{4}-p_{11}-p_{31}=\frac{1}{4}$，类似地，$p_{23}=\frac{1}{4}$，$p_{12}=\frac{1}{4}$，

$p_{32}=\frac{1}{4}$.进一步可知 $p_{22}=\frac{1}{2}-p_{12}-p_{32}=0$，即 $p_{11}=p_{22}=p_{33}=0$.故有 $P\{X_1=X_2\}=0$.

7. 设随机变量 X 与 Y 相互独立且同分布，X 的概率密度为

$$p(x)=\begin{cases}3x^2, & 0\leqslant x\leqslant 1,\\ 0, & \text{其他},\end{cases}$$

如果实数 a 满足 $P(X+Y\leqslant a)=\frac{1}{20}$，则一定有 （　　）

(A) $a<1$　　　　(B) $a=1$　　　　(C) $1<a<2$　　　(D) $a=2$

答案是：(B).

分析　(X,Y) 的联合概率密度 $p(x,y)$ 为

$$p(x,y)=\begin{cases}9x^2y^2, & 0\leqslant x\leqslant 1,0\leqslant y\leqslant 1,\\ 0, & \text{其他}.\end{cases}$$

显然，$P\{X+Y\leqslant 0\}=0$，$P\{X+Y\leqslant 2\}=1$，因此 a 一定是 0 与 2 之间的一个实数.如果 $a\leqslant 1$，则有

$$P\{X+Y\leqslant a\}=\iint\limits_{x+y\leqslant a}p(x,y)\mathrm{d}x\mathrm{d}y=\int_0^a\mathrm{d}x\int_0^{a-x}9x^2y^2\mathrm{d}y$$

$$=\int_0^a 3x^2(a-x)^3\mathrm{d}x=\frac{a^6}{20}.$$

由 $P\{X+Y\leqslant a\}=\frac{1}{20}$ 可得方程

$$\frac{a^6}{20}=\frac{1}{20},$$

舍去负根及复数根，解出 $a=1$.

8. 设二维连续型随机变量 (X_1,X_2) 与 (Y_1,Y_2) 的联合概率密度分别为 $p_1(x,y)$ 与 $p_2(x,y)$，令

$$p(x,y)=ap_1(x,y)+bp_2(x,y),$$

要使函数 $p(x,y)$ 是某个二维随机变量的联合概率密度，则当且仅当 a,b 满足条件 （　　）

(A) $a+b=1$ 　　　　　　　　(B) $a>0$ 且 $b>0$

(C) $0\leqslant a\leqslant 1,0\leqslant b\leqslant 1$ 　　(D) $a\geqslant 0,b\geqslant 0$ 且 $a+b=1$

答案是：(D).

分析　对于(A)，尽管可以满足

$$\int_{-\infty}^{+\infty}\int_{-\infty}^{+\infty}p(x,y)\mathrm{d}x\mathrm{d}y=1,$$

但是不能保证 $p(x,y)\geqslant 0$.对于(B)和(C)，有

$$\int_{-\infty}^{+\infty}\int_{-\infty}^{+\infty}p(x,y)\mathrm{d}x\mathrm{d}y=a\int_{-\infty}^{+\infty}\int_{-\infty}^{+\infty}p_1(x,y)\mathrm{d}x\mathrm{d}y+b\int_{-\infty}^{+\infty}\int_{-\infty}^{+\infty}p_2(x,y)\mathrm{d}x\mathrm{d}y$$

$$=a+b,$$

而 $a+b$ 不一定等于 1.

综上分析,应选(D),它既保证了 $p(x,y)$ 的非负性,又可满足上述积分值为 1.

9. 假设随机变量 X 与 Y 都服从正态分布 $N(0,\sigma^2)$,且 $P(X\leqslant 1,Y\leqslant -1)=\dfrac{1}{4}$,则 $P(X>1,Y>-1)=$ ( )

(A) $\dfrac{1}{4}$ (B) $\dfrac{2}{4}$ (C) $\dfrac{3}{4}$ (D) 1

答案是:(A).

分析 记 $A=\{X\leqslant 1\}$,$B=\{Y\leqslant -1\}$,已知 $P(AB)=\dfrac{1}{4}$,要计算

$$P\{X>1,Y>-1\}=P(\bar{A}\,\bar{B})=P(\overline{A\bigcup B})=1-P(A\bigcup B)$$
$$=1-P(A)-P(B)+P(AB),$$

其中

$$P(A)=P\{X\leqslant 1\}=\Phi\left(\frac{1}{\sigma}\right),$$

$$P(B)=P\{Y\leqslant -1\}=\Phi\left(\frac{-1}{\sigma}\right)=1-\Phi\left(\frac{1}{\sigma}\right),$$

所以

$$P\{X>1,Y>-1\}=1-\Phi\left(\frac{1}{\sigma}\right)-1+\Phi\left(\frac{1}{\sigma}\right)+\frac{1}{4}=\frac{1}{4}.$$

注意 此题容易产生误解,即认为

$$P\{X>1,Y>-1\}=1-P\{X\leqslant 1,Y\leqslant -1\}=1-\frac{1}{4}=\frac{3}{4}.$$

遇到类似题目时,最好引入事件 A,B 等,再利用事件的关系与概率性质进行计算.

10. 设随机变量 X 与 Y 相互独立,且分别服从参数为 3 与参数为 2 的泊松分布,则 $P(X+Y=0)=$ ( )

(A) e^{-5} (B) e^{-3} (C) e^{-2} (D) e^{-1}

答案是:(A).

分析 由于两个独立泊松变量之和仍服从泊松分布,且和的分布参数等于两个变量的分布参数之和,因此,$X+Y$ 服从参数为 5 的泊松分布.于是,有

$$P\{X+Y=0\}=\frac{5^0}{0!}e^{-5}=e^{-5}.$$

11. 设 X_1 和 X_2 是任意两个相互独立的连续型随机变量,它们的概率密度分别为 $p_1(x)$ 和 $p_2(x)$,分布函数分别为 $F_1(x)$ 和 $F_2(x)$,则 ( )

(A) $p_1(x)+p_2(x)$ 必为某一随机变量的概率密度

(B) $p_1(x)p_2(x)$ 必为某一随机变量的概率密度

(C) $F_1(x)+F_2(x)$ 必为某一随机变量的分布函数

(D) $F_1(x)F_2(x)$ 必为某一随机变量的分布函数

答案是：(D).

分析 由结论：设随机变量 X 与 Y 相互独立，它们的分布函数分别为 $F_1(x)$ 与 $F_2(y)$，则 $Z=\max\{X,Y\}$ 的分布函数为
$$F_Z(z)=F_1(x)F_2(y),$$
可知 $F_1(x)F_2(y)$ 必为某一随机变量的分布函数.故选择(D).

（二）参考题（附解答）

(A)

1. 设随机变量 X 的概率分布为 $P(X=1)=0.2,P(X=2)=0.3,P(X=3)=0.5$，写出其分布函数 $F(x)$.

解 由题设当 $x<1$ 时，$F(x)=P(X\leqslant x)=0$；

当 $1\leqslant x<2$ 时，$F(x)=P(X\leqslant x)=P(X=1)=0.2$；

当 $2\leqslant x<3$ 时，$F(x)=P(X\leqslant x)=P(X=1)+P(X=2)=0.5$；

当 $x\geqslant 3$ 时，$F(x)=P(X\leqslant x)=P(X=1)+P(X=2)+P(X=3)=1$.

故分布函数为 $F(x)=\begin{cases} 0, & x<1 \\ 0.2, & 1\leqslant x<2, \\ 0.5, & 2\leqslant x<3, \\ 1, & x\geqslant 3. \end{cases}$

2. 一汽车沿一街道行驶，需要通过三个均设有红绿信号灯的路口，每个信号灯为红或绿与其他信号灯为红或绿相互独立，且红绿两种信号显示的时间相等，以 X 表示该汽车首次遇到红灯前已通过的路口的个数.求 X 的概率分布.

解 显然 X 服从离散型概率分布，而且 X 的可能取值为 $0,1,2,3$.问题归结为求概率 $P\{X=i\},i=0,1,2,3$.

由条件知，X 的可能值为 $0,1,2,3$.以 $A_i(i=1,2,3)$ 表示事件"汽车在第 i 个路口首次遇到红灯"；A_1,A_2,A_3 相互独立，且 $P(A_i)=P(\overline{A}_i)=\dfrac{1}{2},i=1,2,3$.

对于 $i=0,1,2,3$，有
$$P\{X=0\}=P(A_1)=\frac{1}{2};$$
$$P\{X=1\}=P(\overline{A}_1A_2)=\frac{1}{2^2};$$
$$P\{X=2\}=P(\overline{A}_1\overline{A}_2A_3)=\frac{1}{2^3};$$
$$P\{X=3\}=P(\overline{A}_1\overline{A}_2\overline{A}_3)=\frac{1}{2^3}.$$

3. 假设一厂家生产的每台仪器以概率 0.70 可以直接出厂;以概率 0.30 需进一步调试,经调试后以概率 0.80 可以出厂,以概率 0.20 定为不合格品,不能出厂.现该厂新生产了 $n(n\geqslant2)$ 台仪器(假设各台仪器的生产过程相互独立).

求:(1) 全部能出厂的概率 α;

(2) 其中恰好有两台不能出厂的概率 β;

(3) 其中至少有两台不能出厂的概率 θ.

解　对于新生产的每台仪器,引入事件:$A=\{$仪器需进一步调试$\}$,$B=\{$仪器能出厂$\}$,则 $\overline{A}=\{$仪器能直接出厂$\}$,$AB=\{$仪器经调试后能出厂$\}$.

由条件知,

$$B=\overline{A}+AB,$$
$$P(A)=0.30,$$
$$P(B\mid A)=0.80,$$
$$P(AB)=P(A)P(B\mid A)=0.30\times0.80=0.24,$$
$$P(B)=P(\overline{A})+P(AB)=0.70+0.24=0.94.$$

设 X 为所生产的 n 台仪器中能出厂的台数,则 X 作为 n 次独立试验成功(仪器能出厂)的次数,服从参数为 $(n,0.94)$ 的二项分布,因此

$$\alpha=P\{X=n\}=0.94^n,$$
$$\beta=P\{X=n-2\}=C_n^2\cdot0.94^{n-2}\cdot0.06^2;$$
$$\theta=P\{X\leqslant n-2\}=1-P\{X=n-1\}-P\{X=n\}$$
$$=1-n\times0.94^{n-1}\times0.06-0.94^n.$$

4. 某地抽样调查结果表明,考生的外语成绩(百分制)近似服从正态分布,平均成绩为 72 分,96 分以上的人数占考生总数的 2.3%,求考生的外语成绩在 60~84 分之间的概率.

附表

x	0	0.5	1.0	1.5	2.0	2.5	3.0
$\Phi(x)$	0.500	0.692	0.841	0.933	0.977	0.994	0.999

注:表中 $\Phi(x)$ 是标准正态分布函数.

解　设 X 为考生的外语成绩,由题设知 $X\sim N(\mu,\sigma)$,其中 $\mu=72$.现在求 σ^2.由题设

$$P\{X\geqslant96\}=0.023,$$
$$P\left\{\frac{X-\mu}{\sigma}\geqslant\frac{96-72}{\sigma}\right\}=0.023,$$
$$1-\Phi\left(\frac{24}{\sigma}\right)=0.023,$$
$$\Phi\left(\frac{24}{\sigma}\right)=0.977.$$

由 $\Phi(x)$ 的数值表,可见 $\frac{24}{\sigma}=2$,因此 $\sigma=12$.这样 $X\sim N(72,12^2)$.所求概率为

$$P\{60 \leqslant X \leqslant 84\} = P\left\{\frac{60-72}{12} \leqslant \frac{X-\mu}{\sigma} \leqslant \frac{84-72}{12}\right\}$$

$$= P\left\{-1 \leqslant \frac{X-\mu}{\sigma} \leqslant 1\right\}$$

$$= \Phi(1) - \Phi(-1) = 2\Phi(1) - 1$$

$$= 2 \times 0.841 - 1 = 0.682.$$

5. 在电源电压不超过 200 伏、为 200～240 伏和超过 240 伏三种情形下，某种电子元件损坏的概率分别为 0.1、0.001 和 0.2，假设电源电压 X 服从正态分布 $N(220, 25^2)$，试求：

(1) 该电子元件损坏的概率 α；

(2) 该电子元件损坏时，电源电压为 200～240 伏的概率 β.

附表

x	0.10	0.20	0.40	0.60	0.80	1.00	1.20	1.40
$\Phi(x)$	0.530	0.579	0.655	0.726	0.788	0.841	0.885	0.919

注：表中 $\Phi(x)$ 是标准正态分布函数.

解 引入下列事件：$A_1 = \{$电压不超过 200 伏$\}$，$A_2 = \{$电压为 200～240 伏$\}$，$A_3 = \{$电压超过 240 伏$\}$；$B = \{$电子元件损坏$\}$.

由条件知 $X \sim N(220, 25^2)$，因此

$$P(A_1) = P\{X \leqslant 200\}$$

$$= P\left\{\frac{X-220}{25} \leqslant \frac{200-220}{25}\right\}$$

$$= \Phi(-0.8) = 0.212;$$

$$P(A_2) = P\{200 \leqslant X \leqslant 240\}$$

$$= \Phi(0.8) - \Phi(-0.8) = 0.576;$$

$$P(A_3) = P\{X > 240\}$$

$$= 1 - 0.212 - 0.576$$

$$= 0.212.$$

(1) 由题设条件知：$P(B|A_1) = 0.1$，$P(B|A_2) = 0.001$，$P(B|A_3) = 0.2$. 于是，由全概率公式，有

$$\alpha = P(B) = \sum_{i=1}^{3} P(A_i)P(B|A_i) \approx 0.064\,2.$$

(2) 由条件概率的定义（或贝叶斯公式），知

$$\beta = P(A_2|B) = \frac{P(A_2)P(B|A_2)}{P(B)} \approx 0.009.$$

6. 假设测量的随机误差 $X \sim N(0, 10^2)$，试求 100 次独立重复测量中，至少有 3 次测量误差的绝对值大于 19.6 的概率 α，并利用泊松分布求出 α 的近似值（要求小数点后取

两位有效数字).

λ	1	2	3	4	5	6	7	⋯
$e^{-\lambda}$	0.368	0.135	0.050	0.018	0.007	0.002	0.001	⋯

解 设 p 为每次测量误差的绝对值大于 19.6 的概率,

$$p = P\{|X| > 19.6\} = P\left\{\frac{|X|}{10} > \frac{19.6}{10}\right\}$$

$$= P\left\{\frac{|X|}{10} > 1.96\right\} = 0.05.$$

设 μ 为 100 次独立重复测量中事件 $\{|X| > 19.6\}$ 出现的次数,服从参数为 $n = 100$, $p = 0.05$ 的二项分布,所求概率

$$\alpha = P\{\mu \geqslant 3\} = 1 - P\{\mu < 3\}$$

$$= 1 - 0.95^{100} - 100 \times 0.95^{99} \times 0.05 - \frac{100 \times 99}{2} \times 0.95^{98} \times 0.05^2.$$

由泊松定理知,μ 近似服从参数为 $\lambda = np = 100 \times 0.05 = 5$ 的泊松分布,故

$$\alpha \approx 1 - e^{-\lambda}\left(1 + \lambda + \frac{\lambda^2}{2}\right)$$

$$\approx 0.875.$$

7. 设随机变量 X 在 $[2,5]$ 上服从均匀分布,现在对 X 进行 3 次独立观测,试求至少有 2 次观测值大于 3 的概率.

解 本题应先求出观测值大于 3 的概率,进行 3 次独立观测,观测次数服从二项分布,从而即可求出至少有 2 次观测值大于 3 的概率.

以 A 表示事件"对 X 的观测值大于 3",即 $A = \{X > 3\}$,由条件知,X 的概率密度函数为

$$p(x) = \begin{cases} \dfrac{1}{3}, & 2 \leqslant x \leqslant 5; \\ 0, & \text{其他}. \end{cases}$$

因此

$$P(A) = P\{X > 3\} = \int_3^5 \frac{1}{3}\,dx = \frac{2}{3}.$$

以 Y 表示 3 次独立观测中观测值大于 3 的次数(即在 3 次独立试验中事件 A 出现的次数).显然,Y 服从参数为 $n = 3$,$p = \dfrac{2}{3}$ 的二项分布.因此,所求概率为

$$P\{Y \geqslant 2\} = C_3^2\left(\frac{2}{3}\right)^2\left(\frac{1}{3}\right) + C_3^3\left(\frac{2}{3}\right)^3 = \frac{20}{27}.$$

8. 某仪器装有 3 只独立工作的同型号电子元件,其寿命(单位:小时)都服从同一指数分布,概率密度为

$$p(x)=\begin{cases}\dfrac{1}{600}\mathrm{e}^{-\frac{x}{600}}, & x>0;\\ 0, & x\leqslant 0.\end{cases}$$

试求：在仪器使用的最初 200 小时内，至少有一只电子元件损坏的概率 α.

解 把 3 只元件编号为 $1,2,3$，并引入事件：

$A_k=\{$在仪器使用的最初 200 小时内，第 k 只元件损坏$\}(k=1,2,3)$；

$X_k=\{$第 k 只元件的使用寿命$\}$.

由题设知 $X_k(k=1,2,3)$ 服从概率密度为 $p(x)$ 的指数分布，从而由

$$P(\overline{A_k})=P\{X_k>200\}=\int_{200}^{+\infty}\frac{1}{600}\mathrm{e}^{-\frac{x}{600}}\mathrm{d}x=\mathrm{e}^{-\frac{1}{3}}$$

知所求事件的概率为

$$\alpha=P(A_1\bigcup A_2\bigcup A_3)=1-P(\overline{A_1\bigcup A_2\bigcup A_3})$$
$$=1-P(\overline{A_1}\,\overline{A_2}\,\overline{A_3})=1-(\mathrm{e}^{-\frac{1}{3}})^3=1-\mathrm{e}^{-1}.$$

9. 假设一大型设备在任何长为 t 的时间间隔内发生故障的次数 $N(t)$ 服从参数为 λt 的泊松分布，试求：

（1）相继两次故障之间时间间隔 T 的概率分布；

（2）在设备已经无故障工作 8 小时的情形下，再无故障运行 8 小时的概率 Q.

解 本题关键是理解随机变量 $N(t)$ 的意义.事件 $\{N(t)=k\}$ 表示设备在任何长为 t 的时间间隔内发生 k 次故障，其概率为

$$P\{N(t)=k\}=\frac{(\lambda t)^k}{k!}\mathrm{e}^{-\lambda t}\quad(k=0,1,2,\cdots).$$

由于 T 表示两次故障之间的时间间隔，故当 $t<0$ 时 $P\{T\leqslant t\}=0$，当 $t\geqslant 0$ 时事件 $\{T\leqslant t\}$ 与事件 $\{T>t\}$ 是互逆事件，且 $\{T>t\}$ 表示在长为 t 的时间内无故障发生，故它等价于事件 $\{N(t)=0\}$.

（1）由于 T 是非负随机变量，可见当 $t<0$ 时，

$$F(t)=P\{T\leqslant t\}=0.$$

设 $t\geqslant 0$，则事件 $\{T>t\}$ 与 $\{N(t)=0\}$ 等价.因此，当 $t\geqslant 0$ 时，有

$$F(t)=P\{T\leqslant t\}=1-P\{T>t\}$$
$$=1-P\{N(t)=0\}$$
$$=1-\mathrm{e}^{-\lambda t}.$$

于是，T 服从参数为 λ 的指数分布.

（2）
$$Q=P\{T\geqslant 16\mid T\geqslant 8\}$$
$$=\frac{P\{T\geqslant 16,T\geqslant 8\}}{P\{T\geqslant 8\}}=\frac{P\{T\geqslant 16\}}{P\{T\geqslant 8\}}$$
$$=\frac{\mathrm{e}^{-16\lambda}}{\mathrm{e}^{-8\lambda}}=\mathrm{e}^{-8\lambda}.$$

10. 从一批有 13 个正品和 2 个次品的产品中任意取 3 个，求抽得的次品数 X 的分布

律和分布函数,并求 $P\left\{\dfrac{1}{2}<X\leqslant\dfrac{5}{2}\right\}$.

解　先求 X 的分布律,X 的所有可能取值为 $0,1,2$,由古典概型的概率计算公式知

$$P\{X=0\}=\frac{C_{13}^3}{C_{15}^3}=\frac{22}{35},\quad P\{X=1\}=\frac{C_2^1 C_{13}^2}{C_{15}^3}=\frac{12}{35},\quad P\{X=2\}=\frac{C_2^2 C_{13}^1}{C_{15}^3}=\frac{1}{35}.$$

故 X 的分布律为

x_i	0	1	2
p_i	$\dfrac{22}{35}$	$\dfrac{12}{35}$	$\dfrac{1}{35}$

为了求 X 的分布函数 $F(x)$,我们将 $(-\infty,+\infty)$ 分成 $(-\infty,0)$,$[0,1)$,$[1,2)$,$[2,+\infty)$ 四个区间.

当 $x<0$ 时,$F(x)=P\{X\leqslant x\}=0$;

当 $0\leqslant x<1$ 时,$F(x)=P\{X=0\}=\dfrac{22}{35}$;

当 $1\leqslant x<2$ 时,$F(x)=P\{X=0\}+P\{X=1\}=\dfrac{34}{35}$;

当 $x\geqslant 2$ 时,$F(x)=P\{X=0\}+P\{X=1\}+P\{X=2\}=1$.

综上所述,X 的分布函数为

$$F(x)=\begin{cases}0, & x<0,\\[2mm] \dfrac{22}{35}, & 0\leqslant x<1,\\[2mm] \dfrac{34}{35}, & 1\leqslant x<2,\\[2mm] 1, & x\geqslant 2.\end{cases}$$

由分布函数可求出

$$P\left\{\frac{1}{2}<X\leqslant\frac{5}{2}\right\}=F\left(\frac{5}{2}\right)-F\left(\frac{1}{2}\right)=1-\frac{22}{35}=\frac{13}{35}.$$

11. 设随机变量 X 的概率密度函数为

$$p_X(x)=\frac{1}{\pi(1+x^2)},$$

求随机变量 $Y=1-\sqrt[3]{X}$ 的概率密度函数 $p_Y(y)$.

解　先求出 Y 的分布函数,然后求导数即可.

$$F_Y(y)=P\{Y<y\}=P\{1-\sqrt[3]{X}<y\}=P\{X>(1-y)^3\}$$
$$=\int_{(1-y)^3}^{+\infty}\frac{\mathrm{d}x}{\pi(1+x^2)}=\frac{1}{\pi}\left[\frac{\pi}{2}-\arctan(1-y)^3\right].$$

因此,Y 的概率密度函数为

$$p_Y(y)=\frac{\mathrm{d}}{\mathrm{d}y}p_Y(y)=\frac{3(1-y)^2}{\pi[1+(1-y)^6]}.$$

12. 设随机变量 X 在区间 $(1,2)$ 上服从均匀分布,求 $Y=e^{2X}$ 的概率密度 $p(y)$.

解 由题设知,X 的概率密度为

$$p_X(x)=\begin{cases} 1, & 1<x<2, \\ 0, & \text{其他.} \end{cases}$$

对任意实数 y,根据定义,随机变量 Y 的分布函数为

$$F_Y(y)=P(Y\leqslant y)=P\{e^{2X}\leqslant y\}.$$

当 $y\leqslant e^2$ 时,

$$F_Y(y)=P\{e^{2X}\leqslant y\}=0;$$

当 $e^2<y<e^4$ 时,

$$F_Y(y)=P\{e^{2X}\leqslant y\}=P\left\{X\leqslant\frac{1}{2}\ln y\right\}$$

$$=\int_{-\infty}^{\frac{1}{2}\ln y}p_X(x)\mathrm{d}x=\int_{1}^{\frac{1}{2}\ln y}\mathrm{d}x=\frac{1}{2}\ln y-1;$$

当 $y\geqslant e^4$ 时,

$$F_Y(y)=P\{Y\leqslant y\}=1.$$

故

$$F_Y(y)=\begin{cases} 0, & y\leqslant e^2, \\ \dfrac{1}{2}\ln y-1, & e^2<y<e^4, \\ 1, & y\geqslant e^4. \end{cases}$$

于是

$$p_Y(y)=F_Y'(y)=\begin{cases} \dfrac{1}{2y}, & e^2<y<e^4, \\ 0, & \text{其他.} \end{cases}$$

13. 假设随机变量 X 服从参数为 2 的指数分布.证明:$Y=1-e^{-2X}$ 在区间 $(0,1)$ 上服从均匀分布.

证 本题实质上是求随机变量函数的分布问题.X 的分布函数为

$$F(x)=\begin{cases} 1-e^{-2x}, & x>0, \\ 0, & x\leqslant 0. \end{cases}$$

$y=1-e^{-2x}$ 是单调增函数,其反函数为

$$x=-\frac{\ln(1-y)}{2}.$$

设 $G(y)$ 是 Y 的分布函数,则

$$G(y)=P\{Y\leqslant y\}=P\{1-e^{-2X}\leqslant y\}$$

$$=\begin{cases} 0, & y\leqslant 0 \\ P\left\{X\leqslant-\dfrac{1}{2}\ln(1-y)\right\}, & 0<y<1 \\ 1, & y\geqslant 1 \end{cases}$$

$$= \begin{cases} 0, & y \leqslant 0, \\ y, & 0 < y < 1, \\ 1, & y \geqslant 1. \end{cases}$$

于是,Y 在 $(0,1)$ 上服从均匀分布.

14. 某校一年级新生英语成绩 X 服从正态分布 $N(75,10^2)$,已知 95 分以上的有 21 人.如果按成绩高低选前 130 人进入快班,则快班分数线应如何确定?(若下限分数有相同者,再补充其他规定,略.)

分析 从高分排起第 130 名的成绩为快班分数线.如果能知道 130 人占总人数的比例,则从分数的分布不难确定所需分数线,为此应先求出一年级新生总数.因为题中已知 96 分以上的有 21 人,其占全年级人数的比例可以根据 X 的分布求出,所以全年级人数就可以确定了.

解 设一年级新生总数(均指一年级英语考生总数,以下略)为 n 人,快班分数线下限为 a 分,则

$$\frac{21}{n} = P\{X > 95\} = 1 - P\{X \leqslant 95\}$$

$$= 1 - \Phi\left(\frac{95 - 75}{10}\right)$$

$$= 1 - \Phi(2) = 0.022\,75.$$

于是有

$$n = \frac{21}{0.022\,75},$$

由于

$$P\{X \geqslant a\} = \frac{130}{n} = \frac{130 \times 0.022\,75}{21} \approx 0.14,$$

所以

$$P\{X < a\} = 0.86,$$
$$\Phi\left(\frac{a - 75}{10}\right) = 0.86.$$

查正态分布表知:$\dfrac{a-75}{10} = 1.08 \Rightarrow a = 85.8.$

综上所述,分数线下限定为 86 分较为合理.

注意 正态分布是各常见分布中最重要的分布.因此考生应熟练地掌握正态分布的性质,灵活计算其取值的概率.类似问题还有可能是未知参数 μ, σ^2,而需由题中所给的有关条件先确定 μ 与 σ^2 的值,然后求解其他问题.

15. 市场上由 n 个厂家生产的大量同种电子元件价格相同,其占有的市场份额比为 $1:2:\cdots:n$.第 i 个厂家生产的元件寿命(单位:小时)服从参数为 $\lambda_i (\lambda_i > 0, i = 1, 2, \cdots, n)$ 的指数分布.规定元件寿命在 1000 小时以上者为优质品.

(1) 求市场上该产品的优质品率 α;

（2）从市场上购买 m 个这种元件，求至少有一个不是优质品的概率 β.

分析 决定市场产品优质品率的关键是各厂产品的质量情况.记事件 B 表示"从市场上随机抽取一个元件为优质品"，事件 A_i 表示"从市场上随机抽取一个元件是第 i 厂产品"，$i=1,2,\cdots,n$.依题意，$A_1,\cdots,A_n$ 两两互不相容，其和为 Ω.（1）中要求的 $P(B)$ 是全概率公式的计算问题.对于（2），从市场上购买的 m 个元件中每个都有可能是优质品，也有可能不是优质品，各个产品是否为优质品互不影响.这是一个伯努利概型，即有关二项分布的计算问题，其中参数 p 就是（1）中求的 α.

解 （1）依题意

$$P(A_i)=\frac{i}{1+2+\cdots+n}=\frac{2i}{n(n+1)}\quad(i=1,2,\cdots,n),$$

记 X_i 表示第 i 个厂家生产的元件的寿命，则

$$P(B\mid A_i)=P\{X_i\geqslant 1\,000\}=e^{-1\,000\lambda_i}\quad(i=1,2,\cdots,n).$$

应用全概率公式

$$\alpha=P(B)=\sum_{i=1}^{n}P(A_i)P(B\mid A_i)=\sum_{i=1}^{n}\frac{2i}{n(n+1)}e^{-1\,000\lambda_i}$$

$$=\frac{2}{n(n+1)}\sum_{i=1}^{n}ie^{-1\,000\lambda_i}.$$

（2）m 个都是优质品的概率为 α^m，"至少有一个不是优质品"是事件"m 个全是优质品"的对立事件，其概率为

$$\beta=1-\alpha^m.$$

注意 ① 这是一个集合了全概率公式、二项公式、指数分布的综合应用题.该题的核心是市场上优质品率的计算，即求 $P(B)$.而计算 $P(B)$ 的关键是确立与事件 B 的发生紧密相关的事件组 $A_1,A_2,\cdots,A_n$ 及其概率.这也是应用全概率公式时的基本问题.第（2）题则要分析出这是一个二项分布问题（或伯努利概型），且要利用对立事件概率的性质.

② 二项分布常与泊松分布、指数分布、均匀分布、正态分布或其他给定分布等结合应用，以解题.

③ 市场上该产品数量很大，因此我们在这里将原本是超几何分布的模型用二项分布近似计算.

16. 某批产品的优等品率为 80%，每个检验员将优等品判断为优等品的概率为 97%，而将非优等品判断为优等品的概率为 2%.为了提高检验结果的可信程度，决定由 3 个检验员组成检查组进行检查，3 个检验员中至少有 2 个认为是优等品的产品方能被确认为优等品.假设各个检验员的判断是相互独立的，那么检查组对优等品做出正确判断的概率是多少？

解 解答此题，首先要弄清"检查组对优等品做出正确判断"的确切含义.显然，它意指：被检查组判断为优等品的产品确实为优等品.如果记事件 $A=\{$产品为优等品$\}$，$B=\{$检验时该产品被判断为优等品$\}$，那么所求的概率为 $P\{A\mid B\}$.在检查优等品时，检查组 3

个检验员中有 X 个判断它为优等品,则 $X \sim B(3,0.97)$.在检查非优等品时,检查组 3 个检验员中有 Y 个判断它为优等品,则 $Y \sim B(3,0.02)$.由于

$$P(A \mid B) = \frac{P(AB)}{P(B)} = \frac{P(A)P(B \mid A)}{P(B)},$$

根据全概率公式,得

$$\begin{aligned}
P(B) &= P(AB) + P(\overline{A}B) = P(A)P(B \mid A) + P(\overline{A})P(B \mid \overline{A}) \\
&= P(A)P\{X \geqslant 2\} + P(\overline{A})P\{Y \geqslant 2\} \\
&= 0.8(\mathrm{C}_3^2 0.97^2 \times 0.03 + \mathrm{C}_3^3 0.97^3) + 0.2(\mathrm{C}_3^2 0.02^2 \times 0.98 + \mathrm{C}_3^3 0.02^3) \\
&= 0.8 \times 0.97^2 (0.09 + 0.97) + 0.2 \times 0.02^2 (2.94 + 0.02) \\
&\approx 0.797\,88 + 0.000\,24 = 0.798\,12.
\end{aligned}$$

故所求的概率为

$$P(A \mid B) = \frac{0.797\,88}{0.798\,12} \approx 0.999\,7 = 99.97\%.$$

注意　这是一道运用贝叶斯公式计算条件概率的应用题.依题意,在计算条件概率 $P\{$检验时被判断为优等品|该产品为优等品$\}$ 时,我们引入了服从二项分布的随机变量 X,这样便使计算此条件概率的问题转化为计算 X 取某些值的概率的问题.

17. 假设随机变量 X 在 $(0,1)$ 上服从均匀分布,求随机变量 $Y = X^{\ln X}$ 的概率密度函数.

解　本题属于"已知随机变量 X 的分布,求 X 的函数 $Y = g(X)$ 的分布"的题型,只不过函数的形式是 $Y = g(X) = \varphi(X)^{\psi(X)}$.类似于求 $\varphi(x)^{\psi(x)}$ 导数的方法,可以在等式两边求对数或化为 $\mathrm{e}^{\psi(x)\ln\varphi(x)}$ 的形式进行求解,我们仍然运用分布函数法来解答本题.

已知 X 的概率密度函数为 $p_X(x) = \begin{cases} 1, & 0 < x < 1, \\ 0, & \text{其他}, \end{cases}$ $Y = X^{\ln X} = \mathrm{e}^{(\ln X)^2} = \mathrm{e}^Z$,其中 $Z = (\ln X)^2$.若记 Z 的分布函数为 $F_Z(z)$,则当 $z \leqslant 0$ 时 $F_Z(z) = 0$,当 $z > 0$ 时,由于 X 在 $(0,1)$ 上取值,因而有

$$\begin{aligned}
F_Z(z) &= P\{Z \leqslant z\} = P\{(\ln X)^2 \leqslant z\} = P\{-\sqrt{z} \leqslant \ln X \leqslant \sqrt{z}\} \\
&= P\{-\sqrt{z} \leqslant \ln X \leqslant 0\} = P\{\mathrm{e}^{-\sqrt{z}} \leqslant X \leqslant 1\} = \int_{\mathrm{e}^{-\sqrt{z}}}^1 \mathrm{d}x = 1 - \mathrm{e}^{-\sqrt{z}}.
\end{aligned}$$

由此即可求出 Z 的概率密度函数

$$p_Z(z) = \begin{cases} \dfrac{1}{2\sqrt{z}}\mathrm{e}^{-\sqrt{z}}, & z > 0, \\ 0, & z \leqslant 0. \end{cases}$$

因而 $Y = \mathrm{e}^Z$ 的分布函数 $F_Y(y)$ 为

$$F_Y(y) = P\{Y \leqslant y\} = P\{\mathrm{e}^Z \leqslant y\},$$

其中 $Z = (\ln X)^2$ 的取值是非负的.因而当 $y \leqslant 1$ 时,$F_Y(y) = 0$;当 $y > 1$ 时,

$$F_Y(y) = P\{0 < Z \leqslant \ln y\} = \int_0^{\ln y} \frac{1}{2\sqrt{z}}\mathrm{e}^{-\sqrt{z}}\,\mathrm{d}z = -\int_0^{\ln y} \mathrm{d}(\mathrm{e}^{-\sqrt{z}}) = 1 - \mathrm{e}^{-\sqrt{\ln y}}.$$

故所求的 Y 的概率密度函数为

$$p_Y(y) = \begin{cases} \dfrac{1}{2y\sqrt{\ln y}}e^{-\sqrt{\ln y}}, & y > 1, \\ 0, & y \leqslant 1. \end{cases}$$

18. 一条生产线在两次调整之间生产 n 件合格品的概率为 $\dfrac{1}{en!}(n=0,1,2,\cdots)$. 假设合格品中的优质品率为 $p(0<p<1)$. 已知在两次调整间生产了 k 件优质品. 求在这两次调整间生产的合格品数 X 的概率分布.

分析 这是一个已知生产 k 件优质品的条件下，求生产 n 件合格品的条件概率的计算问题. 贝叶斯公式是解决这类问题的有力工具.

解 设事件 $B_k=\{$在两次调整间生产了 k 件优质品$\}$. $A_n=\{$在两次调整间生产了 n 件合格品$\}$, $n=0,1,2,\cdots$. 显然事件 $A_0,A_1,A_2,\cdots$ 两两互不相容，其和为 Ω. 依题意

$$P(A_n)=P\{X=n\}=\frac{1}{en!} \quad (n=0,1,2,\cdots).$$

由于在 n 件合格品中，每件都可能是优质品，也可能不是优质品，并且各件合格品是否为优质品互不影响. 因此条件概率 $P(B_k|A_n)$ 应如下计算

$$P(B_k \mid A_n) = \begin{cases} 0, & k > n, \\ C_n^k p^k q^{n-k}, & k \leqslant n. \end{cases}$$

应用全概率公式，

$$P(B_k)=\sum_{n=k}^{\infty} P(A_n)P(B_k \mid A_n)=\sum_{n=k}^{\infty} \frac{C_n^k p^k q^{n-k}}{en!}=\frac{p^k}{k!}e^{-p} \quad (k=0,1,2,\cdots),$$

$$P\{(X=n) \mid B_k\}=P(A_n \mid B_k)=\frac{P(A_n)P(B_k \mid A_n)}{P(B_k)}=\frac{\dfrac{1}{en!}C_n^k p^k q^{n-k}}{\dfrac{p^k}{k!}e^{-p}}$$

$$=\frac{q^{n-k}}{(n-k)!}e^{-q} \quad (n=k,k+1,\cdots).$$

注意 ① 使用全概率公式与贝叶斯公式时，首先应确定一个与所讨论的事件（如本题中的 B_k）相联系的事件组，这个事件组两两互不相容，其和为必然事件 Ω（必要时可适当放宽条件为其和包含事件 B_k）；其次要根据题中所给条件确定组成事件组的每个事件 A_i 的概率 $P(A_i)$，以及相应的条件概率 $P(B_k|A_i)$. 本题中的 $P(B_k|A_i)$ 又是一个伯努利概型中的概率计算问题，而且在概率 $P(B_k)$ 与 $P\{(X=n)|B_k\}$ 的计算中又利用了级数的有关知识，这是本题的两个难点.

② 在 $P(B_k)$ 计算的最后一步，具体化简过程如下：

$$\sum_{n=k}^{\infty} \frac{C_n^k p^k q^{n-k}}{en!}=\sum_{n=k}^{\infty} \frac{p^k q^{n-k}}{ek!(n-k)!}=\frac{p^k}{ek!}\sum_{n=k}^{\infty} \frac{q^{n-k}}{(n-k)!}=\frac{p^k}{ek!}e^q=\frac{p^k}{k!}e^{-p}.$$

在这里级数 $$\sum_{n=k}^{\infty} \frac{q^{n-k}}{(n-k)!}=\sum_{m=0}^{\infty} \frac{q^m}{m!}=e^q.$$

19. 设钢管内径 X（单位：mm）服从正态分布 $N(\mu,\sigma^2)$，规定内径在 98~102 之间的

为合格品,超过 102 的为废品,不足 98 的是次品.已知该批产品的次品率为 15.9%,内径超过 101 的产品在总产品中占 2.28%,求整批产品的合格率.

分析 要求产品的合格率,即要计算概率 $P\{98 \leqslant X \leqslant 102\}$.而计算正态分布随机变量取值的概率需要已知分布参数 μ 与 σ^2,为此,我们应先根据题中所给条件确定 μ 与 σ^2 的值.

解 依题意 $P\{X<98\}=0.159$, $P\{X>101\}=0.0228$,

$$0.159=P\{X<98\}=P\{X \leqslant 98\}=\Phi\left(\frac{98-\mu}{\sigma}\right),$$

$$\Phi\left(\frac{\mu-98}{\sigma}\right)=1-\Phi\left(\frac{98-\mu}{\sigma}\right)=0.841, \qquad ①$$

$$0.0228=P\{X>101\}=1-P\{X \leqslant 101\}=1-\Phi\left(\frac{101-\mu}{\sigma}\right),$$

$$\Phi\left(\frac{101-\mu}{\sigma}\right)=0.9772. \qquad ②$$

根据式①与式②查正态分布表,可得关于 μ 与 σ 的二元方程组.

$$\begin{cases} \dfrac{\mu-98}{\sigma}=1, \\ \dfrac{101-\mu}{\sigma}=2, \end{cases}$$

得到 $\mu=99,\sigma=1$.于是,

$$P\{98 \leqslant X \leqslant 102\}=\Phi(102-99)-\Phi(98-99)$$
$$=\Phi(3)-\Phi(-1) \approx 0.84.$$

因此合格率约为 84%.

注意 本题主要考察正态分布的概率计算问题,正态分布概率的计算是根据分布参数 μ 与 σ 的值将一般正态分布函数值 $F(x)$ 转化为标准正态分布函数值 $F(x)=\Phi\left(\frac{x-\mu}{\sigma}\right)$,通过查标准正态分布表求出相应概率值.如果题中给出分布参数 μ 与 σ,这就是很容易的问题,但是在 μ 与 σ 未知时,我们应首先根据题意确定 μ 与 σ 的值,这种情况一般要通过所谓"反"查正态分布表解决,即已知标准正态分布函数值,也就是概率值 $\Phi\left(\frac{a-\mu}{\sigma}\right)$,从表中确定该分布函数的自变量的值 $\frac{a-\mu}{\sigma}$,其中 a 为已知.如果有两个这样的条件,就可建立两个方程,从而解出 μ 与 σ.有了 μ 与 σ 的值之后,计算各有关概率就很容易了.

20. 设随机变量 X 服从二项分布,其概率分布 $P\{X=k\}=C_n^k p^k q^{n-k}, k=0,1,\cdots,n$, $q=1-p$,问 k 为何值时能使 $P\{X=k\}$ 最大?

解 对 $0<p<1$,有

$$\frac{P\{X=k\}}{P\{X=k-1\}}=\frac{C_n^k p^k q^{n-k}}{C_n^{k-1} p^{k-1} q^{n-k+1}}=\frac{(n-k+1)p}{kq}$$

$$= \frac{(n+1)p - k(1-q)}{kq} = 1 + \frac{(n+1)p-k}{kq}.$$

当 $k < (n+1)p$ 时，$P\{X=k\} > P\{X=k-1\}$；

当 $k = (n+1)p$ 时，$P\{X=k\} = P\{X=k-1\}$；

当 $k > (n+1)p$ 时，$P\{X=k\} < P\{X=k-1\}$.

所以，如果 $(n+1)p$ 是整数，则当 $k_0=(n+1)p-1$ 或 $k_0=(n+1)p$ 时，$P\{X=k_0\}$ 最大；如果 $(n+1)p$ 不是整数，则当 $k_0=[(n+1)p]$ 时，$P\{X=k_0\}$ 最大.

通常我们称使 $P\{X=k\}$ 达到最大的 k_0 为最可能出现的次数.

21. 设连续型随机变量 X 的分布函数为

$$F(x) = \begin{cases} A + Be^{-\frac{x^2}{2}}, & x > 0, \\ 0, & x \leqslant 0. \end{cases}$$

求系数 A 和 B.

解 由 $\lim\limits_{x \to +\infty} F(x) = 1$，知 $A=1$. 再由 $F(x)$ 在 $x=0$ 处的右连续性知

$$0 = \lim\limits_{x \to 0} F(x) = \lim\limits_{x \to 0}(A + Be^{-\frac{x^2}{2}}) = A+B.$$

故
$$B = -A = -1.$$

22. 设随机变量 X 的分布函数为

$$F(x) = \begin{cases} 0, & x < -1, \\ \dfrac{1}{4}, & -1 \leqslant x < 0, \\ \dfrac{3}{4}, & 0 \leqslant x < 1, \\ 1, & x \geqslant 1. \end{cases}$$

求 X 的分布列.

解 $P\{X=-1\} = F(-1) - F(-1-0) = \dfrac{1}{4} - 0 = \dfrac{1}{4}$,

$P\{X=0\} = F(0) - F(0-0) = \dfrac{3}{4} - \dfrac{1}{4} = \dfrac{1}{2}$,

$P\{X=1\} = F(1) - F(1-0) = 1 - \dfrac{3}{4} = \dfrac{1}{4}$.

故 X 的分布列为

x_i	-1	0	1
p_i	$\dfrac{1}{4}$	$\dfrac{1}{2}$	$\dfrac{1}{4}$

23. 已知随机变量 X 的概率密度为

$$p(x) = Ae^{-|x|} \quad (-\infty < x < +\infty).$$

试求 (1) A；(2) $P\{0 < X < 1\}$；(3) X 的分布函数.

解 （1）由于 $\int_{-\infty}^{+\infty}p(x)\mathrm{d}x=\int_{-\infty}^{+\infty}A\mathrm{e}^{-|x|}\mathrm{d}x=2A\int_0^{+\infty}\mathrm{e}^{-x}\mathrm{d}x=1$，即 $2A=1,A=\dfrac{1}{2}$，

所以

$$p(x)=\frac{1}{2}\mathrm{e}^{-|x|}.$$

（2）$P\{0<X<1\}=\int_0^1\dfrac{1}{2}\mathrm{e}^{-x}\mathrm{d}x=\dfrac{1-\mathrm{e}^{-1}}{2}.$

（3）$F(x)=\int_{-\infty}^x\dfrac{1}{2}\mathrm{e}^{-|t|}\mathrm{d}t.$

当 $x<0$ 时，$F(x)=\dfrac{1}{2}\int_{-\infty}^x\mathrm{e}^t\mathrm{d}t=\dfrac{1}{2}\mathrm{e}^x$；

当 $x\geqslant0$ 时，$F(x)=\dfrac{1}{2}\int_{-\infty}^x\mathrm{e}^{-|t|}\mathrm{d}t=\dfrac{1}{2}\int_{-\infty}^0\mathrm{e}^t\mathrm{d}t+\dfrac{1}{2}\int_0^x\mathrm{e}^{-t}\mathrm{d}t=1-\dfrac{1}{2}\mathrm{e}^{-x}.$

所以
$$F(x)=\begin{cases}\dfrac{1}{2}\mathrm{e}^x, & x<0,\\[2mm]1-\dfrac{1}{2}\mathrm{e}^{-x}, & x\geqslant0.\end{cases}$$

24. 公共汽车车门的高度是按男子与车门碰头的概率在 0.01 以下设计的，设男子身高 X 服从 $\mu=168\mathrm{cm},\sigma=7\mathrm{cm}$ 的正态分布，即 $X\sim N(168,7^2)$，问车门的高度应如何确定？

解 若车门的高度为 $h\,\mathrm{cm}$，由题意：
$$P\{X\geqslant h\}\leqslant0.01 \quad\text{或}\quad P\{X<h\}\geqslant0.99.$$
由于 $X\sim N(168,7^2)$，因此
$$P\{X<h\}=\varPhi\Big(\frac{h-168}{7}\Big)\geqslant0.99.$$
查标准正态分布表可知
$$\varPhi(2.33)\approx0.9901>0.99.$$
即有
$$\frac{h-168}{7}=2.33.$$
于是
$$h=168+7\times2.33=184.31.$$
故当车门的高度为 184.31cm 时，男子与车门碰头的概率不超过 0.01.

25. 假设随机变量 X 的概率密度为
$$p(x)=\begin{cases}2x, & 0<x<1,\\0, & \text{其他}.\end{cases}$$
现在对 X 进行 n 次独立重复观测，以 V_n 表示观测值不大于 0.1 的次数.试求随机变量 V_n 的概率分布.

解 事件"观测值不大于 0.1"的概率为
$$p=P\{X\leqslant0.1\}=\int_{-\infty}^{0.1}p(x)\mathrm{d}x=2\int_0^{0.1}x\mathrm{d}x=0.01.$$

V_n 服从参数为 (n,p) 的二项分布：

$$P\{V_n=m\}=C_n^m(0.01)^m(0.99)^{n-m} \quad (m=0,1,2,\cdots,n).$$

26. 某地 1987 年全国高校统考物理成绩 X 服从正态分布 $N(42,6^2)$，若一考生得 48 分，则有多少考生名列该考生之后？

解 由 $X\sim N(42,6^2)$，得 $Y=\dfrac{X-42}{6}\sim N(0,1)$，因此，

$$P\{X>48\}=P\{Y>1\}=1-P\{Y\leqslant 1\}=1-\Phi(1)=0.16.$$

这说明有 16% 的考生成绩超过 48 分，因而有 84% 的考生名列得 48 分的考生之后.

27. 设随机变量 X 服从正态分布 $N(60,3^2)$，求分点 x_1,x_2，使 X 分别落在 $(-\infty,x_1),(x_1,x_2),(x_2,+\infty)$ 内的概率之比为 $3:4:5$.

解 因为 $X\sim N(60,3^2)$，所以

$$P\left\{\frac{X-60}{3}<\frac{x_1-60}{3}\right\}=P\{X<x_1\}=\frac{3}{3+4+5}=0.25,$$

即

$$\Phi\left(\frac{x_1-60}{3}\right)=0.25.$$

查标准正态分布表，得

$$\frac{x_1-60}{3}=-0.675,$$

于是

$$x_1=-0.675\times 3+60=57.975.$$

同理

$$P\left\{\frac{X-60}{3}<\frac{x_2-60}{3}\right\}=P(X<x_2)=\frac{3+4}{3+4+5}\approx 0.5833,$$

查标准正态分布表，得

$$\frac{x_2-60}{3}=0.21,$$

于是

$$x_2=0.21\times 3+60=60.63.$$

28. 假设一电路装有三个同种电气元件，其工作状态相互独立且无故障工作时间都服从参数为 $\lambda>0$ 的指数分布.当三个元件都无故障时，电路正常工作，否则整个电路不能正常工作.试求电路正常工作的时间 T 的概率分布.

解 以 $X_i(i=1,2,3)$ 表示第 i 个元件无故障的时间，则 X_1,X_2,X_3 相互独立同分布，其分布函数为

$$F(x)=\begin{cases}1-e^{-\lambda x}, & x>0,\\ 0, & x\leqslant 0.\end{cases}$$

设 $G(t)$ 是 T 的分布函数，当 $t\leqslant 0$ 时，$G(t)=0$；当 $t>0$ 时，

$$G(t)=P\{T\leqslant t\}=1-P\{T>t\}=1-P\{X_1>t,X_2>t,X_3>t\}$$

$$= 1 - P\{X_1 > t\} \cdot P\{X_2 > t\} \cdot P\{X_3 > t\}$$
$$= 1 - [1 - F(t)]^3 = 1 - e^{-3\lambda t},$$

所以
$$G(t) = \begin{cases} 1 - e^{-3\lambda t}, & t > 0, \\ 0, & t \leqslant 0, \end{cases}$$

即 T 服从参数为 3λ 的指数分布.

29. 已知某批建筑材料的强度 X 服从 $N(200, 18^2)$,现从中任取一件,问:

(1) 这件材料的强度不低于 180 的概率是多少?

(2) 如果所用的材料要求以 99% 的概率保证强度不低于 150,问这批材料是否符合要求?

解 (1) $P\{X \geqslant 180\} = 1 - P\{X < 180\}$

$$= 1 - \Phi\left(\frac{180 - 200}{18}\right) \approx \Phi(1.11) = 0.866\,5.$$

(2) $P\{X \geqslant 150\} = 1 - P\{X < 150\}$

$$= 1 - \Phi\left(\frac{150 - 200}{18}\right) \approx 1 - \Phi(-2.78) = \Phi(2.78) = 0.997\,3.$$

即从这批材料中任取一件,以概率 99.73%(大于 99%)保证强度不低于 150,故这批材料符合所提出的要求.

30. 设 X 的分布阵为

$$\begin{bmatrix} -1 & 0 & 1 & 2 & \dfrac{5}{2} \\ \dfrac{1}{5} & \dfrac{1}{10} & \dfrac{1}{10} & \dfrac{3}{10} & \dfrac{3}{10} \end{bmatrix},$$

试求:(1) $2X$ 的分布阵;(2) X^2 的分布阵.

解 先根据 X 的分布阵,列出下表:

p_k	$\dfrac{1}{5}$	$\dfrac{1}{10}$	$\dfrac{1}{10}$	$\dfrac{3}{10}$	$\dfrac{3}{10}$
x_k	-1	0	1	2	$\dfrac{5}{2}$
$2x_k$	-2	0	2	4	5
x_k^2	1	0	1	4	$\dfrac{25}{4}$

(1) 由于 $2x_k$ $(k=1,2,3,4,5)$ 的值全不等,所以 $2X$ 的分布阵为

$$\begin{bmatrix} -2 & 0 & 2 & 4 & 5 \\ \dfrac{1}{5} & \dfrac{1}{10} & \dfrac{1}{10} & \dfrac{3}{10} & \dfrac{3}{10} \end{bmatrix}.$$

(2) 由于 x_k^2 $(k=1,2,3,4,5)$ 中值 1 出现了两次,

$$P\{X^2=1\}=P\{X=-1\}+P\{X=1\}=\frac{1}{5}+\frac{1}{10}=\frac{3}{10},$$

所以 X^2 的分布阵为

$$\begin{bmatrix} 0 & 1 & 4 & \dfrac{25}{4} \\ \dfrac{1}{10} & \dfrac{3}{10} & \dfrac{3}{10} & \dfrac{3}{10} \end{bmatrix}.$$

31. 设 X 的概率分布为

$$P\{X=k\}=\frac{1}{2^k}\quad(k=1,2,\cdots),$$

求 $Y=\sin\left(\dfrac{\pi}{2}X\right)$ 的概率分布.

解 因为

$$\sin\frac{k\pi}{2}=\begin{cases}-1, & k=4n-1,\\ 0, & k=2n,\qquad(n=1,2,\cdots)\\ 1, & k=4n-3,\end{cases}$$

所以,$Y=\sin\left(\dfrac{\pi}{2}X\right)$ 只有 3 个可能取值 $-1,0,1$,而取这些值的概率分别为

$$P\{Y=-1\}=P\{X=3\}+P\{X=7\}+P\{X=11\}+\cdots$$
$$=\frac{1}{2^3}+\frac{1}{2^7}+\frac{1}{2^{11}}+\cdots=\frac{1}{8}\cdot\frac{1}{1-\dfrac{1}{16}}=\frac{2}{15},$$

$$P\{Y=0\}=P\{X=2\}+P\{X=4\}+P\{X=6\}+\cdots$$
$$=\frac{1}{2^2}+\frac{1}{2^4}+\frac{1}{2^6}+\cdots=\frac{1}{4}\cdot\frac{1}{1-\dfrac{1}{4}}=\frac{1}{3},$$

$$P\{Y=1\}=P\{X=1\}+P\{X=5\}+P\{X=9\}+\cdots$$
$$=\frac{1}{2}+\frac{1}{2^5}+\frac{1}{2^9}+\cdots=\frac{1}{2}\cdot\frac{1}{1-\dfrac{1}{16}}=\frac{8}{15}.$$

于是,$Y=\sin\left(\dfrac{\pi}{2}X\right)$ 的分布阵为

$$\begin{bmatrix} -1 & 0 & 1 \\ \dfrac{2}{15} & \dfrac{1}{3} & \dfrac{8}{15} \end{bmatrix}.$$

32. 每箱产品有 10 件,其次品数从 0 到 2 是等可能的,开箱检验时,从中任取一件,如果检验为次品,则认为该箱产品不合格而拒收.由于检验误差,假设一件正品被误判为次品的概率是 2%,一件次品被漏查误判为正品的概率是 10%.求:

（1）检验一箱产品能通过验收的概率;

（2）检验 10 箱产品通过率不低于 90% 的概率.

解　（1）设事件 $B=$"一箱产品通过验收"，$B_1=$"抽到一件正品"，$A_i=$"箱内有 i 件次品"（$i=0,1,2$）. A_0,A_1,A_2 两两互不相容，其和为 Ω. 依题意，

$$P(A_i)=\frac{1}{3}, \qquad\qquad P(B_1|A_i)=\frac{10-i}{10}, \quad i=0,1,2.$$

$$P(B|B_1)=0.98, \qquad\qquad P(B|\overline{B}_1)=0.10.$$

应用全概率公式

$$P(B_1)=\sum_{i=0}^{2}P(A_i)P(B_1\mid A_i)=\frac{1}{3}\sum_{i=0}^{2}\frac{10-i}{10}=0.9,$$

$$P(\overline{B}_1)=0.1.$$

又由于 B_1 与 $\overline{B}_1$ 为对立事件，再次应用全概率公式

$$P(B)=P(B_1)P(B\mid B_1)+P(\overline{B}_1)P(B\mid \overline{B}_1)$$

$$=0.9\times 0.98+0.1\times 0.1=0.892.$$

（2）由于各箱产品是否通过验收互不影响，10 箱产品中通过验收的箱数 X 服从二项分布，参数 $n=10,p=P(B)=0.892$，则

$$P\left\{\frac{X}{10}\geqslant 90\%\right\}=P\{X\geqslant 9\}=P\{X=10\}+P\{X=9\}$$

$$=0.892^{10}+10\times 0.892^{9}\times 0.108\approx 0.705.$$

注意　这是一个题中多次使用全概率公式的问题. 一箱产品能否通过验收，一方面与抽出的一件产品是否为正品有关，另一方面与对所抽产品的检验结果有关. 每次使用全概率公式时，都各有一个完备事件组：与抽取结果 B_1 有关的完备事件组是箱中的次品数 A_0,A_1,A_2；与对所抽产品的检验结果有关的完备事件组是抽取结果 B_1 与 $\overline{B}_1$. 由此可见，正确寻找出与所讨论的事件相联系的完备事件组是应用全概率公式的关键.

33. 设随机变量 $X\sim U\left(-\dfrac{\pi}{2},\dfrac{\pi}{2}\right)$，求随机变量 $Y=\sin X$ 的概率密度 $p_2(y)$.

解　X 的概率密度函数为

$$p_1(x)=\begin{cases}\dfrac{1}{\pi}, & x\in\left(-\dfrac{\pi}{2},\dfrac{\pi}{2}\right), \\ 0, & \text{其他.}\end{cases}$$

因为 $y=\sin x$ 在 $\left(-\dfrac{\pi}{2},\dfrac{\pi}{2}\right)$ 内单调增加，所以存在反函数 $x=\arcsin y$，其导数为

$$x'_y=\frac{1}{\sqrt{1-y^2}}.$$

利用公式求出 Y 的概率密度函数，首先计算

$$\alpha=\min_{-\frac{\pi}{2}\leqslant x\leqslant\frac{\pi}{2}}\{\sin x\}=-1, \quad \beta=\max_{-\frac{\pi}{2}\leqslant x\leqslant\frac{\pi}{2}}\{\sin x\}=1.$$

于是　　　　　$$p_2(y)=\begin{cases}p_1(f^{-1}(y))\cdot|x'_y|, & -1<y<1 \\ 0, & \text{其他}\end{cases}$$

$$=\begin{cases} \dfrac{1}{\pi} \cdot \dfrac{1}{\sqrt{1-y^2}}, & -1 < y < 1, \\ 0, & \text{其他.} \end{cases}$$

34. 设随机变量 $X \sim N(0,1)$，求随机变量 $Y = X^2$ 的概率密度 $p_2(y)$.

解 X 的概率密度函数为

$$p_1(x) = \frac{1}{\sqrt{2\pi}} e^{-\frac{x^2}{2}} \quad (-\infty < x < +\infty).$$

因为 $y = x^2$ 在 $(-\infty, +\infty)$ 内不是单调的，故将这个区间分成 $(-\infty, 0)$ 和 $(0, +\infty)$ 两个单调区间. 在 $(-\infty, 0)$ 内其反函数为 $x = f_1^{-1}(y) = -\sqrt{y}$，在 $(0, +\infty)$ 内为 $x = f_2^{-1}(y) = \sqrt{y}$.

由公式

$$p_2(y) = p_1[f_1^{-1}(y)] \cdot |(f_1^{-1}(y))'| + p_1[f_2^{-1}(y)] \cdot |(f_2^{-1}(y))'|,$$

以及

$$(f_1^{-1}(y))' = \frac{-1}{2\sqrt{y}}, \quad (f_2^{-1}(y))' = \frac{1}{2\sqrt{y}},$$

$$p_1[f_1^{-1}(y)] = p_1[f_2^{-1}(y)] = \frac{1}{\sqrt{2\pi}} e^{-\frac{y}{2}},$$

有

$$p_2(y) = \frac{1}{\sqrt{2\pi y}} e^{-\frac{y}{2}}.$$

因为 $y = x^2 (-\infty < x < +\infty)$，所以 $0 < y < +\infty$，因此，在区间 $(0, +\infty)$ 内有概率密度函数

$$p_2(y) = \frac{1}{\sqrt{2\pi y}} e^{-\frac{y}{2}},$$

在其他区间，$p_2(y) = 0$. 故

$$p_2(y) = \begin{cases} \dfrac{1}{\sqrt{2\pi y}} e^{-\frac{y}{2}}, & y > 0, \\ 0, & \text{其他.} \end{cases}$$

35. 设随机变量 X 的概率密度为

$$p_X(x) = \begin{cases} e^{-x}, & x \geqslant 0, \\ 0, & x < 0, \end{cases}$$

求随机变量 $Y = e^X$ 的概率密度 $p_Y(y)$.

解 Y 的分布函数 $F_Y(y) = P\{Y \leqslant y\} = P\{e^X \leqslant y\}$.

当 $y < 1$ 时，$F_Y(y) = 0$；

当 $y \geqslant 1$ 时，$F_Y(y) = P\{X \leqslant \ln y\} = \displaystyle\int_0^{\ln y} e^{-x} \mathrm{d}x$.

因此 Y 的概率密度为

$$p_Y(y) = \frac{\mathrm{d}}{\mathrm{d}y} F_Y(y) = \begin{cases} 0, & y < 1, \\ \dfrac{1}{y^2}, & y \geqslant 1. \end{cases}$$

36. 设随机变量 X 服从标准正态分布,即 $X \sim N(0,1)$,试求:

(1) $Y = 2X^2 + 1$;

(2) $Z = |X|$ 的概率密度函数.

解　因为 $X \sim N(0,1)$,所以

$$p_X(x) = \frac{1}{\sqrt{2\pi}} \mathrm{e}^{-\frac{x^2}{2}}, \quad -\infty < x < +\infty.$$

(1) $Y = 2X^2 + 1$,Y 的分布函数 $F_Y(y) = P\{2X^2 + 1 \leqslant y\}$.

当 $y \leqslant 1$ 时,$F_Y(y) = 0$;

当 $y > 1$ 时,

$$F_Y(y) = P\{2X^2 + 1 \leqslant y\} = P\left\{-\sqrt{\frac{y-1}{2}} < X < \sqrt{\frac{y-1}{2}}\right\}$$

$$= \int_{-\sqrt{\frac{y-1}{2}}}^{\sqrt{\frac{y-1}{2}}} \frac{1}{\sqrt{2\pi}} \mathrm{e}^{-\frac{x^2}{2}} \mathrm{d}x = \frac{2}{\sqrt{2\pi}} \int_0^{\sqrt{\frac{y-1}{2}}} \mathrm{e}^{-\frac{x^2}{2}} \mathrm{d}x,$$

即

$$F_Y(y) = \begin{cases} 0, & y \leqslant 1, \\ \dfrac{2}{\sqrt{2\pi}} \displaystyle\int_0^{\sqrt{\frac{y-1}{2}}} \mathrm{e}^{-\frac{x^2}{2}} \mathrm{d}x, & y > 1. \end{cases}$$

于是 Y 的概率密度函数为

$$p_Y(y) = F_Y'(y) = \begin{cases} \dfrac{1}{2\sqrt{\pi(y-1)}} \mathrm{e}^{-\frac{y-1}{4}}, & y > 1, \\ 0, & y \leqslant 1. \end{cases}$$

(2) $Z = |X|$ 的分布函数为

$$F_Z(z) = P\{Z \leqslant z\} = P\{|X| \leqslant z\}.$$

当 $z < 0$ 时,$F_Z(z) = 0$;

当 $z \geqslant 0$ 时,

$$F_Z(z) = P\{|X| \leqslant z\} = P\{-z \leqslant X \leqslant z\}$$

$$= \int_{-z}^{z} \frac{1}{\sqrt{2\pi}} \mathrm{e}^{-\frac{x^2}{2}} \mathrm{d}x = \frac{2}{\sqrt{2\pi}} \int_0^z \mathrm{e}^{-\frac{x^2}{2}} \mathrm{d}x.$$

于是,Z 的概率密度函数为

$$p_Z(z) = F_Z'(z) = \begin{cases} \sqrt{\dfrac{2}{\pi}} \mathrm{e}^{-\frac{1}{2}z^2}, & z \geqslant 0, \\ 0, & z < 0. \end{cases}$$

37. 设点随机地落在单位圆周(圆心位于原点)上,并且对弧长是均匀分布的,求该点的横坐标的概率密度函数.

解　据题设,落在圆周上的点 P 与定点 Q(见图 2-3)之间的弧长 Θ 的概率密度函数为

$$p_\Theta(\theta) = \begin{cases} \dfrac{1}{2\pi}, & 0 \leqslant \theta < 2\pi, \\ 0, & 其他. \end{cases}$$

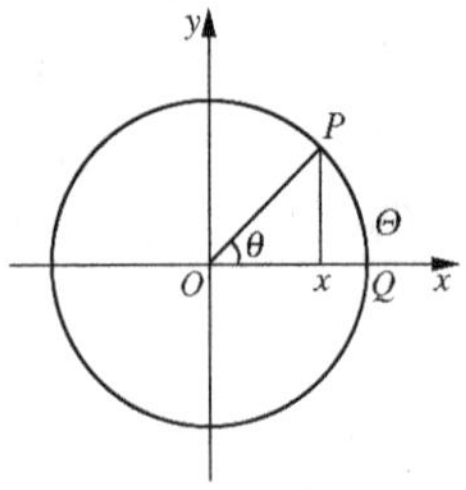

接下来求点 P 的横坐标 $X = \cos\theta$ 的概率密度函数 $p_X(x)$.

因为 $x = \cos\theta\,(0 \leqslant \theta < 2\pi)$ 不是单调函数,使 $\cos\theta \leqslant x$ 成立的 θ 满足

$$\arccos x \leqslant \theta \leqslant 2\pi - \arccos x.$$

于是,对于 $-1 \leqslant x \leqslant 1$,有

$$F_X(x) = P\{X \leqslant x\} = P\{\cos\theta \leqslant x\} = \int_{\cos\theta \leqslant x} p_\Theta(\theta)\,\mathrm{d}\theta$$

$$= \int_{\arccos x}^{2\pi - \arccos x} \frac{1}{2\pi}\,\mathrm{d}\theta = 1 - \frac{1}{\pi}\arccos x;$$

图 2-3

对于 $x < -1$,有

$$F_X(x) = P\{X \leqslant x\} = P\{\cos\theta \leqslant x\} = P(\varnothing) = 0;$$

对于 $x > 1$,有

$$F_X(x) = P\{X \leqslant x\} = P\{\cos\theta \leqslant x\} = P(\Omega) = 1,$$

即

$$F(x) = \begin{cases} 0, & x < -1, \\ 1 - \dfrac{1}{\pi}\arccos x, & -1 \leqslant x \leqslant 1, \\ 1, & x > 1. \end{cases}$$

所以 X 的概率密度函数为

$$p_X(x) = F'_X(x) = \begin{cases} \dfrac{1}{\pi\sqrt{1 - x^2}}, & -1 < x < 1, \\ 0, & 其他. \end{cases}$$

38. 设随机变量 X 具有连续的分布函数 $F_1(x)$,求 $Y = F_1(X)$ 的概率密度函数.

解 由于 $F_1(x)$ 为 x 的连续分布函数,可知 $F_1(-\infty) = 0$,$F_1(+\infty) = 1$. 因为 $F_1(x)$ 是单调递增函数,所以 $F_1^{-1}(y)$ 存在(单调函数有单值反函数存在),因而有

$$F_2(y) \stackrel{\text{def}}{=\!=\!=} P\{Y \leqslant y\} = \begin{cases} 0, & y < 0, \\ *, & 0 \leqslant y < 1, \\ 1, & y \geqslant 1. \end{cases}$$

当 $0 \leqslant y < 1$ 时,

$$* = F_2(y) = P(F_1(X) \leqslant y) = P(X \leqslant F_1^{-1}(y))$$

$$= F_1(F_1^{-1}(y)) = y.$$

代入 $F_2(y)$ 表达式,有

$$F_2(y) = \begin{cases} 0, & y < 0, \\ y, & 0 \leqslant y < 1, \\ 1, & y \geqslant 1. \end{cases}$$

因此 Y 的概率密度函数为

$$p_2(y) = \begin{cases} 1, & 0 \leqslant y \leqslant 1, \\ 0, & \text{其他.} \end{cases}$$

即 $Y \sim U(0,1)$.

注意　第 13 题只是本题的一个特例.

39. 假设随机变量 X 的绝对值不大于 1；$P\{X=-1\} = \dfrac{1}{8}$，$P\{X=1\} = \dfrac{1}{4}$；在事件 $\{-1 < X < 1\}$ 出现的条件下，X 在 $(-1,1)$ 内任一子区间上取值的条件概率与该子区间的长度成正比.试求：

(1) X 的分布函数 $F(x) = P\{X \leqslant x\}$；

(2) X 取负值的概率 p.

解　(1) 据已知，当 $x < -1$ 时，$F(x) = 0$；当 $x \geqslant 1$ 时，$F(x) = 1$.以下考虑当 $-1 < x < 1$ 时的情形.由于

$$1 = P\{|X| \leqslant 1\} = P\{X=-1\} + P\{-1 < X < 1\} + P\{X=1\},$$

故

$$P\{-1 < X < 1\} = 1 - \frac{1}{8} - \frac{1}{4} = \frac{5}{8}.$$

另据条件，有

$$P\{-1 < X \leqslant x \mid -1 < X < 1\} = \frac{1}{2}(x+1).$$

于是，对于 $-1 < x < 1$，有 $(-1, x] \subset (-1, 1)$，因此

$$\begin{aligned} P\{-1 < X \leqslant x\} &= P\{-1 < X \leqslant x, -1 < X < 1\} \\ &= P\{-1 < X < 1\} P\{-1 < X \leqslant x \mid -1 < X < 1\} \\ &= \frac{5}{8} \times \frac{1}{2}(x+1) = \frac{5}{16}(x+1), \end{aligned}$$

$$F(x) = P\{X \leqslant -1\} + P\{-1 < X \leqslant x\} = \frac{5x+7}{16}.$$

综上，有

$$F(x) = \begin{cases} 0, & x < -1, \\ \dfrac{5x+7}{16}, & -1 \leqslant x < 1, \\ 1, & x \geqslant 1. \end{cases}$$

(2) $P(X < 0) = P(X \leqslant 0) - P(X=0) = F(0) = \dfrac{7}{16}$.

40. 甲、乙两人独立地各进行两次射击，假设甲的命中率为 0.2，乙的命中率为 0.5.以 X 和 Y 分别表示甲和乙的命中次数，试求 X 和 Y 的联合概率分布.

解　X 和 Y 都服从二项分布，参数分别为 $(2, 0.2)$ 和 $(2, 0.5)$.因此 X 和 Y 的概率分布分别为：

$$X \sim \begin{bmatrix} 0 & 1 & 2 \\ 0.64 & 0.32 & 0.04 \end{bmatrix}, \quad Y \sim \begin{bmatrix} 0 & 1 & 2 \\ 0.25 & 0.5 & 0.25 \end{bmatrix}.$$

由独立性知，X 和 Y 的联合概率分布为：

Y \ X	0	1	2
0	0.16	0.08	0.01
1	0.32	0.16	0.02
2	0.16	0.08	0.01

41. 已知随机变量 X 和 Y 的联合概率密度为

$$p(x,y) = \begin{cases} 4xy, & 0 \leqslant x \leqslant 1, 0 \leqslant y \leqslant 1, \\ 0, & \text{其他}. \end{cases}$$

求 X 和 Y 的联合分布函数 $F(x,y)$.

解 定义 $F(x,y) = P\{X \leqslant x, Y \leqslant y\} = \int_{-\infty}^{x} \int_{-\infty}^{y} p(x,y)\mathrm{d}x\,\mathrm{d}y$，因为 $p(x,y)$ 是分段函数，要正确计算出 $F(x,y)$，必须对积分区域进行适当分块，分为：$x<0$ 或 $y<0$；$0 \leqslant x \leqslant 1, 0 \leqslant y \leqslant 1$；$x>1, y>1$；$x>1, 0 \leqslant y \leqslant 1$；$y>1, 0 \leqslant x \leqslant 1$ 等 5 个部分.

(1) 对于 $x<0$ 或 $y<0$，有

$$F(x,y) = P\{X \leqslant x, Y \leqslant y\} = 0.$$

(2) 对于 $0 \leqslant x \leqslant 1, 0 \leqslant y \leqslant 1$，有

$$F(x,y) = 4 \int_0^x \int_0^y uv\,\mathrm{d}u\,\mathrm{d}v = x^2 y^2.$$

(3) 对于 $x>1, y>1$，有

$$F(x,y) = 1.$$

(4) 对于 $x>1, 0 \leqslant y \leqslant 1$，有

$$F(x,y) = P\{X \leqslant 1, Y \leqslant y\} = y^2.$$

(5) 对于 $y>1, 0 \leqslant x \leqslant 1$，有

$$F(x,y) = P\{X \leqslant x, Y \leqslant 1\} = x^2.$$

故 X 和 Y 的联合分布函数为

$$F(x,y) = \begin{cases} 0, & x<0 \text{ 或 } y<0, \\ x^2 y^2, & 0 \leqslant x \leqslant 1, 0 \leqslant y \leqslant 1, \\ x^2, & 0 \leqslant x \leqslant 1, y>1, \\ y^2, & x>1, 0 \leqslant y \leqslant 1, \\ 1, & x>1, y>1. \end{cases}$$

42. 设二维随机变量 (X,Y) 的概率密度为

$$p(x,y) = \begin{cases} \mathrm{e}^{-y}, & 0<x<y, \\ 0, & \text{其他}. \end{cases}$$

(1) 求随机变量 X 的概率密度 $f_X(x)$；

(2) 求概率 $P\{X+Y \leqslant 1\}$.

解 利用求边缘概率密度的公式 $p_X(x) = \int_{-\infty}^{+\infty} p(x,y)\mathrm{d}y$ 求 $p_X(x)$，对 y 积分时，注

意 $y > x$. 求 $P\{X+Y \leqslant 1\}$ 实际上是计算一个二重积分，
关键问题是由 $p(x,y)$ 的定义域和 $x+y \leqslant 1$ 正确确定二
重积分的积分区域(见图 2-4).

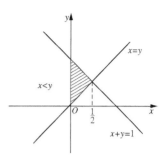

(1) 当 $x > 0$ 时，$p_X(x) = \int_x^{+\infty} \mathrm{e}^{-y} \mathrm{d}y = \mathrm{e}^{-x}$，

当 $x \leqslant 0$ 时，$p_X(x) = 0$.

故 　　　　$p_X(x) = \begin{cases} \mathrm{e}^{-x}, & x > 0, \\ 0, & x \leqslant 0. \end{cases}$

图 2-4

(2) $P\{X+Y \leqslant 1\} = \iint\limits_{x+y \leqslant 1} p(x,y)\mathrm{d}x\,\mathrm{d}y$

$$= \int_0^{\frac{1}{2}} \mathrm{d}x \int_x^{1-x} \mathrm{e}^{-y}\mathrm{d}y = -\int_0^{\frac{1}{2}} \left[\mathrm{e}^{-(1-x)} - \mathrm{e}^{-x}\right]\mathrm{d}x = 1 + \mathrm{e}^{-1} - 2\mathrm{e}^{-\frac{1}{2}}.$$

43. 设随机变量 X,Y 相互独立，其概率密度函数分别为

$$p_X(x) = \begin{cases} 1, & 0 \leqslant x \leqslant 1, \\ 0, & 其他. \end{cases} \qquad p_Y(y) = \begin{cases} \mathrm{e}^{-y}, & y > 0, \\ 0, & y \leqslant 0. \end{cases}$$

求 $Z = 2X + Y$ 的概率密度函数.

解　此类问题一般有两种解法：一种是先写出二元随机变量 (X,Y) 的联合概率密度
函数，再计算 $Z = 2X + Y$ 的概率密度函数；另一种是直接利用两独立随机变量和的概率
密度计算公式求之.

方法 1　由于随机变量 X,Y 相互独立，所以二元随机变量 (X,Y) 的概率密度函数为

$$p_{(X,Y)}(x,y) = p_X(x) \cdot p_Y(y) = \begin{cases} \mathrm{e}^{-y}, & 0 \leqslant x \leqslant 1, y > 0, \\ 0, & 其他. \end{cases}$$

因此，随机变量 Z 的分布函数为

$$F_Z(z) = P\{2X + Y < z\} = \iint\limits_{2x+y < z} p_X(x) \cdot p_Y(y)\mathrm{d}x\,\mathrm{d}y$$

$$= \begin{cases} 0, & z \leqslant 0, \\ \int_0^{\frac{z}{2}} (1 - \mathrm{e}^{2x-z})\mathrm{d}x, & 0 < z \leqslant 2, \\ \int_0^1 (1 - \mathrm{e}^{2x-z})\mathrm{d}x, & z > 2. \end{cases}$$

所以，随机变量 Z 的概率密度函数为

$$p_Z(z) = F_Z'(z) = \begin{cases} 0, & z \leqslant 0, \\ \dfrac{1}{2}(1 - \mathrm{e}^{-z}), & 0 < z \leqslant 2, \\ \dfrac{1}{2}(\mathrm{e}^2 - 1)\mathrm{e}^{-z}, & z > 2. \end{cases}$$

方法 2　由于随机变量 X,Y 相互独立，所以随机变量 Z 的概率密度函数为

$$p_Z(z) = \int_{-\infty}^{+\infty} p_X(x)p_Y(z-2x)\mathrm{d}x = \int_0^1 p_Y(z-2x)\mathrm{d}x$$

$$=\begin{cases}0, & z\leqslant 0 \\ \displaystyle\int_0^{\frac{z}{2}}\mathrm{e}^{-(z-2x)}\mathrm{d}x & 0<z\leqslant 2 \\ \displaystyle\int_0^1\mathrm{e}^{-(z-2x)}\mathrm{d}x & z>2\end{cases}$$

$$=\begin{cases}0, & z\leqslant 0, \\ \dfrac{1}{2}(1-\mathrm{e}^{-z}), & 0<z\leqslant 2, \\ \dfrac{1}{2}(\mathrm{e}^2-1)\mathrm{e}^{-z}, & z>2.\end{cases}$$

44. 一电子仪器由两个部件构成，以 X 和 Y 分别表示两个部件的寿命（单位：千小时），已知 X 和 Y 的联合分布函数为：

$$F(x,y)=\begin{cases}1-\mathrm{e}^{-0.5x}-\mathrm{e}^{-0.5y}+\mathrm{e}^{-0.5(x+y)}, & x\geqslant 0, y\geqslant 0; \\ 0, & \text{其他}.\end{cases}$$

(1) 问 X 和 Y 是否独立？

(2) 求两个部件的寿命都超过 100 小时的概率 a.

解 可用分布函数或概率密度函数验证 X 和 Y 是否独立.

方法 1 (1) X 的分布函数 $F_1(x)$ 和 Y 的分布函数 $F_2(y)$ 分别为：

$$F_1(x)=F(x,+\infty)=\begin{cases}1-\mathrm{e}^{-0.5x}, & x\geqslant 0, \\ 0, & x<0;\end{cases}$$

$$F_2(y)=F(+\infty,y)=\begin{cases}1-\mathrm{e}^{-0.5y}, & y\geqslant 0, \\ 0, & y<0.\end{cases}$$

由 $F(x,y)=F_1(x)F_2(y)$ 知 X 和 Y 独立.

(2) $a=P\{X>0.1,Y>0.1\}=P\{X>0.1\}\cdot P\{Y>0.1\}$

$\qquad =[1-F_1(0.1)]\cdot[1-F_2(0.1)]$

$\qquad =\mathrm{e}^{-0.05}\cdot\mathrm{e}^{-0.05}=\mathrm{e}^{-0.1}.$

方法 2 (1) 以 $p(x,y),p_1(x)$ 和 $p_2(y)$ 分别表示 $(X,Y),X$ 和 Y 的概率密度，有

$$p(x,y)=\frac{\partial F^2(x,y)}{\partial x\partial y}=\begin{cases}0.25\mathrm{e}^{-0.5(x+y)}, & x\geqslant 0, y\geqslant 0, \\ 0, & \text{其他};\end{cases}$$

$$p_1(x)=\int_{-\infty}^{+\infty}p(x,y)\mathrm{d}y=\begin{cases}0.5\mathrm{e}^{-0.5x}, & x\geqslant 0, \\ 0, & x<0;\end{cases}$$

$$p_2(y)=\int_{-\infty}^{+\infty}p(x,y)\mathrm{d}x=\begin{cases}0.5\mathrm{e}^{-0.5y}, & y\geqslant 0, \\ 0, & y<0.\end{cases}$$

由 $p(x,y)=p_1(x)p_2(y)$ 知 X 和 Y 独立.

(2) $a=P\{X>0.1,Y>0.1\}=\displaystyle\int_{0.1}^{+\infty}\int_{0.1}^{+\infty}0.25\mathrm{e}^{-0.5(x+y)}\mathrm{d}x\mathrm{d}y$

$\qquad =\mathrm{e}^{-0.1}.$

45. 设 X 与 Y 的概率密度函数为

$$p(x,y)=\begin{cases}1, & |y|<x, 0<x<1,\\ 0, & \text{其他}.\end{cases}$$

求：(1) 边缘概率密度 $p_X(x)$，$p_Y(y)$；

(2) 条件概率密度 $p(x|y)$，$p(y|x)$；

(3) $P\left\{X>\dfrac{1}{2}\,\Big|\,Y>0\right\}$.

解　(1) 如图 2-5 所示，有：

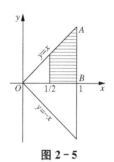

图 2-5

$$p_Y(y)=\int_{-\infty}^{+\infty}p(x,y)\mathrm{d}x=\begin{cases}\displaystyle\int_y^1\mathrm{d}x=1-y, & 0\leqslant y<1\\ \displaystyle\int_{-y}^1\mathrm{d}x=1+y, & -1<y<0\\ 0, & \text{其他}\end{cases}$$

$$=\begin{cases}1-|y|, & |y|<1,\\ 0, & \text{其他}.\end{cases}$$

$$p_X(x)=\int_{-\infty}^{+\infty}p(x,y)\mathrm{d}y=\begin{cases}\displaystyle\int_{-x}^x\mathrm{d}y=2x, & 0<x<1,\\ 0, & \text{其他}.\end{cases}$$

(2) 当 $|y|<1$ 时，

$$p(x|y)=\frac{p(x,y)}{p_Y(y)}=\begin{cases}\dfrac{1}{1-|y|}, & |y|<x<1,\\ 0, & \text{其他}.\end{cases}$$

当 $0<x<1$ 时，

$$p(y|x)=\frac{p(x,y)}{p_X(x)}=\begin{cases}\dfrac{1}{2x}, & |y|<x,\\ 0, & \text{其他}.\end{cases}$$

(3) $P\left\{X>\dfrac{1}{2}\,\Big|\,Y>0\right\}=\dfrac{P\left\{X>\dfrac{1}{2}, Y>0\right\}}{P\{Y>0\}}=\dfrac{\text{图中阴影面积}}{\triangle AOB\text{ 的面积}}=\dfrac{3}{4}.$

46. 设 (X,Y) 的联合概率密度函数

$$p(x,y)=\begin{cases}A\mathrm{e}^{-(2x+3y)}, & x>0, y>0,\\ 0, & \text{其他}.\end{cases}$$

试求：(1) 常数 A；　　(2) X 的边缘概率密度；　　(3) $P\{X+Y<2\}$；

(4) 条件概率密度 $p(x|y)$；　　(5) $P\{X<2|Y<1\}$.

解　(1) 因为

$$1=\int_{-\infty}^{+\infty}\int_{-\infty}^{+\infty}p(x,y)\mathrm{d}x\mathrm{d}y=A\int_0^{+\infty}\mathrm{e}^{-2x}\mathrm{d}x\int_0^{+\infty}\mathrm{e}^{-3y}\mathrm{d}y=\frac{A}{6},$$

所以 $A=6$.

(2) $p_X(x)=\int_{-\infty}^{+\infty}p(x,y)\mathrm{d}y=\int_0^{+\infty}6\mathrm{e}^{-(2x+3y)}\mathrm{d}y=6\mathrm{e}^{-2x}\int_0^{+\infty}\mathrm{e}^{-3y}\mathrm{d}y=2\mathrm{e}^{-2x}\ (x>0).$

(3) $P\{X+Y<2\}=6\int_0^2\int_0^{2-x}e^{-(2x+3y)}\mathrm{d}y\mathrm{d}x=6\int_0^2e^{-2x}\left[\int_0^{2-x}e^{-3y}\mathrm{d}y\right]\mathrm{d}x$

$$=6\int_0^2e^{-2x}\cdot\frac{1}{3}(1-e^{3x-6})\mathrm{d}x=1-3e^{-4}+2e^{-6}.$$

(4) 因为

$$p_Y(y)=\int_0^{+\infty}6e^{-(2x+3y)}\mathrm{d}x=6e^{-3y}\int_0^{+\infty}e^{-2x}\mathrm{d}x=3e^{-3y}\quad(y>0),$$

所以当 $y>0$ 时，

$$p(x\mid y)=\frac{p(x,y)}{p_Y(y)}=\begin{cases}\dfrac{6e^{-(2x+3y)}}{3e^{-3y}},&x>0\\0,&x\leqslant0\end{cases}=\begin{cases}2e^{-2x},&x>0,\\0,&x\leqslant0.\end{cases}$$

(5) 因为 $P\{X<2\mid Y<1\}=\dfrac{P\{X<2,Y<1\}}{P\{Y<1\}}$，而

$$P\{X<2,Y<1\}=\int_0^2\int_0^1 6e^{-(2x+3y)}\mathrm{d}y\mathrm{d}x=6\int_0^2e^{-2x}\mathrm{d}x\int_0^1e^{-3y}\mathrm{d}y=(1-e^{-4})(1-e^{-3}),$$

$$P\{Y<1\}=\int_0^1 3e^{-3y}\mathrm{d}y=1-e^{-3},$$

所以

$$P\{X<2\mid Y<1\}=\frac{(1-e^{-4})(1-e^{-3})}{1-e^{-3}}=1-e^{-4}.$$

(B)

1. 设 X 和 Y 是两个随机变量，且

$$P\{X\geqslant0,Y\geqslant0\}=\frac{3}{7},P\{X\geqslant0\}=P\{Y\geqslant0\}=\frac{4}{7},$$

则 $P\{\max(X,Y)\geqslant0\}=$ (　　)

(A)0   (B)$\dfrac{1}{7}$ (C)$\dfrac{5}{7}$ (D)1

答案是：(C).

分析

$$\begin{aligned}P\{\max(X,Y)\geqslant0\}&=P\{X\geqslant0 \text{ 或 } Y\geqslant0\}\\&=P\{X\geqslant0\}+P\{Y\geqslant0\}-P\{X\geqslant0,Y\geqslant0\}\\&=\frac{8}{7}-\frac{3}{7}=\frac{5}{7}.\end{aligned}$$

所以应选(C).

2. 设平面区域 D 由曲线 $y=\dfrac{1}{x}$ 及直线 $y=0$，$x=1$，$x=e^2$ 围成，二维随机变量(X,Y) 在区域 D 上服从均匀分布，则(X,Y)关于 X 的边缘概率密度在 $x=2$ 处的值为   (　　)

(A)0 　　　　　(B)$\dfrac{1}{4}$　　　　　(C)$\dfrac{1}{2}$　　　　　(D)1

答案是:(B).

分析　区域 D 的面积为

$$A=\int_1^{e^2}\dfrac{1}{x}\,\mathrm{d}x=2.$$

由题设知(X,Y)的概率密度为

$$p(x,y)=\begin{cases}\dfrac{1}{2}, & (x,y)\in D,\\[2mm]0, & 其他.\end{cases}$$

(X,Y)关于 X 的边缘密度为

$$p_x(x)=\int_{-\infty}^{+\infty}p(x,y)\,\mathrm{d}y,$$

于是

$$p_x(2)=\int_{-\infty}^{+\infty}p(2,y)\,\mathrm{d}y=\int_0^{\frac{1}{2}}\dfrac{1}{2}\,\mathrm{d}y=\dfrac{1}{4}.$$

所以应选(B).

3. 假设随机变量 X 服从指数分布,则随机变量 $Y=\min\{X,2\}$ 的分布函数　　　(　　)

(A) 是连续函数　　　　　　　　　　(B) 至少有两个间断点

(C) 是阶梯函数　　　　　　　　　　(D) 恰好有一个间断点

答案是:(D).

分析　由题设有

$$X\sim e(\lambda),p(x)=\begin{cases}\lambda e^{-\lambda x}, & x>0,\\0, & x\leqslant0.\end{cases}$$

令 $\xi_1=X,\xi_2=2$,则

$$F_{\xi_1}(x)=\begin{cases}0, & x\leqslant0,\\1-e^{-\lambda x}, & x>0;\end{cases}\quad F_{\xi_2}(x)=\begin{cases}0, & x<2,\\1, & x\geqslant2.\end{cases}$$

于是 $Y=\min\{X,2\}=\min\{\xi_1,\xi_2\}$ 的分布函数为

$$F(x)=1-(1-F_{\xi_1}(x))(1-F_{\xi_2}(x))$$

$$=\begin{cases}0, & x\leqslant0,\\1-e^{-\lambda x}, & 0<x<2,\\1, & x\geqslant2.\end{cases}$$

可见其仅有一个间断点 $x=2$.

4. 设随机变量 X 与 Y 均服从正态分布,$X\sim N(\mu,4^2)$,$Y\sim N(\mu,5^2)$;记 $p_1=P\{X\leqslant\mu-4\}$,$p_2=P\{X\geqslant\mu+5\}$,则　　　　　(　　)

(A) 对任意实数 μ,都有 $p_1=p_2$　　　(B) 对任意实数 μ,都有 $p_1<p_2$

(C) 只对 μ 的个别值,才有 $p_1=p_2$　(D) 对任意实数 μ,都有 $p_1>p_2$

答案是:(A).

分析 由于 $\dfrac{X-\mu}{4}\sim N(0,1)$，$\dfrac{Y-\mu}{5}\sim N(0,1)$，

所以

$$p_1=P\left\{\dfrac{X-\mu}{4}\leqslant-1\right\}=\varPhi(-1),$$

$$p_2=P\left\{\dfrac{Y-\mu}{5}\geqslant1\right\}=P\left\{\dfrac{Y-\mu}{5}\leqslant-1\right\}=\varPhi(-1),$$

故 $p_1=p_2$.

5. 设 $F_1(x)$ 与 $F_2(x)$ 分别为随机变量 X_1 与 X_2 的分布函数.为使 $F(x)=aF_1(x)-bF_2(x)$ 是某一随机变量的分布函数,在下列给定的各组数值中应取 （　　）

(A) $a=\dfrac{3}{5},b=-\dfrac{2}{5}$ (B) $a=\dfrac{2}{3},b=\dfrac{2}{3}$

(C) $a=-\dfrac{1}{2},b=\dfrac{3}{2}$ (D) $a=\dfrac{1}{2},b=-\dfrac{3}{2}$

答案是：(A).

分析 $F(x)$ 作为分布函数,应恒有 $F(x)\geqslant0$.为此,必须满足

$$a>0,\quad b<0,$$

所以选项(B)和(C)一定不成立,又

$$F(+\infty)=aF_1(+\infty)-bF_2(+\infty)=a-b=1,$$

这时,选项(A)和(D)中只有(A)成立.

6. 已知随机变量 X 的概率密度函数为 $p(x)=\begin{cases}A\mathrm{e}^{-x}, & x\geqslant\lambda\\0, & x<\lambda\end{cases}$ $(\lambda>0,A$ 为常数),则概率 $P\{\lambda<X<\lambda+a\}(a>0)$ 的值 （　　）

(A) 与 a 无关,随 λ 的增大而增大   (B) 与 a 无关,随 λ 的增大而减小

(C) 与 λ 无关,随 a 的增大而增大   (D) 与 λ 无关,随 a 的增大而减小

答案是：(C).

分析 由 $\int_{-\infty}^{+\infty}p(x)\mathrm{d}x=1$,可求得 $A=\mathrm{e}^{\lambda}$,所以

$$P\{\lambda<X<\lambda+a\}=\mathrm{e}^{\lambda}\int_{\lambda}^{\lambda+a}\mathrm{e}^{-x}\mathrm{d}x=\mathrm{e}^{\lambda}(-\mathrm{e}^{-x})\Big|_{\lambda}^{\lambda+a}=1-\mathrm{e}^{-a},$$

此值与 λ 无关,且随 a 的增大而增大,故选(C).

注意 利用"连续型随机变量落入某一区间的概率等于概率密度函数曲线在该区间上曲边梯形的面积",即可知 $P\{\lambda<X<\lambda+a\}$ 随 a 增大而增大,因而选(C).

7. 设随机变量 X 的分布函数 $F(x)$ 只有两个间断点,则 （　　）

(A) X 一定是离散型随机变量   (B) X 一定是连续型随机变量

(C) X 一定不是离散型随机变量   (D) X 一定不是连续型随机变量

答案是：(D).

分析 参数为 p 的 0-1 分布是离散型随机变量,其分布函数只有两个间断点,因此不能选(C).连续型随机变量的分布函数是处处连续的,因此不能选(B).如果 X 的分布函

数为如下形式：

$$F(x) = \begin{cases} 0, & x < 1, \\ \dfrac{x}{4}, & 1 \leqslant x < 3, \\ 1, & x \geqslant 3, \end{cases}$$

则 $F(x)$ 在 $x = 1, 3$ 处有两个间断点，显然它不是连续型随机变量，但它也不是离散型随机变量（X 取值为无限不可列个），因此不能选(A)，综上分析，应该选择(D).

注意 连续型随机变量的分布函数 $F(x)$ 一定是定义在 $(-\infty, +\infty)$ 内的连续函数，虽然分布函数有间断点的随机变量一定不是连续型的，但也不一定是离散型的，事实上，除了离散型与连续型这两类最常见的随机变量之外，还有既非离散型又非连续型的随机变量.本题亦可直接从 $F(x)$ 的不连续性选择(D).不必考察其他选项，从而可以节约时间.

8. 设 X 是连续型随机变量，其分布函数为 $F(x)$，如果数学期望 $E(X)$ 存在，则当 $x \to +\infty$ 时，$1 - F(x)$ 是 $\dfrac{1}{x}$ 的   ( )

(A) 低阶无穷小   (B) 高阶无穷小

(C) 同阶但不等价无穷小   (D) 等价无穷小

答案是：(B).

分析 已知 $E(X)$ 存在，故 $\displaystyle\int_{-\infty}^{+\infty} |x| p(x) \mathrm{d}x < \infty$，其中 $p(x)$ 为 X 的概率密度函数.所以

$$\frac{1 - F(x)}{\dfrac{1}{x}} = x[1 - P\{X \leqslant x\}] = x\left[1 - \int_{-\infty}^{x} p(t)\mathrm{d}t\right]$$

$$= x\int_{x}^{+\infty} p(t)\mathrm{d}t \leqslant \int_{x}^{+\infty} |t| p(t)\mathrm{d}t \longrightarrow 0 \text{（当 } x \to +\infty \text{ 时）},$$

即 $1 - F(x)$ 是 $\dfrac{1}{x}$ 的高阶无穷小（$x \to +\infty$）.

9. 设随机变量 X 和 Y 相互独立，其概率分布分别为

m	-1	1
$P\{X=m\}$	$\dfrac{1}{2}$	$\dfrac{1}{2}$

m	-1	1
$P\{Y=m\}$	$\dfrac{1}{2}$	$\dfrac{1}{2}$

则下列式子正确的是   ( )

(A) $X = Y$ (B) $P\{X = Y\} = 0$

(C) $P\{X = Y\} = 1/2$ (D) $P\{X = Y\} = 1$

答案是：(C).

分析 由 X 与 Y 相互独立知

$$P\{X = Y\} = P\{X = -1, Y = -1\} + P\{X = 1, Y = 1\}$$

$$= P\{X=-1\} \cdot P\{Y=-1\} + P\{X=1\} \cdot P\{Y=1\}$$
$$= \frac{1}{2} \times \frac{1}{2} + \frac{1}{2} \times \frac{1}{2} = \frac{1}{2}.$$

10. 设两个随机变量 X 与 Y 相互独立且同分布：

$$P\{X=-1\} = P\{Y=-1\} = \frac{1}{2}, \quad P\{X=1\} = P\{Y=1\} = \frac{1}{2},$$

则下列各式中成立的是 　　　　　　　　　　　　　　　　　　　　　　（　　）

(A) $P\{X=Y\} = \frac{1}{2}$ 　　　　　　　　　　(B) $P\{X=Y\} = 1$

(C) $P\{X+Y=0\} = \frac{1}{4}$ 　　　　　　　　　(D) $P\{XY=1\} = \frac{1}{4}$

答案是：(A)．

分析 $P\{X=Y\} = P\{X=1, Y=1\} + P\{X=-1, Y=-1\}$
$$= \frac{1}{2} \times \frac{1}{2} + \frac{1}{2} \times \frac{1}{2} = \frac{1}{2}.$$

而 $P\{X+Y=0\} = \frac{1}{2}$，$P\{XY=1\} = \frac{1}{2}$．

11. 设随机变量 X 服从分布 $F(n,n)$．记 $p_1 = P\{X \geqslant 1\}$，$p_2 = P\{X \leqslant 1\}$，则 　（　　）
(A) $p_1 > p_2$ 　　　　　(B) $p_1 < p_2$
(C) $p_1 = p_2$ 　　　　　(D) 因自由度 n 未知，故无法比较 p_1 与 p_2 的大小
答案是：(C)．

分析 题中随机变量 X 服从 F 分布，应从 F 分布的性质入手．如果 $X \sim F(m,n)$，则 $\frac{1}{X} \sim F(n,m)$．由题中条件知 $m=n$．于是 X 与 $\frac{1}{X}$ 都服从分布 $F(n,n)$．事件 $\{X \geqslant 1\}$ 与 $\left\{\frac{1}{X} \leqslant 1\right\}$ 相等，因此 $P\{X \geqslant 1\} = P\left\{\frac{1}{X} \leqslant 1\right\} = p_1$．又因 X 与 $\frac{1}{X}$ 同分布，故 $P\left\{\frac{1}{X} \leqslant 1\right\} = P\{X \leqslant 1\} = p_2$．综上分析知，$p_1 = p_2$．应选择(C)．

注意 χ^2 分布、t 分布、F 分布是统计学中三个重要的统计量，本题主要考查 F 分布的随机变量的性质，此题实际上是要证明第一自由度与第二自由度相等的 F 分布，其中位数的值是 1．

12. 设随机变量 X 与 Y 相互独立，且均服从正态分布 $N(0,1)$，则 　　　　（　　）

(A) $P\{X+Y \geqslant 0\} = \frac{1}{4}$ 　　　　　　　(B) $P\{X-Y \geqslant 0\} = \frac{1}{4}$

(C) $P\{\max(X,Y) \geqslant 0\} = \frac{1}{4}$ 　　　　(D) $P\{\min(X,Y) \geqslant 0\} = \frac{1}{4}$

答案是：(D)．

分析 显然，这道选择题需通过计算才能确定其正确的选项．四个选项中，(C)、(D) 容易计算，事实上，若记 $A = \{X \geqslant 0\}$，$B = \{Y \geqslant 0\}$，则 A 与 B 相互独立，且

$$P(A) = P(B) = \int_0^{+\infty} p(x)\mathrm{d}x = \frac{1}{2},$$

故

$$P\{\max(X,Y) \geqslant 0\} = P(A \bigcup B) = 1 - P(\overline{A \bigcup B}) = 1 - P(\overline{A})P(\overline{B}) = \frac{3}{4},$$

$$P\{\min(X,Y) \geqslant 0\} = P(AB) = P(A) \cdot P(B) = \frac{1}{4}.$$

若记 $p(x) = \dfrac{1}{\sqrt{2\pi}}\mathrm{e}^{-\frac{1}{2}x^2}$，则

$$\begin{aligned}
P\{X+Y \geqslant 0\} &= \iint\limits_{x+y \geqslant 0} p(x)p(y)\mathrm{d}x\mathrm{d}y \\
&= \int_{-\infty}^{+\infty} p(x)\mathrm{d}x \int_{-x}^{+\infty} p(y)\mathrm{d}y \\
&= \int_{-\infty}^{+\infty} p(x)\left[1 - \int_{-\infty}^{-x} p(y)\mathrm{d}y\right]\mathrm{d}x \\
&= \int_{-\infty}^{+\infty} p(x)[1 - \Phi(-x)]\mathrm{d}x \\
&= \int_{-\infty}^{+\infty} \Phi(x)\mathrm{d}\Phi(x) \\
&= \frac{1}{2}.
\end{aligned}$$

同理可以计算 $P\{X-Y \geqslant 0\} = \dfrac{1}{2}$. 如果应用"对称性"，便可直接得到这两个结果.

🔘 **注意**　计算 $P\{X+Y \geqslant a\}$，$P\{X-Y \geqslant a\}$，$P\{\max(X,Y) \geqslant a\}$ 及 $P\{\min(X,Y) \geqslant a\}$ 是概率论考题中经常出现的. 其附加条件常常是 X 与 Y 相互独立，其概率密度分别为 $p_1(x)$、$p_2(y)$，这时我们可以利用积分或者事件的关系来计算上面 4 个概率值，如同本题.

13. 假设随机变量 X 与 Y 具有相同的分布函数 $F(x)$. 随机变量 $Z = X+Y$ 的分布函数为 $G(z)$，则对任意实数 x，必有　　　　　　　　　　　　　　　（　　）

(A) $G(2x) = 2F(x)$ 　　　　　　　　　(B) $G(2x) = F^2(x)$

(C) $G(2x) \leqslant 2F(x)$ 　　　　　　　(D) $G(2x) \geqslant 2F(x)$

答案是：(C).

🔘 **分析**　由于 $G(+\infty) = 1$，$F(+\infty) = 1$，故 (A)、(D) 必不成立. 又

$$\begin{aligned}
G(2x) &= P\{Z \leqslant 2x\} = P\{X+Y \leqslant 2x\} \\
&\leqslant P\{(X \leqslant x) \bigcup (Y \leqslant x)\} \\
&\leqslant P\{X \leqslant x\} + P\{Y \leqslant x\} = 2F(x).
\end{aligned}$$

所以应选 (C).

🔘 **注意**　解答此题，我们应用了这样一个事实：

$$\{X+Y \leqslant 2x\} \subset \{X \leqslant x\} + \{Y \leqslant x\}.$$

而这种关系在计算概率不等关系时是常用的.

14. 假设随机变量 X 的可能取值为 x_1, x_2，Y 的可能取值为 y_1, y_2, y_3. 如果 $P\{X=x_1, Y=y_1\}=P\{X=x_1\} \cdot P\{Y=y_1\}$，则两个随机变量 X 与 Y　　　　　(　　)

(A) 一定不相关　　　　　　　　　(B) 一定独立

(C) 一定不独立　　　　　　　　　(D) 不一定独立

答案是：(D).

分析 X 与 Y 独立的充分必要条件是

$$P\{X=x_i, Y=y_j\}=P\{X=x_i\} \cdot P\{Y=y_j\}, \quad i, j=1, 2, \cdots. \qquad ①$$

而 $$P\{X=x_1, Y=y_1\}=P\{X=x_1\} \cdot P\{Y=y_1\} \qquad ②$$

只是 X 与 Y 独立的必要条件. 它不能保证 X 与 Y 一定独立, 也不能保证 X 与 Y 一定不独立. 比如表 2-7 中所给的 X 与 Y 满足式②, 但不相关, 当然也不独立, 而表 2-8 中的 X 与 Y 则独立, 但它们都满足式②.

表 2-7

X＼Y	1	2	3
0	0.2	0	0.2
1	0.3	0.2	0.1

表 2-8

X＼Y	1	2	3
0	0.2	0.1	0.1
1	0.3	0.15	0.15

综上分析, 应选择(D).

注意 本题主要考查随机变量独立性的概念. 由于 (X, Y) 只满足等式组①中 (当 $i=1, j=1$ 时) 的一个等式②, 因此不能根据等式②判断 X 与 Y 独立与否. 进一步分析, 要确定 X 与 Y 独立, 要求等式组①对每一组 i, j 都成立. 等式组①中任何一个等式或一部分等式成立仅仅是 X 与 Y 独立的必要条件而不是充分条件; 要否定 X 与 Y 的独立性, 只要找出一组 i, j 使等式组①中的一个等式不成立即可.

随机变量的数字特征

1. 袋中有 5 个乒乓球,编号为 1,2,3,4,5,从中任取 3 个.以 X 表示取出的 3 个球中的最大编号,求 $E(X)$ 及 $D(X)$.

解 由题意,有

$$P(X=k)=\frac{C_{k-1}^2}{C_5^3},\quad k=3,4,5,$$

因此

$$E(X)=3\times\frac{1}{10}+4\times\frac{3}{10}+5\times\frac{6}{10}=4.5,$$

而

$$E(X^2)=3^2\times\frac{1}{10}+4^2\times\frac{3}{10}+5^2\times\frac{6}{10}=20.7,$$

故

$$D(X)=E(X^2)-(E(X))^2=0.45.$$

2. 设随机变量 X 的概率密度函数为

$$p(x)=\begin{cases}2(1-x),&0\leqslant x\leqslant 1,\\0,&\text{其他}.\end{cases}$$

求 $E(X)$ 及 $D(X)$.

解 由公式有

$$E(X)=\int_{-\infty}^{+\infty}xp(x)\mathrm{d}x=\int_0^1 2x(1-x)\mathrm{d}x$$
$$=\left(x^2-\frac{2}{3}x^3\right)\Big|_0^1=\frac{1}{3},$$

并且

$$E(X^2)=\int_{-\infty}^{+\infty}x^2p(x)\mathrm{d}x=\int_0^1 2x^2(1-x)\mathrm{d}x$$
$$=\left(\frac{2}{3}x^3-\frac{1}{2}x^4\right)\Big|_0^1=\frac{1}{6},$$

因此
$$D(X) = E(X^2) - (E(X))^2 = \frac{1}{6} - \left(\frac{1}{3}\right)^2 = \frac{1}{18}.$$

3. 罐中有 10 颗围棋子，3 颗白子，7 颗黑子. 如果无放回地每次从中任取一子，直到取得黑子为止，所取得的白子数是一个离散型随机变量. 写出这个随机变量的分布律，并计算它的期望与方差.

解 设 X 表示直到取得黑子为止所取得的白子数，ξ 的分布律如表 3-1 所示.

表 3-1

X	0	1	2	3
p_i	$\frac{7}{10}$	$\frac{7}{30}$	$\frac{7}{120}$	$\frac{1}{120}$

$$E(X) = 1 \times \frac{7}{30} + 2 \times \frac{7}{120} + 3 \times \frac{1}{120} = 0.375,$$

$$E(X^2) = 1 \times \frac{7}{30} + 4 \times \frac{7}{120} + 9 \times \frac{1}{120} = \frac{13}{24},$$

$$D(X) = E(X^2) - (E(X))^2 \approx 0.4.$$

4. 设连续型随机变量 X 的分布函数为
$$F(x) = \begin{cases} 1 - \dfrac{8}{x^3}, & x \geqslant 2, \\ 0, & x < 2. \end{cases}$$

求 X 的期望与方差.

解 因为 X 的概率密度函数为
$$p(x) = F'(x) = \begin{cases} \dfrac{24}{x^4}, & x \geqslant 2, \\ 0, & x < 2, \end{cases}$$

所以
$$E(X) = \int_{-\infty}^{+\infty} x p(x) \mathrm{d}x = \int_{2}^{+\infty} \frac{24}{x^3} \mathrm{d}x = 3,$$

$$D(X) = E(X^2) - (E(X))^2 = \int_{2}^{+\infty} \frac{24}{x^2} \mathrm{d}x - 3^2 = 3.$$

5. 设随机变量 $X \sim N(\mu, \sigma^2)$，求 $E(|X - \mu|)$.

解 由表示性定理，有
$$E(|X - \mu|) = \int_{-\infty}^{+\infty} |x - \mu| \frac{1}{\sqrt{2\pi}\sigma} \mathrm{e}^{-\frac{(x-\mu)^2}{2\sigma^2}} \mathrm{d}x$$

$$= 2\int_{\mu}^{+\infty} (x - \mu) \frac{1}{\sqrt{2\pi}\sigma} \mathrm{e}^{-\frac{(x-\mu)^2}{2\sigma^2}} \mathrm{d}x$$

$$= -2\int_{\mu}^{+\infty} \frac{\sigma}{\sqrt{2\pi}} \mathrm{e}^{-\frac{(x-\mu)^2}{2\sigma^2}} \mathrm{d}\left(-\frac{(x-\mu)^2}{2\sigma^2}\right)$$

$$= -\frac{2\sigma}{\sqrt{2\pi}} \mathrm{e}^{-\frac{(x-\mu)^2}{2\sigma^2}} \Big|_{\mu}^{+\infty} = \sqrt{\frac{2}{\pi}}\sigma.$$

6. 对圆的直径作近似测量，其值均匀分布在区间$[a,b]$上，求圆的面积的数学期望.

解　设圆的直径为X，其面积为Y，并且$Y=\dfrac{\pi}{4}X^2$. 由题意，可知

$$X\sim p(x)=\begin{cases}\dfrac{1}{b-a}, & a\leqslant x\leqslant b,\\[2mm] 0, & \text{其他.}\end{cases}$$

由表示性定理，有

$$E(Y)=E\left(\frac{\pi}{4}X^2\right)=\int_{-\infty}^{+\infty}\frac{\pi}{4}x^2p(x)\,\mathrm{d}x$$

$$=\int_a^b\frac{\pi}{4}x^2\frac{1}{b-a}\,\mathrm{d}x=\frac{\pi}{4}\frac{1}{b-a}\frac{x^3}{3}\Big|_a^b$$

$$=\frac{\pi}{12(b-a)}(b^3-a^3)$$

$$=\frac{\pi}{12}(a^2+ab+b^2).$$

7. 设$D(X)=25,D(Y)=36,\rho_{XY}=0.4$. 求$D(X+Y)$及$D(X-Y)$.

解　$D(X+Y)=D(X)+D(Y)+2\sigma_{XY}$

$$=D(X)+D(Y)+2\sqrt{D(X)}\sqrt{D(Y)}\rho_{XY}$$

$$=25+36+2\times5\times6\times0.4$$

$$=85,$$

$$D(X-Y)=D(X)+D(Y)-2\sigma_{XY}$$

$$=25+36-2\times5\times6\times0.4$$

$$=37.$$

8. 设$X\sim N(0,4),Y\sim U(0,4)$，且$X,Y$相互独立. 求$E(XY),D(X+Y)$及$D(2X-3Y)$.

解　由于$X\sim N(0,4),Y\sim U(0,4)$，并且$X,Y$相互独立，我们有

$$E(X)=0,\quad D(X)=4,$$

$$E(Y)=\frac{0+4}{2}=2,\quad D(Y)=\frac{4^2}{12}=\frac{4}{3},$$

因此

$$E(XY)=E(X)\cdot E(Y)=0,$$

$$D(X+Y)=D(X)+D(Y)=4+\frac{4}{3}=\frac{16}{3},$$

$$D(2X-3Y)=4D(X)+9D(Y)=4\times4+9\times\frac{4}{3}=28.$$

9. 设(X,Y)的联合概率密度为

$$p(x,y)=\begin{cases}\dfrac{1}{3}(x+y), & 0\leqslant x\leqslant1,\ 0\leqslant y\leqslant2,\\[2mm] 0, & \text{其他.}\end{cases}$$

求 X,Y 的期望与方差，协方差与相关系数.

解 $E(X) = \int_{-\infty}^{+\infty} \int_{-\infty}^{+\infty} x p(x,y) \mathrm{d}x \mathrm{d}y$

$$= \int_0^1 x \mathrm{d}x \int_0^2 \frac{1}{3}(x+y) \mathrm{d}y = \frac{5}{9},$$

$$D(X) = \int_{-\infty}^{+\infty} \int_{-\infty}^{+\infty} x^2 p(x,y) \mathrm{d}x \mathrm{d}y - (E(X))^2$$

$$= \int_0^1 x^2 \mathrm{d}x \int_0^2 \frac{1}{3}(x+y) \mathrm{d}y - \left(\frac{5}{9}\right)^2 = \frac{13}{162}.$$

类似地计算

$$E(Y) = \int_0^2 y \mathrm{d}y \int_0^1 \frac{1}{3}(x+y) \mathrm{d}x = \frac{11}{9},$$

$$D(Y) = \int_0^2 y^2 \mathrm{d}y \int_0^1 \frac{1}{3}(x+y) \mathrm{d}x - (E(Y))^2 = \frac{23}{81}.$$

又因为

$$E(XY) = \int_{-\infty}^{+\infty} \int_{-\infty}^{+\infty} xy p(x,y) \mathrm{d}x \mathrm{d}y$$

$$= \int_0^1 x \mathrm{d}x \int_0^2 \frac{1}{3}y(x+y) \mathrm{d}y = \frac{2}{3},$$

所以 $$\mathrm{cov}(X,Y) = E(XY) - (E(X))(E(Y)) = -\frac{1}{81},$$

$$\rho_{XY} = \frac{\mathrm{cov}(X,Y)}{\sqrt{D(X)}\sqrt{D(Y)}} = -\sqrt{\frac{2}{299}}.$$

10. 设 ξ,η 是两个随机变量，已知 $E(\xi)=2, E(\xi^2)=20, E(\eta)=3, E(\eta^2)=34, \rho_{\xi\eta}=0.5$.

求：(1) $E(3\xi+2\eta), E(\xi-\eta)$；

(2) $D(3\xi+2\eta), D(\xi-\eta)$.

解 (1) 因为

$$E(\xi)=2, \quad E(\eta)=3,$$

所以 $$E(3\xi+2\eta) = 3E(\xi) + 2E(\eta) = 12,$$

$$E(\xi-\eta) = E(\xi) - E(\eta) = -1.$$

(2) 因为

$$E(\xi^2)=20, \quad E(\eta^2)=34,$$

所以 $$D(\xi) = E(\xi^2) - (E(\xi))^2 = 16, \quad D(\eta) = E(\eta^2) - (E(\eta))^2 = 25.$$

又因为

$$\mathrm{cov}(\xi,\eta) = \rho_{\xi\eta}\sqrt{D(\xi)}\sqrt{D(\eta)} = 10,$$

所以 $$D(3\xi+2\eta) = D(3\xi) + D(2\eta) + 2\mathrm{cov}(3\xi,2\eta)$$

$$= 9D(\xi) + 4D(\eta) + 12\mathrm{cov}(\xi,\eta)$$

$$= 364,$$

$$D(\xi-\eta)=D(\xi)+D(\eta)-2\mathrm{cov}(\xi,\eta)=21.$$

11. 设随机变量 $\xi=(X,Y)$ 的概率密度函数为

$$p(x,y)=\begin{cases}\dfrac{1}{4}\sin x\sin y, & 0\leqslant x\leqslant \pi, 0\leqslant y\leqslant \pi,\\ 0, & \text{其他}.\end{cases}$$

求 $E(\xi),D(\xi),\rho_{XY}$.

解 **方法1** 利用表示性定理

$$E[f(X,Y)]=\int_{-\infty}^{+\infty}\int_{-\infty}^{+\infty}f(x,y)p(x,y)\mathrm{d}\sigma$$

有

$$E(X)=\int_{-\infty}^{+\infty}\int_{-\infty}^{+\infty}xp(x,y)\mathrm{d}\sigma=\frac{\pi}{2}.$$

同理 $E(Y)=\dfrac{\pi}{2}$.

$$D(X)=\int_{-\infty}^{+\infty}\int_{-\infty}^{+\infty}(x-E(X))^2p(x,y)\mathrm{d}\sigma=\frac{\pi^2}{4}-2.$$

同理 $D(Y)=\dfrac{\pi^2}{4}-2$.

因此

$$E(\xi)=\left(\frac{\pi}{2},\frac{\pi}{2}\right),\quad D(\xi)=\left(\frac{\pi^2}{4}-2,\frac{\pi^2}{4}-2\right),$$

$$\sigma_{XY}=\int_{-\infty}^{+\infty}\int_{-\infty}^{+\infty}(x-E(X))(y-E(Y))p(x,y)\mathrm{d}\sigma=0.$$

因此

$$\rho_{XY}=\frac{\sigma_{XY}}{\sqrt{D(X)}\sqrt{D(Y)}}=0.$$

方法2 因为 $p(x,y)=p_1(x)\cdot p_2(y)$,其中

$$p_1(x)=\begin{cases}\dfrac{1}{2}\sin x, & 0\leqslant x\leqslant \pi,\\ 0, & \text{其他},\end{cases}$$

$$p_2(y)=\begin{cases}\dfrac{1}{2}\sin y, & 0\leqslant y\leqslant \pi,\\ 0, & \text{其他},\end{cases}$$

所以 X 与 Y 相互独立,因此 $\rho_{XY}=0$.

$$E(X)=\int_{-\infty}^{+\infty}xp_1(x)\mathrm{d}x=\frac{\pi}{2}.$$

同理 $E(Y)=\dfrac{\pi}{2}$.

$$D(X)=E(X^2)-(E(X))^2=\frac{\pi^2}{2}-2-\frac{\pi^2}{4}=\frac{\pi^2}{4}-2.$$

同理 $D(Y) = \dfrac{\pi^2}{4} - 2$. 因此

$$E(\xi) = \left(\frac{\pi}{2}, \frac{\pi}{2}\right), \quad D(\xi) = \left(\frac{\pi^2}{4} - 2, \frac{\pi^2}{4} - 2\right).$$

12. 设二维随机变量 $\xi = (X, Y)$ 的概率密度函数为

$$p(x, y) = \begin{cases} 2x\mathrm{e}^{-(y-5)}, & 0 \leqslant x \leqslant 1, y > 5, \\ 0, & \text{其他}, \end{cases}$$

讨论 X 与 Y 的独立性，并计算 $E(\xi)$.

解 因为 $p(x, y) = p_1(x) \cdot p_2(y)$，其中

$$p_1(x) = \begin{cases} 2x, & 0 \leqslant x \leqslant 1, \\ 0, & \text{其他}, \end{cases}$$

$$p_2(y) = \begin{cases} \mathrm{e}^{-(y-5)}, & y > 5, \\ 0, & \text{其他}, \end{cases}$$

所以 X 与 Y 相互独立. 由于

$$E(X) = \int_{-\infty}^{+\infty} x p_1(x) \,\mathrm{d}x = \int_0^1 2x^2 \,\mathrm{d}x = \frac{2}{3},$$

$$E(Y) = \int_{-\infty}^{+\infty} y p_2(y) \,\mathrm{d}y = \int_5^{+\infty} y \mathrm{e}^{-(y-5)} \,\mathrm{d}y = 6,$$

因此

$$E(\xi) = \left(\frac{2}{3}, 6\right).$$

(B)

1. 已知随机变量 X 服从二项分布，且 $E(X) = 2.4, D(X) = 1.44$，则二项分布的参数 n, p 的值为 　　　　　　( )

(A) $n = 4, p = 0.6$　　　　　　(B) $n = 6, p = 0.4$

(C) $n = 8, p = 0.3$　　　　　　(D) $n = 24, p = 0.1$

答案是：(B).

分析 由题设 $X \sim B(n, p)$，有 $E(X) = np = 2.4, D(X) = np(1-p) = 1.44$，解得 $p = 0.4, n = 6$. 故 (B) 正确.

2. 对于任意两个随机变量 X 和 Y，若 $E(XY) = E(X)E(Y)$，则 　　　　( )

(A) $D(XY) = D(X)D(Y)$　　　　(B) $D(X+Y) = D(X) + D(Y)$

(C) X 和 Y 独立　　　　　　(D) X 和 Y 不独立

答案是：(B).

分析 这是一个关于两随机变量不相关的等价命题的问题：

(1) X 与 Y 是不相关的，

(2) $\mathrm{cov}(X, Y) = 0$，

(3) $E(XY) = E(X)E(Y)$，

(4) $D(X+Y) = D(X) + D(Y)$.

由此易知(B)为正确答案.

事实上

$$D(X+Y)=E[(X+Y-E(X)-E(Y))^2]$$
$$=E[(X-E(X))+(Y-E(Y))]^2$$
$$=D(X)+D(Y)+2(E(XY)-E(X)E(Y))=D(X)+D(Y).$$

3. 设两个相互独立的随机变量 X 和 Y 分别服从正态分布 $N(0,1)$ 和 $N(1,1)$,则 　　　　　　　　　　　　　　　　　　　　　　　　　　　　　(　　)

(A) $P\{X+Y\leqslant 0\}=\dfrac{1}{2}$　　　　　　(B) $P\{X+Y\leqslant 1\}=\dfrac{1}{2}$

(C) $P\{X-Y\leqslant 0\}=\dfrac{1}{2}$　　　　　　(D) $P\{X-Y\leqslant 1\}=\dfrac{1}{2}$

答案是:(B).

分析　由题设 $X\sim N(0,1),Y\sim N(1,1)$,可得 $Y-1\sim N(0,1)$.令 $Z=X+(Y-1)$,则 Z 仍服从正态分布,且 $E(Z)=0,D(Z)=2$,即 $Z\sim N(0,2)$,可见 $P\{Z\leqslant 0\}=\dfrac{1}{2}$,即 $P\{X+(Y-1)\leqslant 0\}=P\{X+Y\leqslant 1\}=\dfrac{1}{2}$.应选(B).

4. 设二维随机变量 (X,Y) 服从二维正态分布,则随机变量 $\xi=X+Y$ 与 $\eta=X-Y$ 不相关的充分必要条件是 　　　　　　　　　　　　　　　(　　)

(A) $E(X)=E(Y)$

(B) $E(X^2)-[E(X)]^2=E(Y^2)-[E(Y)]^2$

(C) $E(X^2)=E(Y^2)$

(D) $E(X^2)+[E(X)]^2=E(Y^2)+[E(Y)]^2$

答案是:(B).

分析　因为随机变量 X,Y 的协方差为

$$\mathrm{cov}(X,Y)=E\{[X-E(X)][Y-E(Y)]\}=E(XY)-E(X)E(Y),$$

所以

$$\mathrm{cov}(\xi,\eta)=E\{[(X+Y)(X-Y)]\}-E(X+Y)E(X-Y)$$
$$=E(X^2)-E(Y^2)-\{[E(X)]^2-[E(Y)]^2\},$$

由于随机变量 ξ,η 不相关的充分必要条件是 $\mathrm{cov}(\xi,\eta)=0$,从而 ξ,η 不相关的充分必要条件是

$$E(X^2)-[E(X)]^2=E(Y^2)-[E(Y)]^2,$$

故选项(B)成立.

5. 若 X 与 Y 满足 $D(X+Y)=D(X-Y)$,则必有 　　　　　　　(　　)

(A) X 与 Y 独立　　　　　　(B) X 与 Y 不相关

(C) X 与 Y 不独立　　　　　　(D) $D(X)=0$ 或 $D(Y)=0$

答案是:(B).

分析　
$$D(X+Y)=D(X)+D(Y)+2\mathrm{cov}(X,Y),$$
$$D(X-Y)=D(X)+D(Y)-2\mathrm{cov}(X,Y),$$

由 $D(X+Y)=D(X-Y)$，知 $\mathrm{cov}(X,Y)=0$，从而可知 X 与 Y 不相关.而其他结论则无法验证，故选(B).

6. 从 1,2,3,4,5 中任取一个数，记为 X；再从 $1,2,\cdots,X$ 中任取一个数，记为 Y，则 Y 的期望 $E(Y)=$ （　　）

(A) 5　　(B) 4(C) 3(D) 2

答案是：(D).

分析 显然 Y 可取的值为 1,2,3,4,5.由全概率公式即可求出概率

$$P\{Y=j\}=\sum_{i=1}^{5}P\{X=i,Y=j\}=\sum_{i=1}^{5}P\{X=i\}\cdot P\{Y=j\mid X=i\}$$
$$=\frac{1}{5}\sum_{i=1}^{5}P\{Y=j\mid X=i\}.$$

当 $j>i$ 时，$P\{Y=j|X=i\}=0$，因此有

$$P\{Y=1\}=\frac{1}{5}\sum_{i=1}^{5}P\{Y=1\mid X=i\}=\frac{1}{5}\left(1+\frac{1}{2}+\frac{1}{3}+\frac{1}{4}+\frac{1}{5}\right)=\frac{137}{300},$$

$$P\{Y=2\}=\frac{1}{5}\sum_{i=2}^{5}P\{Y=2\mid X=i\}=\frac{1}{5}\left(\frac{1}{2}+\frac{1}{3}+\frac{1}{4}+\frac{1}{5}\right)=\frac{77}{300},$$

$$P\{Y=3\}=\frac{1}{5}\left(\frac{1}{3}+\frac{1}{4}+\frac{1}{5}\right)=\frac{47}{300},$$

$$P\{Y=4\}=\frac{27}{300},$$

$$P\{Y=5\}=\frac{12}{300},$$

$$E(Y)=\sum_{j=1}^{5}jP\{Y=j\}=\frac{600}{300}=2.$$

注意 本题的关键在于应用全概率公式计算出概率 $P\{Y=j\}$.显然，由于 Y 的取值与 X 的取值有关，故不同的条件必然会导出不同的结果，由“原因”判断结果发生的可能性自然会想到应用全概率公式.本题的另一种做法是写出 (X,Y) 的联合概率分布，然后求出 Y 的边缘分布，再计算 $E(Y)$.

7. 设两个相互独立的随机变量 X 和 Y 的方差分别为 4 和 2，则随机变量 $3X-2Y$ 的方差是 （　　）

(A) 8　　(B) 16(C) 28(D) 44

答案是：(D).

分析 因为 X 与 Y 是相互独立的，由方差的性质，有

$$D(3X-2Y)=3^2D(X)+2^2D(Y)=9\times4+4\times2=44.$$

(二) 参考题(附解答)

(A)

1. 已知离散型随机变量 X 的概率分布为

X	1	2	3
p_i	0.2	0.3	0.5

(1) 写出 X 的分布函数 $F(x)$;

(2) 求 X 的数学期望和方差.

解 (1) 根据分布函数的定义,有

$$F(x) = P\{X \leqslant x\} = \begin{cases} 0, & x < 1, \\ 0.2, & 1 \leqslant x < 2, \\ 0.5, & 2 \leqslant x < 3, \\ 1, & x \geqslant 3. \end{cases}$$

(2) 根据数学期望、方差的定义和计算公式,有

$$E(X) = 1 \times 0.2 + 2 \times 0.3 + 3 \times 0.5 = 2.3,$$
$$E(X^2) = 1 \times 0.2 + 4 \times 0.3 + 9 \times 0.5 = 5.9,$$
$$E(X) = E(X^2) - [E(X)]^2 = 5.9 - 5.29 = 0.61.$$

2. 一汽车沿一街道行驶,需要通过三个均设有红绿信号灯的路口,每个信号灯为红或绿与其他信号灯为红或绿相互独立,且红绿两种信号显示的时间相等,以 X 表示该汽车首次遇到红灯前已通过的路口的个数.

(1) 求 X 的概率分布.

(2) 求 $E\left(\dfrac{1}{1+X}\right)$.

解 由条件知,X 的可能值为 $0,1,2,3$.以 $A_i(i=1,2,3)$ 表示事件"汽车在第 i 个路口首次遇到红灯";A_1,A_2,A_3 相互独立,且 $P(A_i) = P(\bar{A}_i) = 1/2, i = 1, 2, 3$.

对于 $X = 0, 1, 2, 3$,有

(1) $P\{X=0\} = P(A_1) = \dfrac{1}{2}$;

$\quad P\{X=1\} = P(\bar{A}_1 A_2) = \dfrac{1}{2^2}$;

$\quad P\{X=2\} = P(\bar{A}_1 \bar{A}_2 A_3) = \dfrac{1}{2^3}$;

$\quad P\{X=3\} = P(\bar{A}_1 \bar{A}_2 \bar{A}_3) = \dfrac{1}{2^3}$.

(2) $E\left(\dfrac{1}{1+X}\right)=\dfrac{1}{2}+\dfrac{1}{2}\cdot\dfrac{1}{4}+\dfrac{1}{3}\cdot\dfrac{1}{8}+\dfrac{1}{4}\cdot\dfrac{1}{8}=\dfrac{67}{96}.$

3. 设 10 个同种电器元件中有两个废品，装配仪器时，从这批元件中任取一个.若是废品，则扔掉重新任取一个;若仍是废品，则再扔掉还取一个.求：在取到正品之前,已取出的废品数 X 的概率分布、数学期望及方差.

解 设事件 $\overline{A}_i=\{$从 10 个电器元件中,任取一个,第 i 次取到废品$\}$,在取到正品前,已取出的废品数为随机变量 X,其所有可能的取值为 $0,1,2$,相应的概率分布为

$$P(X=0)=P(A_1)=\dfrac{C_8^1}{C_{10}^1}=\dfrac{4}{5},$$

$$P\{X=1\}=P(\overline{A}_1A_2)=P(\overline{A}_1)P(A_2\mid\overline{A}_1)=\dfrac{C_2^1}{C_{10}^1}\cdot\dfrac{C_8^1}{C_9^1}=\dfrac{8}{45},$$

$$P(X=2)=1-P(X=0)-P(X=1)=1-\dfrac{4}{5}-\dfrac{8}{45}=\dfrac{1}{45}.$$

由

$$E(X)=\sum_{i=0}^2 x_ip_i=0\times\dfrac{4}{5}+1\times\dfrac{8}{45}+2\times\dfrac{1}{45}=\dfrac{2}{9},$$

$$E(X^2)=\sum_{i=0}^2 x_i^2p_i=0^2\times\dfrac{4}{5}+1^2\times\dfrac{8}{45}+2^2\times\dfrac{1}{45}=\dfrac{4}{15},$$

得

$$D(X)=E(X^2)-(E(X))^2=\dfrac{4}{15}-\left(\dfrac{2}{9}\right)^2=\dfrac{88}{405}.$$

4. 一台设备由三大部分构成，在设备运转中各部件需要调整的概率相应为 0.10、0.20 和 0.30.假设各部件的状态相互独立,以 X 表示同时需要调整的部件数,试求 X 的数学期望 $E(X)$ 和方差 $D(X)$.

解 本题可用运算性质或直接计算两种方法求解.

方法 1 考虑随机变量(A_i 表示"第 i 个部件需要调整")

$$X_i=\begin{cases}1,&\text{若 }A_i\text{ 出现,}\\0,&\text{若 }A_i\text{ 不出现.}\end{cases}\quad(i=1,2,3)$$

易得出

$$E(X_i)=P(A_i);$$
$$D(X_i)=P(A_i)[1-P(A_i)];$$
$$X=X_1+X_2+X_3.$$

因此,由于 X_1,X_2,X_3 独立,可见

$$E(X)=0.1+0.2+0.3=0.6,$$
$$D(X)=0.1\times0.9+0.2\times0.8+0.3\times0.7=0.46.$$

方法 2 引进事件,设 $A_i=\{$第 i 个部件需要调整$\}(i=1,2,3)$,其概率相应为:
$$P(A_1)=0.10,\quad P(A_2)=0.20,\quad P(A_3)=0.30.$$
随机变量 X 的概率分布为

$$X\sim\begin{bmatrix}0&1&2&3\\0.504&0.398&0.092&0.006\end{bmatrix}$$

因此
$$E(X)=1\times 0.398+2\times 0.092+3\times 0.006=0.6;$$
$$E(X^2)=1\times 0.398+4\times 0.092+9\times 0.006=0.82;$$
$$D(X)=E(X^2)-(E(X))^2=0.82-0.36=0.46.$$

5. 假设一部机器在一天内发生故障的概率为 0.2,机器发生故障时全天停止工作,若一周 5 个工作日里无故障,可获利润 10 万元;发生一次故障仍可获利润 5 万元;发生两次故障所获利润为 0 元;发生三次或三次以上故障就要亏损 2 万元.那么一周内期望利润是多少?

解　发生故障次数服从二项分布,本题的关键是列出所获利润与发生故障次数的函数关系.以 X 表示一周 5 天内机器发生故障的天数,则 X 服从参数为 $(5,0.2)$ 的二项分布:
$$P\{X=k\}=C_5^k 0.2^k\cdot 0.8^{5-k}\ (k=0,1,2,3,4,5);$$
$$P\{X=0\}=0.8^5\approx 0.328;$$
$$P\{X=1\}=C_5^1 0.2\cdot 0.8^4\approx 0.410;$$
$$P\{X=2\}=C_5^2 0.2^2\cdot 0.8^3\approx 0.205;$$
$$P\{X\geqslant 3\}=1-P\{X=0\}-P\{X=1\}-P\{X=2\}=0.057.$$

以 Y 表示所获利润,则
$$Y=f(X)=\begin{cases}10, & X=0,\\ 5, & X=1,\\ 0, & X=2,\\ -2, & X\geqslant 3.\end{cases}$$
$$E(Y)=10\times 0.328+5\times 0.410+0\times 0.205-2\times 0.057$$
$$=5.216(\text{万元}).$$

6. 设排球队 A 与 B 进行比赛,若有一队胜 3 场,则比赛结束.假定 A 在每场比赛中获胜的概率 $p=\dfrac{1}{2}$,试求比赛场数 X 的数学期望.

解　X 的可能取值为 3,4,5.若以 3 场结束比赛,则 A 全胜或 B 全胜,此时概率为
$$p^3+q^3=\left(\frac{1}{2}\right)^3+\left(\frac{1}{2}\right)^3=\frac{1}{4},$$
即 $P(X=3)=1/4$.这里 q 为 B 在每场比赛中获胜的概率,$q=1-p=\dfrac{1}{2}$.

如果以 4 场结束比赛,则 A 在第 4 场取胜或 B 在第 4 场取胜,从而 A 获胜的概率为 $pC_3^2 p^2 q=\dfrac{3}{16}$,同样 B 获胜的概率为 $qC_3^2 q^2 p=\dfrac{3}{16}$, 则 $P\{X=4\}=\dfrac{3}{16}+\dfrac{3}{16}=\dfrac{3}{8}$.

若以 5 场结束比赛,则 A 在第 5 场取胜或 B 在第 5 场取胜,
$$P\{X=5\}=pC_4^2 p^2 q^2+qC_4^2 q^2 p^2=2\times 6\times\left(\frac{1}{2}\right)^5=\frac{3}{8}.$$

故 X 的分布律为:

X	3	4	5
p_i	$\dfrac{1}{4}$	$\dfrac{3}{8}$	$\dfrac{3}{8}$

由此得

$$E(X) = 3 \times \frac{1}{4} + 4 \times \frac{3}{8} + 5 \times \frac{3}{8} = \frac{33}{8} = 4.125(\text{场}).$$

7. 某流水生产线上每个产品不合格的概率为 $p(0 < p < 1)$，各产品合格与否相互独立，当出现一个不合格产品时即停机检修. 设开机后第一次停机时已生产的产品个数为 X，求 X 的数学期望 $E(X)$ 和方差 $D(X)$.

解 若记 $q = 1 - p$，则 X 的概率分布为

$$P\{X = k\} = q^{k-1}p \quad (k = 1, 2, \cdots),$$

即

X	1	2	$\cdots$	k	$\cdots$
p_k	p	qp	$\cdots$	$q^{k-1}p$	$\cdots$

从而

$$E(X) = \sum_{k=1}^{\infty} x_k p_k = \sum_{k=1}^{\infty} k q^{k-1} p = \left(\sum_{k=1}^{\infty} q^k\right)' p$$

$$= p\left(\frac{1}{1-q} - 1\right)' = p\left(\frac{q}{1-q}\right)' = \frac{p}{(1-q)^2} = \frac{1}{p},$$

$$E(X^2) = \sum_{k=1}^{\infty} k^2 q^{k-1} p = p\left[q\left(\sum_{k=1}^{\infty} q^k\right)'\right]'$$

$$= p\left(\frac{q}{(1-q)^2}\right)' = p\,\frac{(1-q)^2 + 2(1-q)q}{(1-q)^4}$$

$$= p\,\frac{1+q}{(1-q)^3} = \frac{1-q^2}{(1-q)^3} = \frac{1+q}{(1-q)^2} = \frac{2-p}{p^2},$$

所以方差

$$D(X) = E(X^2) - [E(X)]^2 = \frac{2-p}{p^2} - \frac{1}{p^2} = \frac{1-p}{p^2}.$$

8. 已知随机变量 Y 的概率密度为

$$p(y) = \begin{cases} \dfrac{y}{a^2} e^{-\frac{y^2}{2a^2}}, & y > 0, \\ 0, & y < 0. \end{cases}$$

求随机变量 $Z = \dfrac{1}{Y}$ 的数学期望 $E(Z)$.

解 根据随机变量的函数的数学期望的计算公式，有

$$E(Z) = E\left(\frac{1}{Y}\right) = \int_{-\infty}^{+\infty} \frac{1}{y} p(y) \mathrm{d}y = \frac{1}{a^2} \int_{0}^{+\infty} e^{-\frac{y^2}{2a^2}} \mathrm{d}y$$

$$=\frac{1}{2a^2}\int_{-\infty}^{+\infty}\mathrm{e}^{-\frac{y^2}{2a^2}}\mathrm{d}y=\frac{\sqrt{2\pi}}{2a}\cdot\frac{1}{\sqrt{2\pi}a}\int_{-\infty}^{\infty}\mathrm{e}^{-\frac{y^2}{2a^2}}\mathrm{d}y=\frac{\sqrt{2\pi}}{2a}.$$

9. 设随机变量 X 和 Y 同分布,X 的概率密度为

$$p(x)=\begin{cases}\dfrac{3}{8}x^2,&0<x<2,\\0,&\text{其他}.\end{cases}$$

(1) 已知事件 $A=\{X>a\}$ 和 $B=\{Y>a\}$ 独立,且 $P(A\cup B)=\dfrac{3}{4}$,求常数 a;

(2) 求 $\dfrac{1}{X^2}$ 的数学期望.

解　(1) 由条件知

$$P(A)=P(B),\quad P(AB)=P(A)P(B),$$
$$P(A\cup B)=P(A)+P(B)-P(AB)$$
$$=2P(A)-[P(A)]^2=\frac{3}{4}.$$

由此得 $P(A)=\dfrac{1}{2}$.

由条件知

$$P\{X>a\}=\int_a^{+\infty}p(x)\mathrm{d}x=\frac{3}{8}\int_a^2 x^2\mathrm{d}x=\frac{x^3}{8}\Big|_a^2=\frac{1}{8}(8-a^3)=\frac{1}{2}.$$

于是得 $a=\sqrt[3]{4}$.

(2) $E\left(\dfrac{1}{X^2}\right)=\int_{-\infty}^{+\infty}\dfrac{1}{x^2}p(x)\mathrm{d}x=\dfrac{3}{8}\int_0^2\dfrac{1}{x^2}x^2\mathrm{d}x$

$$=\frac{3}{8}x\Big|_0^2=\frac{3}{4}.$$

10. 假设由自动线加工的某种零件的内径 X(毫米)服从正态分布 $N(\mu,1)$,内径小于 10 或大于 12 的为不合格品,其余为合格品,销售每件合格品获利,销售每件不合格品亏损.已知销售利润 T(单位:元)与销售零件的内径 X 有如下关系:

$$T=\begin{cases}-1,&X<10,\\20,&10\leqslant X\leqslant 12,\\-5,&X>12.\end{cases}$$

问平均内径 μ 取何值时,销售一个零件的平均利润最大?

解　平均利润就是销售利润 T 的数学期望 $E(T)$,而 T 是离散型随机变量,取值概率与 X 的概率分布有关,因此用标准正态分布函数 $\Phi(x)$ 表示概率 $P\{X<10\}$,$P\{10\leqslant X\leqslant 12\}$ 和 $P\{X>12\}$ 是解决问题的关键,写出 $E(T)$ 后,使 $\dfrac{\mathrm{d}E(T)}{\mathrm{d}\mu}=0$ 的点即为所求的 μ 值.

由条件知,平均利润为

$$E(T) = 20P\{10 \leqslant X \leqslant 12\} - P\{X < 10\} - 5P\{X > 12\}$$
$$= 20[\Phi(12-\mu) - \Phi(10-\mu)] - \Phi(10-\mu) - 5[1 - \Phi(12-\mu)]$$
$$= 25\Phi(12-\mu) - 21\Phi(10-\mu) - 5,$$

其中 $\Phi(x)$ 是标准正态分布函数.设 $\varphi(x)$ 为标准正态概率密度,则有

$$\frac{\mathrm{d}E(T)}{\mathrm{d}\mu} = -25\varphi(12-\mu) + 21\varphi(10-\mu).$$

令上式等于 0,得

$$\frac{-25}{\sqrt{2\pi}}e^{-\frac{(12-\mu)^2}{2}} + \frac{21}{\sqrt{2\pi}}e^{-\frac{(10-\mu)^2}{2}} = 0,$$

即

$$25e^{-\frac{(12-\mu)^2}{2}} = 21e^{-\frac{(10-\mu)^2}{2}}.$$

由此得

$$\mu = \mu_0 = 11 - \frac{1}{2}\ln\frac{25}{21} \approx 10.9.$$

由题意知,当 $\mu = \mu_0 \approx 10.9$ 毫米时,平均利润最大.

11. 游客乘电梯从底层到电视塔顶层观光.电梯于每个整点的第 5 分钟、25 分钟和 55 分钟从底层起行.假设一游客在早八点的第 X 分钟到达底层候梯处,且 X 在 $[0,60]$ 上均匀分布,求该游客等候时间的数学期望.

解 已知 X 在 $[0,60]$ 上服从均匀分布,其概率密度为

$$X \sim p(x) = \begin{cases} \dfrac{1}{60}, & 0 \leqslant x \leqslant 60, \\ 0, & \text{其他.} \end{cases}$$

设 Y 是游客等候电梯的时间(单位:分),则

$$Y = g(X) = \begin{cases} 5-X, & 0 < X \leqslant 5, \\ 25-X, & 5 < X \leqslant 25, \\ 55-X, & 25 < X \leqslant 55, \\ 60-X+5, & 55 < X \leqslant 60. \end{cases}$$

因此

$$E(Y) = E[g(X)]$$
$$= \int_{-\infty}^{+\infty} g(x) \cdot p(x)\,\mathrm{d}x = \frac{1}{60}\int_0^{60} g(x)\,\mathrm{d}x$$
$$= \frac{1}{60}\Big[\int_0^5 (5-x)\,\mathrm{d}x + \int_5^{25}(25-x)\,\mathrm{d}x + \int_{25}^{55}(55-x)\,\mathrm{d}x$$
$$+ \int_{55}^{60}(65-x)\,\mathrm{d}x\Big]$$
$$\approx 11.67.$$

12. 设某种商品每周的需求量 X 是服从区间 $[10,30]$ 上均匀分布的随机变量,而经销商店进货数量为区间 $[10,30]$ 中的某一整数,商店每销售一单位商品可获利 500 元.若供大于求,则削价处理,处理每单位商品亏损 100 元;若供不应求,则可从外部调剂供应,此时每单

位商品仅获利 300 元.为使商店所获利润的期望值不少于 9 280 元,试确定最少进货量.

解 本题关键是正确列出供大于求和供不应求时利润与进货量的关系,然后利用期望利润不少于 9 280 建立不等式,从而解出进货量 a 的值.

设进货数量为 a,则利润为

$$M_a = \begin{cases} 500a + 300(X - a), & a < X \leqslant 30 \\ 500X - 100(a - X), & 10 \leqslant X \leqslant a \end{cases}$$

$$= \begin{cases} 300X + 200a, & a < X \leqslant 30, \\ 600X - 100a, & 10 \leqslant X \leqslant a. \end{cases}$$

期望利润

$$E(M_a) = \int_{10}^{30} \frac{1}{20} \cdot M_a \, dx$$

$$= \frac{1}{20} \int_{10}^{a} (600x - 100a) \, dx + \frac{1}{20} \int_{a}^{30} (300x + 200a) \, dx$$

$$= \frac{1}{20} \left(600 \cdot \frac{x^2}{2} - 100ax \right) \Big|_{10}^{a} + \frac{1}{20} \left(300 \cdot \frac{x^2}{2} + 200ax \right) \Big|_{a}^{30}$$

$$= -7.5a^2 + 350a + 5\,250.$$

依题意,有

$$-7.5a^2 + 350a + 5\,250 \geqslant 9\,280,$$

即

$$7.5a^2 - 350a + 4\,030 \leqslant 0,$$

解得

$$20\frac{2}{3} \leqslant a \leqslant 26.$$

故利润期望值不少于 9 280 元的最少进货量为 21 单位.

13. 设随机变量 X 与 Y 独立,且 X 服从均值为 1、标准差(均方差)为 $\sqrt{2}$ 的正态分布,而 Y 服从标准正态分布.试求随机变量 $Z = 2X - Y + 3$ 的概率密度函数.

解 由于正态随机变量的线性组合仍服从正态分布,故只需确定 Z 的均值 $E(Z)$ 和方差 $D(Z)$.

$$E(Z) = 2E(X) - E(Y) + 3 = 5,$$
$$D(Z) = 2^2 \cdot D(X) + D(Y) = 9,$$

所以 Z 的概率密度函数为

$$f_Z(z) = \frac{1}{3\sqrt{2\pi}} e^{-\frac{(z-5)^2}{18}}.$$

14. 已知随机变量 X 和 Y 的联合概率分布为

(X, Y)	$(0,0)$	$(0,1)$	$(1,0)$	$(1,1)$	$(2,0)$	$(2,1)$
$P\{X=x, Y=y\}$	0.10	0.15	0.25	0.20	0.15	0.15

试求：(1) X 的概率分布；

(2) $X+Y$ 的概率分布；

(3) $Z=\sin\dfrac{\pi(X+Y)}{2}$ 的数学期望.

解 (1) X 和 Y 的联合分布为

Y \ X	0	1	2
0	0.10	0.25	0.15
1	0.15	0.20	0.15

由此可知

X	0	1	2
$P\{X=x\}$	0.25	0.45	0.30

(2) $X+Y$ 的概率分布为

t	0	1	2	3
$P\{X+Y=t\}$	0.10	0.40	0.35	0.15

(3) 由定义知

$$E\left[\sin\frac{\pi(X+Y)}{2}\right]=\sin 0\times 0.10+\sin\frac{\pi}{2}\times 0.40+\sin\pi\times 0.35$$

$$+\sin\frac{3\pi}{2}\times 0.15$$

$$=0.40-0.15=0.25.$$

15. 设 ξ,η 是相互独立且服从同一分布的两个随机变量，已知 ξ 的分布律为 $P(\xi=i)=\dfrac{1}{3},i=1,2,3$，又设 $X=\max(\xi,\eta),Y=\min(\xi,\eta)$.

(1) 写出二维随机变量 (X,Y) 的分布律：

Y \ X	1	2	3
1			
2			
3			

(2) 求随机变量 X 的数学期望 $E(X)$.

解 (1) 由 $X=\max\{\xi,\eta\},Y=\min\{\xi,\eta\}$，得 $P(X<Y)=0$，即

$$P\{X=1,Y=2\}=P\{X=1,Y=3\}=P\{X=2,Y=3\}=0,$$

$$P\{X=1,Y=1\}=P\{\xi=1,\eta=1\}=P\{\xi=1\}\cdot P\{\eta=1\}=\frac{1}{9},$$

$$P\{X=2,Y=2\}=P\{\xi=2,\eta=2\}=\frac{1}{9},$$

$$P\{X=3,Y=3\}=P\{\xi=3,\eta=3\}=\frac{1}{9},$$

$$P\{X=2,Y=1\}=P\{\xi=1,\eta=2\}+P\{\xi=2,\eta=1\}=\frac{1}{9}+\frac{1}{9}=\frac{2}{9},$$

$$P\{X=3,Y=2\}=P\{\xi=2,\eta=3\}+P\{\xi=3,\eta=2\}=\frac{2}{9},$$

$$P\{X=3,Y=1\}=1-\frac{7}{9}=\frac{2}{9}.$$

所以

Y \ X	1	2	3
1	$\frac{1}{9}$	$\frac{2}{9}$	$\frac{2}{9}$
2	0	$\frac{1}{9}$	$\frac{2}{9}$
3	0	0	$\frac{1}{9}$

(2) $E(X)=\frac{1}{9}\times1+\frac{3}{9}\times2+\frac{5}{9}\times3=\frac{22}{9}.$

16. 假设随机变量 Y 服从参数为 $\lambda=1$ 的指数分布,随机变量

$$X_k=\begin{cases}0, & Y\leqslant k,\\ 1, & Y>k.\end{cases}(k=1,2)$$

(1) 求 X_1 和 X_2 的联合概率分布;

(2) 求 $E(X_1+X_2)$.

解 随机变量 X_1,X_2 服从 0-1 分布,要求 (X_1,X_2) 的联合概率分布,首先应确定 (X_1,X_2) 的可能取值及其概率,在求概率时注意与 Y 的关系,转化为随机变量 Y 的概率计算问题.另外,求 $E(X_1+X_2)$ 时,可应用公式 $E(X_1+X_2)=E(X_1)+E(X_2)$,而不必直接计算.

(1) Y 的分布函数为 $F(y)=1-\mathrm{e}^{-y}(y>0)$,$F(y)=0$ $(y\leqslant0)$.(X_1,X_2) 有四个可能值:$(0,0),(0,1),(1,0),(1,1)$.

易见

$$P\{X_1=0,X_2=0\}=P\{Y\leqslant1,Y\leqslant2\}=P\{Y\leqslant1\}=1-\mathrm{e}^{-1};$$

$$P\{X_1=0,X_2=1\}=P\{Y\leqslant1,Y>2\}=0;$$

$$P\{X_1=1,X_2=0\}=P\{Y>1,Y\leqslant2\}=P\{1<Y\leqslant2\}=\mathrm{e}^{-1}-\mathrm{e}^{-2};$$

$$P\{X_1=1,X_2=1\}=P\{Y>1,Y>2\}=P\{Y>2\}=\mathrm{e}^{-2}.$$

于是,可将 X_1 和 X_2 的联合概率分布列表如下：

X_2 \ X_1	0	1
0	$1-\mathrm{e}^{-1}$	$\mathrm{e}^{-1}-\mathrm{e}^{-2}$
1	0	e^{-2}

（2）易见, $X_k(k=1,2)$ 服从 0-1 分布：

$$X_k=\begin{bmatrix}0 & 1\\ P\{Y\leqslant k\} & P\{Y>k\}\end{bmatrix}=\begin{bmatrix}0 & 1\\ 1-\mathrm{e}^{-k} & \mathrm{e}^{-k}\end{bmatrix}$$

因此,有

$$E(X_k)=P\{X_k=1\}=\mathrm{e}^{-k}\quad(k=1,2).$$

于是

$$E(X_1+X_2)=E(X_1)+E(X_2)=\mathrm{e}^{-1}+\mathrm{e}^{-2}.$$

17. 假设二维随机变量 (X,Y) 在矩形 $G=\{(x,y)|0\leqslant x\leqslant 2,0\leqslant y\leqslant 1\}$（见图 3-1）上服从均匀分布.记

$$U=\begin{cases}0, & X\leqslant Y,\\ 1, & X>Y;\end{cases}\quad V=\begin{cases}0, & X\leqslant 2Y,\\ 1, & X>2Y.\end{cases}$$

（1）求 U 和 V 的联合分布；

（2）求 U 和 V 的相关系数 r.

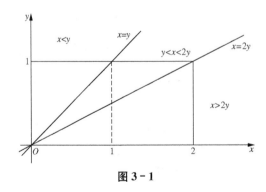

图 3-1

解 U,V 为离散型随机变量,其联合分布 (U,V) 只有四个可能值：$(0,0)$,$(0,1)$,$(1,0)$,$(1,1)$.分别求出取这些值的概率即可.求相关系数 r 时,应分别计算 $\mathrm{cov}(U,V)$ 及 $D(U),D(V)$,然后利用公式

$$r=\frac{\mathrm{cov}(U,V)}{\sqrt{D(U)\cdot D(V)}}.$$

由题设可得

$$P\{X \leqslant Y\} = \frac{1}{4},$$

$$P\{X > 2Y\} = \frac{1}{2},$$

$$P\{Y < X \leqslant 2Y\} = \frac{1}{4}.$$

（1）(U,V) 有四个可能值：$(0,0),(0,1),(1,0),(1,1)$.

$$P\{U=0,V=0\} = P\{X \leqslant Y, X \leqslant 2Y\} = P\{X \leqslant Y\} = \frac{1}{4};$$

$$P\{U=0,V=1\} = P\{X \leqslant Y, X > 2Y\} = 0;$$

$$P\{U=1,V=0\} = P\{X > Y, X \leqslant 2Y\} = P\{Y < X \leqslant 2Y\} = \frac{1}{4};$$

$$P\{U=1,V=1\} = 1 - \left(\frac{1}{4} + \frac{1}{4}\right) = \frac{1}{2}.$$

（2）以上可见 UV 以及 U 和 V 的分布为

$$UV \sim \begin{bmatrix} 0 & 1 \\ \frac{1}{2} & \frac{1}{2} \end{bmatrix}; \quad U \sim \begin{bmatrix} 0 & 1 \\ \frac{1}{4} & \frac{3}{4} \end{bmatrix}; \quad V \sim \begin{bmatrix} 0 & 1 \\ \frac{1}{2} & \frac{1}{2} \end{bmatrix}.$$

于是，有

$$E(U) = \frac{3}{4}, \quad D(U) = \frac{3}{16}; \quad E(V) = \frac{1}{2}, \quad D(V) = \frac{1}{4}; \quad E(UV) = \frac{1}{2};$$

$$\text{cov}(U,V) = E(UV) - E(U) \cdot E(V) = \frac{1}{8}.$$

于是　$r = \dfrac{\text{cov}(U,V)}{\sqrt{D(U) \cdot D(V)}} = \dfrac{1}{\sqrt{3}}.$

18. 已知随机变量 X 和 Y 的联合概率密度为

$$p(x,y) = \begin{cases} e^{-(x+y)}, & 0 < x < +\infty, 0 < y < +\infty, \\ 0, & 其他. \end{cases}$$

试求：（1）$P\{X<Y\}$；

　　　　（2）$E(XY)$.

解　本题按定义转化为二重积分计算即可.

（1）$P\{X < Y\} = \iint\limits_{x<y} p(x,y)\mathrm{d}x\,\mathrm{d}y$

$$= \int_0^{+\infty} \int_0^y e^{-(x+y)}\mathrm{d}x\,\mathrm{d}y$$

$$= \int_0^{+\infty} e^{-y}\mathrm{d}y \int_0^y e^{-x}\mathrm{d}x$$

$$= \int_0^{+\infty} e^{-y}(1 - e^{-y})\mathrm{d}y = \frac{1}{2}.$$

(2) $E(XY) = \int_0^{+\infty} \int_0^{+\infty} xy e^{-(x+y)} dx\,dy = \int_0^{+\infty} x e^{-x} dx \int_0^{+\infty} y e^{-y} dy = 1.$

19. 对某目标进行射击，直到击中为止.如果每次命中率为 p，求射击次数的数学期望及方差.

解 设射击次数为随机变量 X，其分布律为：

$X=k$	1	2	3	...	k	...
$P\{X=k\}$	p	pq	pq^2	...	pq^{k-1}	...

$$E(X) = p + 2pq + 3pq^2 + \cdots + kpq^{k-1} + \cdots$$

$$= \sum_{k=1}^{\infty} kpq^{k-1} = p\sum_{k=1}^{\infty} kq^{k-1} = p\sum_{k=1}^{\infty} \frac{d}{dq}(q^k) = p\frac{d}{dq}\left(\sum_{k=1}^{\infty} q^k\right)$$

$$= p\frac{d}{dq}\left(\frac{q}{1-q}\right) = p \cdot \frac{1-q+q}{(1-q)^2} = \frac{p}{(1-q)^2} = \frac{1}{p},$$

$$E(X^2) = \sum_{k=1}^{\infty} k^2 P(X=k) = \sum_{k=1}^{\infty} k^2 pq^{k-1} = \sum_{k=1}^{\infty} [k(k-1)+k]pq^{k-1}$$

$$= \sum_{k=2}^{\infty} k(k-1)pq^{k-1} + \sum_{k=1}^{\infty} kpq^{k-1} = pq\sum_{k=2}^{\infty} k(k-1)q^{k-2} + E(X)$$

$$= pq\sum_{k=2}^{\infty} \frac{d^2}{dq^2}(q^k) + \frac{1}{p} = pq\frac{d^2}{dq^2}\left(\sum_{k=2}^{\infty} q^k\right) + \frac{1}{p}$$

$$= pq\frac{d^2}{dq^2}\left(\frac{q^2}{1-q}\right) + \frac{1}{p} = pq\frac{d}{dq}\left(\frac{2q-q^2}{(1-q)^2}\right) + \frac{1}{p}$$

$$= pq \cdot \frac{2}{(1-q)^3} + \frac{1}{p} = \frac{2q}{p^2} + \frac{1}{p} = \frac{2-p}{p^2},$$

$$D(X) = E(X^2) - [E(X)]^2 = \frac{2-p}{p^2} - \frac{1}{p^2} = \frac{1-p}{p^2}.$$

20. 两台同样的自动记录仪，每台无故障工作的时间服从参数为 5 的指数分布；首先开动其中一台，当其发生故障时停用而另一台自行开动.试求两台记录仪无故障工作的总时间 T 的概率密度 $p(t)$、数学期望和方差.

解 以 X_1 和 X_2 表示先后开动的记录仪无故障工作的时间，则 $T = X_1 + X_2$，由条件知 $X_i (i=1,2)$ 的概率密度为

$$p_i(x) = \begin{cases} 5e^{-5x}, & x > 0, \\ 0, & x \leqslant 0. \end{cases} (i=1,2)$$

两台仪器无故障工作的时间 X_1 和 X_2 显然相互独立.

利用两独立随机变量和的密度公式求 T 的概率密度.对于 $t>0$，有

$$p(t) = \int_{-\infty}^{+\infty} p_1(x)p_2(t-x)dx = 25\int_0^t e^{-5x} e^{-5(t-x)}dx$$

$$= 25e^{-5t}\int_0^t dx = 25te^{-5t};$$

当 $t \leqslant 0$ 时,显然 $p(t)=0$.于是,得

$$p(t)=\begin{cases}25t\mathrm{e}^{-5t}, & t>0,\\ 0, & t\leqslant 0.\end{cases}$$

由 X_i 服从参数为 $\lambda=5$ 的指数分布,知

$$E(X_i)=\frac{1}{5};\quad D(X_i)=\frac{1}{25}\ (i=1,2).$$

因此,有

$$E(T)=E(X_1+X_2)=E(X_1)+E(X_2)=\frac{2}{5}.$$

由于 X_1 和 X_2 独立,可见

$$D(T)=D(X_1+X_2)=D(X_1)+D(X_2)=\frac{2}{25}.$$

21. 设二维随机变量 (X,Y) 在区域 D:$0<x<1,|y|<x$ 内服从均匀分布,求关于 X 的边缘概率密度函数及随机变量 $Z=2X+1$ 的方差 $D(Z)$.

解　(X,Y) 的联合概率密度函数是

$$p(x,y)=\begin{cases}1, & 0<x<1,|y|<x,\\ 0, & 其他.\end{cases}$$

因此,关于 X 的边缘概率密度函数是

$$p_X(x)=\int_{-\infty}^{+\infty}p(x,y)\mathrm{d}y=\begin{cases}2x, & 0<x<1,\\ 0, & 其他.\end{cases}$$

$$D(Z)=D(2X+1)=4[E(X^2)-(E(X))^2]$$
$$=4\left[\int_{-\infty}^{+\infty}x^2p_X(x)\mathrm{d}x-\left(\int_{-\infty}^{+\infty}xp_X(x)\mathrm{d}x\right)^2\right]$$
$$=4\left[\int_0^1 2x^3\mathrm{d}x-\left(\int_0^1 2x^2\mathrm{d}x\right)^2\right]=4\left(\frac{1}{2}-\frac{4}{9}\right)=\frac{2}{9}.$$

22. 设两个随机变量 X,Y 相互独立,且都服从均值为 0、方差为 $\frac{1}{2}$ 的正态分布,求随机变量 $|X-Y|$ 的方差.

解　**方法 1**　由于 X、Y 相互独立且服从正态分布,根据正态分布的性质知,服从正态分布的随机变量的线性组合也服从正态分布.令 $Z=X-Y$,由于 $X\sim N\left(0,\frac{1}{2}\right),Y\sim N\left(0,\frac{1}{2}\right)$,故易知 $E(Z)=E(X)-E(Y)=0,D(Z)=D(X)+D(Y)=1$,即 $Z\sim N(0,1)$.

因为 $D(|X-Y|)=D(|Z|)=E(|Z|^2)-(E(|Z|))^2=E(Z^2)-(E(|Z|))^2$,而 $E(Z^2)=D(Z)+(E(Z))^2=1$,故

$$E(|Z|)=\int_{-\infty}^{+\infty}|z|\frac{1}{\sqrt{2\pi}}\mathrm{e}^{-\frac{z^2}{2}}\mathrm{d}z=\frac{2}{\sqrt{2\pi}}\int_0^{+\infty}z\mathrm{e}^{-\frac{z^2}{2}}\mathrm{d}z=\sqrt{\frac{2}{\pi}}.$$

所以
$$D(|X-Y|)=1-\frac{2}{\pi}.$$

方法 2 X、Y 的概率密度分别为 $p_X(x)=\frac{1}{\sqrt{\pi}}\mathrm{e}^{-x^2}$，$p_Y(y)=\frac{1}{\sqrt{\pi}}\mathrm{e}^{-y^2}$，由于 X、Y 相互独立，故 X、Y 的联合概率密度函数为：

$$p(x,y)=\frac{1}{\pi}\mathrm{e}^{-(x^2+y^2)}, \quad -\infty<x<+\infty,-\infty<y<+\infty,$$

因此，

$$
\begin{aligned}
E(|X-Y|) &=\frac{1}{\pi}\left[\iint\limits_{y<x}(x-y)\mathrm{e}^{-(x^2+y^2)}\mathrm{d}x\mathrm{d}y+\iint\limits_{y>x}(y-x)\mathrm{e}^{-(x^2+y^2)}\mathrm{d}x\mathrm{d}y\right]\\
&=\frac{1}{\pi}\left[\int_{-\infty}^{+\infty}\mathrm{d}x\int_{-\infty}^{x}(x-y)\mathrm{e}^{-(x^2+y^2)}\mathrm{d}y\right.\\
&\quad\left.+\int_{-\infty}^{+\infty}\mathrm{d}y\int_{-\infty}^{y}(y-x)\mathrm{e}^{-(x^2+y^2)}\mathrm{d}x\right]\\
&=\frac{2}{\pi}\left[\int_{-\infty}^{+\infty}\mathrm{d}x\int_{-\infty}^{x}(x-y)\mathrm{e}^{-(x^2+y^2)}\mathrm{d}y\right]\\
&=\frac{2}{\pi}\left[\int_{-\infty}^{+\infty}x\mathrm{e}^{-x^2}\mathrm{d}x\int_{-\infty}^{x}\mathrm{e}^{-y^2}\mathrm{d}y-\int_{-\infty}^{+\infty}\mathrm{e}^{-x^2}\mathrm{d}x\int_{-\infty}^{x}y\mathrm{e}^{-y^2}\mathrm{d}y\right]\\
&=\frac{2}{\pi}\int_{-\infty}^{+\infty}\mathrm{e}^{-2x^2}\mathrm{d}x=\sqrt{\frac{2}{\pi}}.
\end{aligned}
$$

$$D(|X-Y|)=1-\frac{2}{\pi}.$$

23. 一商店经销某种商品，每周进货的数量 X 与顾客对该种商品的需求量 Y 是相互独立的随机变量，且都服从区间 $[10,20]$ 上的均匀分布．商店每售出一单位商品可得利润 $1\,000$ 元；若需求量超过了进货量，商店可从其他商店调剂供应，这时每单位商品获利 500 元．试计算此商店经销该种商品每周所得利润的期望值．

解 X、Y 相互独立且都服从 $[10,20]$ 上的均匀分布，由此可写出 (X,Y) 的联合概率密度，另外，由题设可列出所得利润与需求量和进货量之间的关系，最后由多元随机变量函数的均值定义可求得期望利润．

设 Z 表示商店每周所得的利润，则

$$Z=\begin{cases}1\,000Y, & Y\leqslant X,\\ 1\,000X+500(Y-X)=500(X+Y), & Y>X.\end{cases}$$

由于 X 与 Y 的联合概率密度为

$$p(x,y)=\begin{cases}\dfrac{1}{100}, & 10\leqslant x\leqslant 20,10\leqslant y\leqslant 20,\\ 0, & \text{其他},\end{cases}$$

所以

$$E(Z)=\iint\limits_{D_1}1\,000y\times\frac{1}{100}\mathrm{d}x\mathrm{d}y+\iint\limits_{D_2}500(x+y)\times\frac{1}{100}\mathrm{d}x\mathrm{d}y$$

$$=10\int_{10}^{20}y\,\mathrm{d}y\int_{y}^{20}\mathrm{d}x+5\int_{10}^{20}\mathrm{d}y\int_{10}^{y}(x+y)\,\mathrm{d}x$$

$$=10\int_{10}^{20}y(20-y)\,\mathrm{d}y+5\int_{10}^{20}\left(\frac{3}{2}y^{2}-10y-50\right)\mathrm{d}y$$

$$=\frac{20\,000}{3}+5\times1\,500\approx14\,166.67(\text{元}).$$

24. 假设随机变量 X 和 Y 在圆域 $x^{2}+y^{2}\leqslant r^{2}$ 上服从联合均匀分布.

（1）求 X 和 Y 的相关系数 ρ;

（2）X 和 Y 是否独立?

解　（1）X 和 Y 的联合概率密度为

$$p(x,y)=\begin{cases}\dfrac{1}{\pi r^{2}},&x^{2}+y^{2}\leqslant r^{2},\\[2mm]0,&x^{2}+y^{2}>r^{2}.\end{cases}$$

则 X 和 Y 的概率密度 $p_{1}(x)$ 和 $p_{2}(x)$ 分别为:

$$p_{1}(x)=\frac{1}{\pi r^{2}}\int_{-\sqrt{r^{2}-x^{2}}}^{\sqrt{r^{2}-x^{2}}}\mathrm{d}y=\frac{2}{\pi r^{2}}\sqrt{r^{2}-x^{2}}\ \ (|x|\leqslant r);$$

从而

$$p_{2}(y)=\frac{2}{\pi r^{2}}\sqrt{r^{2}-y^{2}}\ \ (|y|\leqslant r).$$

$$E(X)=\frac{2}{\pi r^{2}}\int_{-r}^{r}x\sqrt{r^{2}-x^{2}}\,\mathrm{d}x=0;$$

$$E(Y)=\frac{2}{\pi r^{2}}\int_{-r}^{r}y\sqrt{r^{2}-y^{2}}\,\mathrm{d}y=0.$$

$$\operatorname{cov}(X,Y)=E(XY)=\iint\limits_{x^{2}+y^{2}\leqslant r^{2}}\frac{xy}{\pi r^{2}}\mathrm{d}x\,\mathrm{d}y=0.$$

于是，X 和 Y 的相关系数 $\rho=0$.

（2）由于 $p(x,y)\neq p_{1}(x)p_{2}(y)$，可见 X 和 Y 不独立.

25. 某人用 n 把钥匙去开门，只有一把能打开，今逐个任取一把试开，求打开此门所需开门次数 X 的数学期望及方差.

解　打不开门的钥匙在不放回的情况下，所需开门次数 X 的可能值为 $1,2,\cdots,n$. 注意到 $X=k$ 意味着第一次到第 $k-1$ 次均未能打开，第 k 次才打开，

$$P\{X=k\}=\frac{n-1}{n}\cdot\frac{n-2}{n-1}\cdot\cdots\cdot\frac{n-k+1}{n-k+1}\cdot\frac{1}{n-k}=\frac{1}{n},\quad k=1,2,\cdots,n.$$

于是，随机变量 X 的分布律为

X	1	2	3	$\cdots$	n
p	$\dfrac{1}{n}$	$\dfrac{1}{n}$	$\dfrac{1}{n}$	$\cdots$	$\dfrac{1}{n}$

$$E(X)=\sum_{k=1}^{n}k\cdot\frac{1}{n}=\frac{1}{n}(1+2+\cdots+n)=\frac{n+1}{2},$$

$$E(X^2) = \sum_{k=1}^{n} k^2 \cdot \frac{1}{n} = \frac{1}{n}(1^2 + 2^2 + \cdots + n^2)$$

$$= \frac{1}{n} \cdot \frac{1}{6} n(n+1)(2n+1) = \frac{(n+1)(2n+1)}{6},$$

$$D(X) = E(X^2) - [E(X)]^2$$

$$= \frac{(n+1)(2n+1)}{6} - \left(\frac{n+1}{2}\right)^2 = \frac{1}{12}(n+1)(n-1).$$

26. 某箱装有 100 件产品,其中一、二和三等品分别 80、10 和 10 件,现在从中随机抽取一件,记

$$X_i = \begin{cases} 1, & \text{若抽到 } i \text{ 等品}, \\ 0, & \text{其他}. \end{cases} \quad (i=1,2,3)$$

试求:

(1) 随机变量 X_1 与 X_2 的联合分布;

(2) 随机变量 X_1 与 X_2 的相关系数 ρ.

解 本题应特别注意 X_1 与 X_2 不独立.由于 $X_i(i=1,2,3)$ 均只取 0 和 1,因此随机变量 (X_1,X_2) 的取值应为 $(0,0)$、$(0,1)$、$(1,0)$ 和 $(1,1)$.需逐个计算它们的概率.比如事件 $\{X_1=0,X_2=0\}$ 表示抽取的是三等品,$\{X_1=1,X_2=1\}$ 表示既是一等品又是二等品,因此是不可能事件等.

(1) 设事件 $A_i=$ "抽到 i 等品"$(i=1,2,3)$.

由题意知 A_1,A_2,A_3 两两互不相容,则

$$P(A_1)=0.8, \quad P(A_2)=P(A_3)=0.1.$$

易见,

$$P\{X_1=0,X_2=0\}=P(A_3)=0.1, \quad P\{X_1=0,X_2=1\}=P(A_2)=0.1,$$

$$P\{X_1=1,X_2=0\}=P(A_1)=0.8, \quad P\{X_1=1,X_2=1\}=P(\varnothing)=0.$$

(2) $E(X_1)=0.8, \quad E(X_2)=0.1.$

$$D(X_1)=0.8\times0.2=0.16, \quad D(X_2)=0.1\times0.9=0.09.$$

$$E(X_1X_2)=0\times0\times0.1+0\times1\times0.1+1\times0\times0.8+1\times1\times0=0.$$

$$\text{cov}(X_1,X_2)=E(X_1X_2)-E(X_1)\cdot E(X_2)=0-0.8\times0.1=-0.08.$$

$$\rho = \frac{\text{cov}(X_1,X_2)}{\sqrt{D(X_1)\cdot D(X_2)}} = \frac{-0.08}{\sqrt{0.16\times0.09}} = -\frac{2}{3}.$$

27. 设 A,B 是两随机事件;随机变量

$$X = \begin{cases} 1, & \text{若 } A \text{ 出现}, \\ -1, & \text{若 } A \text{ 不出现}, \end{cases} \qquad Y = \begin{cases} 1, & \text{若 } B \text{ 出现}, \\ -1, & \text{若 } B \text{ 不出现}, \end{cases}$$

试证明随机变量 X 和 Y 不相关的充分必要条件是 A 与 B 相互独立.

证 若记 $P(A)=p_1, P(B)=p_2, P(AB)=p_{12}$,则 X,Y 的概率分布分别为

X	-1	1
p_k	$1-P(A)$	$P(A)$

Y	-1	1
p_k	$1-P(B)$	$P(B)$

从而
$$E(X)=P(A)-(1-P(A))=2P(A)-1=2p_1-1,$$
$$E(Y)=P(B)-(1-P(B))=2P(B)-1=2p_2-1.$$
又
$$P\{XY=1\}=P\{(x=1)\bigcap(Y=1)\}+P\{(X=-1)\bigcap(Y=-1)\}$$
$$=P(AB)+P(\overline{A}\,\overline{B})=p_{12}+P(\overline{A+B})=p_{12}+1-P(A+B)$$
$$=p_{12}+1-P(A)-P(B)+p_{12}=2p_{12}-p_1-p_2+1,$$
$$P\{XY=-1\}=1-P\{XY=1\}=p_1+p_2-2p_{12},$$
从而
$$E(XY)=2p_{12}-p_1-p_2+1-p_1-p_2+2p_{12}=4p_{12}-2p_1-2p_2+1,$$
$$\mathrm{cov}(X,Y)=E(XY)-E(X)E(Y)=4p_{12}-4p_1p_2.$$
因此,$\mathrm{cov}(X,Y)=0$(即随机变量 X 和 Y 不相关)的充分必要条件是 $p_{12}=p_1p_2$,即 $P(AB)=P(A)P(B)$,也就是 A 与 B 相互独立.

28. 设二维随机变量(X,Y)的概率密度函数为
$$p(x,y)=\frac{1}{2}[p_1(x,y)+p_2(x,y)],$$
其中 $p_1(x,y)$ 和 $p_2(x,y)$ 都是二维正态概率密度函数,且它们对应的二维随机变量的相关系数分别为 $\frac{1}{3}$ 和 $-\frac{1}{3}$,它们的边缘概率密度函数所对应的随机变量的数学期望都是零,方差都是 1.

(1) 求随机变量 X 和 Y 的密度函数 $p_1(x)$ 和 $p_2(y)$,及 X 和 Y 的相关系数 ρ(可以直接利用二维正态密度的性质).

(2) X 和 Y 是否独立? 为什么?

解 (1) 由题设知,$p_1(x,y)$,$p_2(x,y)$的边缘概率密度都是标准正态分布函数,即
$$\int_{-\infty}^{+\infty}p_1(x,y)\mathrm{d}y=\frac{1}{\sqrt{2\pi}}\mathrm{e}^{-x^2/2},$$
$$\int_{-\infty}^{+\infty}p_1(x,y)\mathrm{d}x=\frac{1}{\sqrt{2\pi}}\mathrm{e}^{-y^2/2},$$
$$\int_{-\infty}^{+\infty}p_2(x,y)\mathrm{d}y=\frac{1}{\sqrt{2\pi}}\mathrm{e}^{-x^2/2},$$
$$\int_{-\infty}^{+\infty}p_2(x,y)\mathrm{d}x=\frac{1}{\sqrt{2\pi}}\mathrm{e}^{-y^2/2},$$
从而
$$p_1(x)=\int_{-\infty}^{+\infty}p(x,y)\mathrm{d}y=\frac{1}{2}\left[\int_{-\infty}^{+\infty}p_1(x,y)\mathrm{d}y+\int_{-\infty}^{+\infty}p_2(x,y)\mathrm{d}y\right]=\frac{1}{\sqrt{2\pi}}\mathrm{e}^{-x^2/2}.$$
同理
$$p_2(y)=\int_{-\infty}^{+\infty}p(x,y)\mathrm{d}x=\frac{1}{\sqrt{2\pi}}\mathrm{e}^{-y^2/2},$$

即 $X \sim N(0,1), Y \sim N(0,1)$, 可见 $E(X) = E(Y) = 0, D(X) = D(Y) = 1$.

随机变量 X 和 Y 的协方差

$$\text{cov}(X,Y) = \int_{-\infty}^{+\infty} \int_{-\infty}^{+\infty} xyp(x,y)\mathrm{d}x\mathrm{d}y - E(X)E(Y)$$

$$= \frac{1}{2}\left[\int_{-\infty}^{+\infty}\int_{-\infty}^{+\infty} xyp_1(x,y)\mathrm{d}x\mathrm{d}y + \int_{-\infty}^{+\infty}\int_{-\infty}^{+\infty} xyp_2(x,y)\mathrm{d}x\mathrm{d}y \right]$$

$$= \frac{1}{2}\left(\frac{1}{3} - \frac{1}{3} \right) = 0,$$

所以 X 和 Y 不相关, 没有线性关系.

（2）由题设

$$p_1(x,y) = \frac{3}{4\pi\sqrt{2}} \mathrm{e}^{-\frac{9}{16}\left(x^2 - \frac{2}{3}xy + y^2\right)},$$

$$p_2(x,y) = \frac{3}{4\pi\sqrt{2}} \mathrm{e}^{-\frac{9}{16}\left(x^2 + \frac{2}{3}xy + y^2\right)},$$

于是

$$p(x,y) = \frac{3}{8\pi\sqrt{2}}\left[\mathrm{e}^{-\frac{9}{16}\left(x^2 - \frac{2}{3}xy + y^2\right)} + \mathrm{e}^{-\frac{9}{16}\left(x^2 + \frac{2}{3}xy + y^2\right)} \right],$$

$$p_1(x) \cdot p_2(y) = \frac{1}{2\pi} \mathrm{e}^{-\frac{x^2 + y^2}{2}},$$

故 $p(x,y) \neq p_1(x) \cdot p_2(y)$, 所以 X 与 Y 不独立, 有函数关系.

29. 设随机变量 (X_1, X_2) 服从二维正态分布, $E(X_1) = E(X_2) = 0, D(X_1) = D(X_2) = 1, X_1$ 与 X_2 的相关系数为 ρ. 令 $X = X_1 - X_2$, 试确定概率 $P\{X \leqslant 1\}$ 的取值范围.

分析 首先应确定随机变量 X 的分布, 然后写出 $P\{X \leqslant 1\}$ 的表达式, 该表达式一定含有参数 ρ. 应用二维正态分布相关系数绝对值小于 1 的性质求出 $P\{X \leqslant 1\}$ 的取值范围.

解 由于 (X_1, X_2) 服从二维正态分布, 因此两个分量 X_1, X_2 以及它们的非零线性组合都服从正态分布. 依题意 $X_i \sim N(0,1), i = 1, 2. E(X) = E(X_1 - X_2) = 0,$
$\text{cov}(X_1, X_2) = \rho\sqrt{D(X_1)}\sqrt{D(X_2)} = \rho,$

$$D(X_1 - X_2) = D(X_1) - 2\text{cov}(X_1, X_2) + D(X_2) = 1 - 2\rho + 1 = 2(1-\rho).$$

于是 X 服从正态分布 $N(0, 2(1-\rho))$. 记 $P\{X \leqslant 1\} = p$, 则

$$p = P\{X \leqslant 1\} = P\left\{ \frac{X}{\sqrt{2(1-\rho)}} \leqslant \frac{1}{\sqrt{2(1-\rho)}} \right\} = \Phi\left(\frac{1}{\sqrt{2(1-\rho)}} \right).$$

由于标准正态分布函数 $\Phi(x)$ 是严格递增函数, 且 $-1 < \rho < 1$, 因此有

$$\frac{1}{2} < \frac{1}{\sqrt{2(1-\rho)}} < +\infty,$$

即

$$\Phi(0.5) < p < 1.$$

注意 ① 本题用到了二维正态分布的两个特有性质: 一个性质是二维正态分布 (X,Y) 的两个分量的相关系数 ρ 的绝对值一定小于 1, 否则其联合概率密度中由于分母

出现零而无意义,但是一般地,两个随机变量 X 与 Y 的相关系数 ρ_{XY} 的绝对值可以小于 1,也可以等于 1;另一个性质是服从二维正态分布的随机变量 (X,Y) 的两个分量 X,Y 以及 X 与 Y 的非零线性组合都服从一维正态分布,并不要求 X 与 Y 相互独立.

② 要求掌握根据两个随机变量 X,Y 的方差与协方差或方差与相关系数求 X 与 Y 的线性函数 $aX+bY$(a,b 不同时为零)的方差以及 X 与 Y 的两个线性函数 $aX+bY$ 与 $cX+dY$(a,b 不同时为零,且 c,d 亦不同时为零)的协方差.

30. 设随机变量 X_1 与 X_2 相互独立,X_i 服从参数为 i,p($0<p<1$)的二项分布,$i=1,2$.令随机变量

$$Y_1=\begin{cases}0, & X_2+X_1=1,\\ 1, & X_2+X_1\neq 1,\end{cases} \qquad Y_2=\begin{cases}0, & X_2-X_1=2,\\ 1, & X_2-X_1\neq 2.\end{cases}$$

试确定 p 的值,使 Y_1 与 Y_2 的协方差达到最小.

分析 由于 $\mathrm{cov}(Y_1,Y_2)=E(Y_1Y_2)-E(Y_1)E(Y_2)$,而 Y_1,Y_2 及 Y_1Y_2 均服从 0—1 分布,因此需先求出随机变量 Y_1,Y_2,Y_1Y_2 分别取 1 的概率.

解 **方法1** $E(Y_1)=P\{Y_1=1\}=1-P\{Y_1=0\}=1-P\{X_2+X_1=1\}=1-3pq^2$,
其中 $q=1-p$.

$$E(Y_2)=P\{Y_2=1\}=1-P\{Y_2=0\}=1-P\{X_2-X_1=2\}$$
$$=1-P\{X_1=0,X_2=2\}$$
$$=1-P\{X_1=0\}\cdot P\{X_2=2\}=1-p^2q.$$
$$P\{Y_1=0,Y_2=0\}=P\{X_2+X_1=1,X_2-X_1=2\}=P\{\varnothing\}=0,$$
$$P\{Y_1Y_2=0\}=P\{(Y_1=0)\bigcup(Y_2=0)\}=P\{Y_1=0\}+P\{Y_2=0\}$$
$$=3pq^2+p^2q,$$
$$E(Y_1Y_2)=P\{Y_1Y_2=1\}=1-P\{Y_1Y_2=0\}=1-3pq^2-p^2q.$$
$$\mathrm{cov}(Y_1,Y_2)=E(Y_1Y_2)-E(Y_1)E(Y_2)$$
$$=1-3pq^2-p^2q-(1-3pq^2)(1-p^2q)=-3p^3q^3$$
$$=-3p^3(1-p)^3\xrightarrow{\triangle}g(p).$$
$$g'(p)=-9p^2(1-p)^2(1-2p).$$

注意到 p 是二项分布的参数,因此 $g(p)$ 的定义域为 $(0,1)$.在 $(0,1)$ 内 $g(p)$ 有唯一驻点: $p=0.5$,且当 $p<0.5$ 时 $g'(p)<0$,当 $p>0.5$ 时 $g'(p)>0$.因此 $p=0.5$ 是函数 $g(p)$ 在 $(0,1)$ 内唯一的极小值点,无极大值点,故 $p=0.5$ 是 $g(p)$ 在 $(0,1)$ 内的最小值点,即当 $p=0.5$ 时,协方差 $\mathrm{cov}(Y_1,Y_2)$ 达到最小.

方法2 先求出 (Y_1,Y_2) 的联合概率分布,再计算协方差 $\mathrm{cov}(Y_1,Y_2)$,并求其最小值点.(Y_1,Y_2) 只取 $(0,0),(0,1),(1,0),(1,1)$.

$$P\{Y_1=0,Y_2=0\}=P\{\varnothing\}=0,$$
$$P\{Y_1=0,Y_2=1\}=P\{Y_1=0\}-P\{Y_1=0,Y_2=0\}=P\{Y_1=0\}$$
$$=P\{X_2+X_1=1\}=3pq^2.$$

注意到 $\{Y_1=1\}=\{X_2+X_1\neq 1\}\supset\{X_2-X_1=2\}=\{Y_2=0\}$,
$$P\{Y_1=1,Y_2=0\}=P\{Y_2=0\}=P\{X_2-X_1=2\}=p^2q,$$

$$P\{Y_1=1,Y_2=1\}=1-P\{Y_1=0,Y_2=0\}-P\{Y_1=0,Y_2=1\}$$
$$-P\{Y_1=1,Y_2=0\}$$
$$=1-3pq^2-p^2q.$$
$$E(Y_1Y_2)=\sum_{i=0}^{1}\sum_{j=0}^{1}ijP\{Y_1=i,Y_2=j\}=P\{Y_1=1,Y_2=1\}$$
$$=1-3pq^2-p^2q,$$
$$E(Y_1)=P\{Y_1=1\}=1-3pq^2,$$
$$E(Y_2)=P\{Y_2=1\}=1-p^2q.$$

余下同方法 1，下略.

注意　① 在计算 $P\{Y_1+Y_2=1\}$ 时,用"两个相互独立同服从参数为 p（另一参数分别为 n_1 与 n_2）的二项分布的变量之和仍服从参数为 p 的二项分布（另一参数 $n=n_1+n_2$）"这个二项分布的性质比较快捷.

② 这是关于概率论与微积分的综合应用题,在应用题中求函数 $g(p)$ 的极值点时,要注意 $g(p)$ 在具体问题中的定义域,本题中作为多项式函数的 $g(p)$ 的定义域不是 $(-\infty,+\infty)$,而是 $(0,1)$.

③ 随机变量及其函数的数字特征是个重要概念,考生应熟练掌握它们的计算方法与技巧.

④ 方法 2 不如方法 1 简便,但是一般地,给出了两个随机变量,往往会想到先求其联合分布,即容易想到方法 2,但其解法不如方法 1 方便.

31. 将三个球随机地往四个盒子内投.设随机变量 X 表示只有一个球的盒子数目.

(1) 求 X 的概率分布;

(2) 求 X 与 $2X$ 的协方差.

解　(1) 有一个球的盒子数目有 0,1,3 共三种可能.

事件 $\{X=0\}$ 表示任何一个盒内都不会只有一个球,显然也不会只有两个球（总共只有三个球）.因此 $\{X=0\}$ 表示三个球放入了同一个盒子中,$\{X=0\}$ 的样本点数为 4.而样本空间的样本点总数为 $4^3=64$.用古典定义计算得

$$P\{X=0\}=\frac{4}{64}=\frac{1}{16}.$$

事件 $\{X=3\}$ 表示有三个盒子中各投入了一个球.它相当于先从四个盒子中选取三个盒子（共有 4 种选法）,再在所选的每个盒子内各放入一个球（共有 $3!=6$ 种放法）.

$$P\{X=3\}=\frac{C_4^3 3!}{64}=\frac{24}{64}=\frac{3}{8},$$
$$P\{X=1\}=1-P\{X=0\}-P\{X=3\}=\frac{9}{16}.$$

(2)　　　$$\text{cov}(X,2X)=2\text{cov}(X,X)=2D(X),$$
$$E(X)=0\times\frac{1}{16}+1\times\frac{9}{16}+3\times\frac{3}{8}=\frac{27}{16},$$

$$E(X^2) = \frac{9}{16} + \frac{3^2 \times 6}{16} = \frac{63}{16},$$

$$D(X) = E(X^2) - (E(X))^2 = \frac{279}{256},$$

$$\mathrm{cov}(X, 2X) = \frac{279}{128}.$$

注意 本题考查两点：一点是考查考生对一个简单的随机试验用一个离散型随机变量描述的能力，这主要是正确确定随机变量的取值并计算出相应概率；另一点是考查随机变量函数的数字特征的性质，特别是两个随机变量协方差的计算.(2)中计算 $\mathrm{cov}(X, 2X)$ 的另一个方法是先计算 $E[X(2X)] = 2E(X^2)$，再用公式

$$\mathrm{cov}(X, 2X) = E[X(2X)] - E(X) \cdot E(2X)$$

进行计算,其结果与解中的完全一致.

32. 设二维连续型随机变量 (X, Y) 服从区域 D 上的均匀分布, $D = \{(x, y) \mid 0 \leqslant y \leqslant x \leqslant 2 - y\}$.

(1) 求 $E(X)$;

(2) 计算 $P\{Y \leqslant 0.2 \mid X = 1.5\}$.

解 (1) 我们应先求关于 X 的边缘概率密度 $p_X(x)$.为此先写出 (X, Y) 的联合概率密度 $p(x, y)$,如图 3-2 所示,区域 D 的面积 $S_D = 1$,因此有

$$p(x, y) = \begin{cases} 1, & (x, y) \in D, \\ 0, & \text{其他}. \end{cases}$$

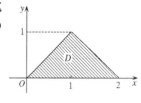

图 3-2

$$p_X(x) = \int_{-\infty}^{+\infty} p(x, y)\mathrm{d}y = \begin{cases} \int_0^x \mathrm{d}y, & 0 \leqslant x \leqslant 1, \\ \int_0^{2-x} \mathrm{d}y, & 1 < x \leqslant 2, \\ 0, & \text{其他}. \end{cases}$$

即

$$p_X(x) = \begin{cases} x, & 0 \leqslant x \leqslant 1, \\ 2 - x, & 1 < x \leqslant 2, \\ 0, & \text{其他}. \end{cases}$$

$$E(X) = \int_{-\infty}^{+\infty} x p_X(x)\mathrm{d}x = \int_0^1 x^2 \mathrm{d}x + \int_1^2 x(2 - x)\mathrm{d}x = 1.$$

(2) 条件概率密度

$$p_{Y|X}(y \mid x) = \frac{p(x, y)}{p_X(x)} \xlongequal{\text{当 } X = 1.5 \text{ 时}} \frac{1}{0.5} = 2 \quad (0 \leqslant y \leqslant 0.5),$$

$$P\{Y \leqslant 0.2 \mid X = 1.5\} = \int_0^{0.2} p_{Y|X}(y \mid 1.5)\mathrm{d}y = \int_0^{0.2} 2\mathrm{d}y = 0.4.$$

注意 ① 由联合概率密度求边缘概率密度时,要注意积分限的正确选取,本题对 y 积分时,对于 x 的不同区间, y 的积分限不同,因此 $p_X(x)$ 取非零值的表达式可能并不是

唯一的,它是一个分段函数.下面计算 $p_X(x)$ 的做法是错误的:

$$p_X(x)=\begin{cases}\int_0^x p(x,y)\mathrm{d}y=x, & 0\leqslant x\leqslant 2,\\ 0, & \text{其他},\end{cases}$$

或

$$p_X(x)=\begin{cases}\int_0^{2-x} p(x,y)\mathrm{d}y=2-x, & 0\leqslant x\leqslant 2,\\ 0, & \text{其他}.\end{cases}$$

在解有关二维连续型随机变量的题目时,正确选择积分区间的方法是先画出联合概率密度 $p(x,y)$ 取非零值的区域 D 的平面图形.

② 条件概率密度 $p_{Y|X}(y|x)$ 是在另一个随机变量 X 取定值 x 时,关于 Y 的概率密度,本题中,由于 $0\leqslant y\leqslant 2-x$ 在已知 $X=1.5$ 时,Y 的取值区间不再是 $[0,1]$,而应该是 $[0,0.5]$,因此下面的结论是错误的:

$$p_{Y|X}(y\mid 1.5)=\begin{cases}2, & 0\leqslant y\leqslant 1,\\ 0, & \text{其他}.\end{cases}$$

③ 对于 $p_X(x)=0$ 的 x 值,Y 的条件概率密度 $p_{Y|X}(y|x)$ 不存在,而不是零.

33. 设随机变量 X 服从正态分布 $N(0,4)$,Y 服从参数 $\lambda=0.5$ 的指数分布.$\mathrm{cov}(X,Y)=-1$.令 $Z=X-aY$.已知 $\mathrm{cov}(X,Z)=\mathrm{cov}(Y,Z)$.确定 a 的值,并求 X 与 Z 的相关系数.

解 $D(X)=4,D(Y)=4$.

$$\mathrm{cov}(X,Z)=\mathrm{cov}(X,X-aY)=D(X)-a\mathrm{cov}(X,Y)=4+a,$$
$$\mathrm{cov}(Y,Z)=\mathrm{cov}(Y,X-aY)=\mathrm{cov}(X,Y)-aD(Y)=-1-4a.$$

依题意,$\mathrm{cov}(X,Z)=\mathrm{cov}(Y,Z)$,即

$$4+a=-1-4a\Rightarrow a=-1.$$
$$D(Z)=D(X+Y)=D(X)+2\mathrm{cov}(X,Y)+D(Y)=4-2+4=6,$$
$$\mathrm{cov}(X,Z)=4+a=3.$$

X 与 Z 的相关系数是

$$\rho_{XZ}=\frac{\mathrm{cov}(X,Z)}{\sqrt{D(X)}\cdot\sqrt{D(Z)}}=\frac{3}{2\sqrt{6}}=\frac{\sqrt{6}}{4}.$$

注意 本题主要考查常见随机变量分布中参数的概率意义以及二维随机变量数字特征(主要是两个随机变量的协方差)的性质.下面的公式

$$\mathrm{cov}(aX+bY,cX+dY)=ac D(X)+(ad+bc)\mathrm{cov}(X,Y)+bd D(Y)$$

是很有用的,$D(X\pm Y),\mathrm{cov}(aX+bY,Z)$ 等一些计算都是上述重要公式在特定系数下应用的情况.

34. 保险公司为 50 个集体投保人提供医疗保险,假设他们的医疗花费相互独立,且花费(单位:百元)服从相同的分布律 $\begin{bmatrix}0 & 0.5 & 1.5 & 3\\ 0.2 & 0.3 & 0.4 & 0.1\end{bmatrix}$.当花费超过 100 元时,保险公司应支付超过百元的部分;当花费不超过 100 元时,由患者自己负担费用.如果以总支付费用 X 的期望值 $E(X)$ 作为预期的总支付费用,那么保险公司应收取的总保险费为(1+

$\theta)E(X)$,其中 θ 为相对附加保费.为使公司获利的概率超过 95%,相对附加保费 θ 至少应为多少?(已知 $\Phi(1.41)=0.92$,$\Phi(1.65)=0.95$.)

解　假设第 i 个投保人的医疗花费为 $Y_i\sim\begin{bmatrix}0&0.5&1.5&3\\0.2&0.3&0.4&0.1\end{bmatrix}$,那么保险公司支付的第 i 个人的费用为 $X_i\sim\begin{bmatrix}0&0.5&2\\0.5&0.4&0.1\end{bmatrix}(1\leqslant i\leqslant 50)$,$X_i$ 独立同分布,且

$$E(X_i)=0\times 0.5+0.5\times 0.4+2\times 0.1=0.4,$$
$$E(X_i^2)=0\times 0.5+0.5^2\times 0.4+2^2\times 0.1=0.5,$$
$$D(X_i)=E(X_i^2)-(E(X_i))^2=0.5-0.4^2=0.34.$$

总支付费用为 $X=\sum_{i=1}^{50}X_i$,$E(X)=50\times 0.4=20$,$D(X)=50\times 0.34=17$,由独立同分布的中心极限定理知,X 近似服从正态分布 $N(20,17)$.依题意,相对附加保费 θ 应使

$$P\{(1+\theta)E(X)-X\geqslant 0\}\geqslant 0.95,$$

即

$$P\{0\leqslant X\leqslant 20(1+\theta)\}=\Phi\left(\frac{20(1+\theta)-20}{\sqrt{17}}\right)-\Phi\left(\frac{0-20}{\sqrt{17}}\right)$$
$$=\Phi\left(\frac{20\theta}{4.123}\right)\geqslant 0.95.$$

已知 $\Phi(1.65)=0.950\,5$,$\Phi(x)$ 为 x 的单调函数,所以 θ 应满足

$$\frac{20\theta}{4.123}\geqslant 1.65,\quad \theta\geqslant\frac{1.65\times 4.123}{20}\approx 0.34,$$

即 θ 至少取 0.34.

注意　解答应用题并不困难,关键在于弄清题意,分析题中变量之间的关系及各变量服从的分布.当分布未知时,应注意二项分布与中心极限定理的应用.

35. 商店销售某种商品,每出售一公斤可获利 a 元,如果未能售完,则余下的商品每公斤净亏损 b 元.假设该商品的需求量 X 是连续型随机变量,其概率密度函数为 $p(x)(x\geqslant 0)$.为使商店获得最大的期望利润,商店应贮备该商品多少公斤?

解　假设商店贮备该商品 s 公斤,该商品的需求量为 X,则利润为

$$Y=g(X)=\begin{cases}as,&X>s,\\aX-(s-X)b,&0\leqslant X<s.\end{cases}$$

因此

$$E(Y)=E[g(X)]=\int_0^{+\infty}g(x)p(x)\mathrm{d}x$$
$$=\int_s^{+\infty}asp(x)\mathrm{d}x+\int_0^s[(a+b)x-sb]p(x)\mathrm{d}x$$
$$=as+(a+b)\int_0^s xp(x)\mathrm{d}x-(a+b)s\int_0^s p(x)\mathrm{d}x\triangleq\varphi(s).$$

从

$$\varphi'(s) = a + (a+b)sp(s) - (a+b)\int_0^s p(x)\mathrm{d}x - (a+b)sp(s)$$

$$= a - (a+b)\int_0^s p(x)\mathrm{d}x = 0,$$

解得 $\int_0^s p(x)\mathrm{d}x = F(s) = \dfrac{a}{a+b}$，即 $s = F^{-1}\left(\dfrac{a}{a+b}\right)$，又 $\varphi''(s) = -(a+b)p(s) < 0$，所以商

店贮备该商品 $F^{-1}\left(\dfrac{a}{a+b}\right)$ 公斤时，获得的期望利润最大.

注意 这是寻求随机变量函数的数学期望的最大值问题，其关键在于分析变量之间的关系，写出解析表达式，一般是分段函数的形式.至于计算期望，常用公式是

$$E[g(X,Y)] = \int_{-\infty}^{+\infty}\int_{-\infty}^{+\infty} g(x,y)p(x,y)\mathrm{d}x\mathrm{d}y,$$

或 $$E[g(X,Y)] = \sum_{i,j} g(x_i,y_j)P\{X=x_i,Y=y_j\}.$$

最后用微积分方法求最值问题的解.

36. 设 $\xi(X,Y)$ 的联合概率密度函数为

$$p(x,y) = \begin{cases} 2-x-y, & 0 \leqslant x \leqslant 1, 0 \leqslant y \leqslant 1, \\ 0, & \text{其他.} \end{cases}$$

（1）判别 X,Y 是否相互独立，是否相关；

（2）求 $E(\xi)$，$D(\xi)$，$D(X+Y)$.

解 （1）首先求出 X 的边缘概率密度

$$p_1(x) = \int_{-\infty}^{+\infty} p(x,y)\mathrm{d}y.$$

当 $x<0$ 或 $x>1$ 时，$p_1(x)=0$；当 $0 \leqslant x \leqslant 1$ 时，

$$p_1(x) = \int_0^1 (2-x-y)\mathrm{d}y = \frac{3}{2} - x.$$

因此 $$p_1(x) = \begin{cases} \dfrac{3}{2}-x, & 0 \leqslant x \leqslant 1, \\ 0, & \text{其他.} \end{cases}$$

同理，可以求出 Y 的边缘概率密度

$$p_2(y) = \begin{cases} \dfrac{3}{2}-y, & 0 \leqslant y \leqslant 1, \\ 0, & \text{其他.} \end{cases}$$

由于

$$p_1(x)p_2(y) = \begin{cases} \left(\dfrac{3}{2}-x\right)\left(\dfrac{3}{2}-y\right), & 0 \leqslant x \leqslant 1, 0 \leqslant y \leqslant 1 \\ 0, & \text{其他} \end{cases} \neq p(x,y),$$

所以 X,Y 不相互独立.

$$E(X) = \int_{-\infty}^{+\infty} xp_1(x)\mathrm{d}x = \int_0^1 x\left(\frac{3}{2}-x\right)\mathrm{d}x = \frac{5}{12},$$

$$E(Y) = \int_{-\infty}^{+\infty} y p_2(y) \mathrm{d}y = \int_0^1 y\left(\frac{3}{2} - y\right) \mathrm{d}y = \frac{5}{12},$$

$$E(XY) = \int_{-\infty}^{+\infty} \int_{-\infty}^{+\infty} xy p(x,y) \mathrm{d}x \mathrm{d}y = \int_0^1 \mathrm{d}x \int_0^1 xy(2-x-y) \mathrm{d}y = \frac{1}{6},$$

$$D(X) = E(X^2) - [E(X)]^2 = \int_0^1 x^2\left(\frac{3}{2} - x\right) \mathrm{d}x - \left(\frac{5}{12}\right)^2 = \frac{11}{144}.$$

同理 $D(Y) = \dfrac{11}{144}.$

由于
$$\rho_{XY} = \frac{E(XY) - E(X)E(Y)}{\sqrt{D(X)} \cdot \sqrt{D(Y)}} = \frac{\dfrac{1}{6} - \left(\dfrac{5}{12}\right)^2}{\dfrac{11}{144}} = -\frac{1}{11} \neq 0,$$

所以 X 与 Y 相关.

(2)
$$E(\xi) = (E(X), E(Y)) = \left(\frac{5}{12}, \frac{5}{12}\right),$$

$$D(\xi) = (D(X), D(Y)) = \left(\frac{11}{144}, \frac{11}{144}\right),$$

$$D(X+Y) = D(X) + D(Y) + 2\sigma_{XY}$$
$$= D(X) + D(Y) + 2[E(XY) - E(X)E(Y)]$$
$$= \frac{11}{144} + \frac{11}{144} + 2\left(\frac{1}{6} - \frac{5}{12} \times \frac{5}{12}\right) = \frac{5}{36}.$$

37. 设随机变量 X 和 Y 的联合概率密度为

$$p(x,y) = \begin{cases} Axy, & (x,y) \in D, \\ 0, & (x,y) \overline{\in} D. \end{cases}$$

其中 D 是由两坐标轴与直线 $x+y-1=0$ 所围成的平面区域(如图 3-3 所示).

求:(1) 常数 A;

(2) X, Y 的相关系数 ρ_{XY}.

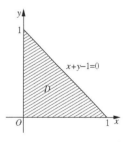

图 3-3

解 (1) $A\displaystyle\int_0^1 x \, \mathrm{d}x \int_0^{1-x} y \, \mathrm{d}y$

$$= A\int_0^1 x \cdot \frac{1}{2}(1-x)^2 \mathrm{d}x = \frac{A}{2}\int_0^1 (x - 2x^2 + x^3) \mathrm{d}x$$

$$= \frac{A}{2}\left(\frac{1}{2} - \frac{2}{3} + \frac{1}{4}\right) = \frac{A}{24} = 1.$$

所以 $A = 24.$

(2) $E(X) = 24\displaystyle\int_0^1 x^2 \mathrm{d}x \int_0^{1-x} y \, \mathrm{d}y = 12\int_0^1 x^2(1-x)^2 \mathrm{d}x = \frac{2}{5}.$

同理 $E(Y) = \dfrac{2}{5}.$

$$E(Y^2) = E(X^2) = 24\int_0^1 x^3 \int_0^{1-x} y \, dy = 12\int_0^1 x^3(1-x)^2 \, dx = \frac{1}{5},$$

$$D(X) = D(Y) = E(X^2) - (E(X))^2 = \frac{1}{5} - \frac{4}{25} = \frac{1}{25},$$

$$E(XY) = 24\int_0^1 x^2 \, dx \int_0^{1-x} y^2 \, dy = 8\int_0^1 x^2(1-x)^3 \, dx$$

$$= 8\int_0^1 (x^2 - 3x^3 + 3x^4 - x^5) \, dx$$

$$= 8\left(\frac{1}{3} - \frac{3}{4} + \frac{3}{5} - \frac{1}{6}\right) = \frac{2}{15}.$$

$$\mathrm{cov}(X,Y) = E(XY) - E(X) \cdot E(Y) = \frac{2}{15} - \frac{4}{25} = -\frac{2}{75},$$

$$\rho_{XY} = \frac{\mathrm{cov}(X,Y)}{\sqrt{D(X)}\sqrt{D(Y)}} = -\frac{2}{3}.$$

注意 这是求连续型随机变量相关系数的典型问题,先按步骤把 $E(X)$, $E(Y)$, $D(X)$, $D(Y)$, $\mathrm{cov}(X,Y)$ 一一求出.但在计算过程中要注意 X, Y 的对称性,这样可以节省工作量,每一个积分都是简单的计算,但要注意其准确性.

38. 设某种电器元件的寿命服从参数为 λ 的指数分布,在一个线路中串联着两个这种元件,假定两元件独立,求该线路寿命的期望值.

解 设该两元件的寿命分别用随机变量 X_1 和 X_2 表示.

由于 X_1, X_2 独立,故它们的联合概率密度为

$$p(x_1, x_2) = \lambda e^{-\lambda x_1} \cdot \lambda e^{-\lambda x_2} = \lambda^2 e^{-\lambda(x_1+x_2)},$$

其中 $x_1 > 0$, $x_2 > 0$, $\lambda > 0$.

因为是串联线路,线路寿命应取 X_1 和 X_2 中较小的一个.设 $Y = \min\{X_1, X_2\}$,则

$$E(Y) = \int_0^{+\infty} \lambda e^{-\lambda x_2} \, dx_2 \int_0^{x_2} \lambda x_1 e^{-\lambda x_1} \, dx_1 + \int_0^{+\infty} \lambda e^{-\lambda x_1} \, dx_1 \int_0^{x_1} \lambda x_2 e^{-\lambda x_2} \, dx_2$$

$$= 2\int_0^{+\infty} \lambda e^{-\lambda x_2} \, dx_2 \int_0^{x_2} \lambda x_1 e^{-\lambda x_1} \, dx_1 = 2\int_0^{+\infty} \lambda e^{-\lambda x_2} \left[-\int_0^{x_2} x_1 \, d(e^{-\lambda x_1}) \right] dx_2$$

$$= 2\int_0^{+\infty} \lambda e^{-\lambda x_2} \left[-x_1 e^{-\lambda x_1} \Big|_0^{x_2} + \frac{1}{\lambda}\int_0^{x_2} e^{-\lambda x_1} \, d(\lambda x_1) \right] dx_2$$

$$= 2\int_0^{+\infty} \lambda e^{-\lambda x_2} \left(-x_2 e^{-\lambda x_2} - \frac{1}{\lambda} e^{-\lambda x_1} \Big|_0^{x_2} \right) dx_2$$

$$= 2\int_0^{+\infty} (-\lambda x_2) e^{-2\lambda x_2} \, dx_2 - 2\int_0^{+\infty} e^{-2\lambda x_2} \, dx_2 + 2\int_0^{+\infty} e^{-\lambda x_2} \, dx_2$$

$$= -\frac{1}{2\lambda} - \frac{1}{\lambda} + \frac{2}{\lambda} = \frac{1}{2\lambda}.$$

注意 求随机变量 $Y_1 = \min\{X_1, X_2\}$, $Y_2 = \max\{X_1, X_2\}$ 的期望是一类典型的问题,用在线路中可以看成串联或并联.

解此题的过程中,用到定积分与积分变量无关的性质,从而可以把两项合并.另外,在

倒数第二步是用指数分布的期望与指数概率密度直接写出结果,而不是再去用分部积分,这样可以节省时间,又不容易出错,但这需要记住相应的结论.

39. 厂家出售某种商品,每箱 30 件,每箱中含次品 0 件、1 件、2 件是等可能的.购买这批商品时,从每箱中任取两件进行检验,如果没有次品就买下该箱,此时厂家可获利润 a 万元.如果有次品,就要降价出售,每箱要亏损 b 万元.求出售 20 箱这种产品,厂家获利的期望值.

解 假设检验 20 箱这种产品,被认定为无次品的箱数为 X,则有次品的箱数为 $20-X$.厂家出售 20 箱这种产品所获得的利润为
$$Y = aX - (20-X)b = (a+b)X - 20b.$$
显然,$X \sim B(20, p)$,其中 $p = P(B)$,$B = \{$每箱抽出 2 件产品进行检验,均未发现次品$\}$.

记 $A_i = \{$每箱中含有 i 件次品$\}$,$i = 0, 1, 2$.则 $P(A_i) = \dfrac{1}{3}$,由全概率公式得

$$p = P(B) = \sum_{i=0}^{2} P(BA_i)$$
$$= \sum_{i=0}^{2} P(A_i)P(B \mid A_i) = \frac{1}{3}\left(1 + \frac{C_{29}^2}{C_{30}^2} + \frac{C_{28}^2}{C_{30}^2}\right) \approx 0.934\,1.$$

$E(X) = 20 \cdot p = 20 \times 0.934\,1 = 18.682$.故所求的期望值为
$$E(Y) = (a+b) \cdot E(X) - 20b = 18.682(a+b) - 20b$$
$$= 18.682a - 1.318b(\text{万元}).$$

注意 依题意,我们很容易求出利润值为
$$Y = (a+b)X - 20b.$$
为了计算 $E(Y)$,必须知道 X 的分布,这是解题的关键.对离散型随机变量 X 而言,只要 X 是 n 次独立试验中某个事件 A 发生的次数,我们自然就会想到二项分布.

(B)

1. 设 X 是一随机变量,$E(X) = \mu$,$D(X) = \sigma^2(\mu, \sigma > 0$ 且为常数$)$,则对任意常数 c,必有 （　　）

(A) $E(X-c)^2 = E(X^2) - c^2$ 　　　　　　(B) $E(X-c)^2 = E(X-\mu)^2$

(C) $E(X-c)^2 < E(X-\mu)^2$ 　　　　　　(D) $E(X-c)^2 \geqslant E(X-\mu)^2$

答案是:(D).

分析 $E(X-c)^2 = E(X-\mu+\mu-c)^2$
$$= E(X-\mu)^2 + E(\mu-c)^2 + 2(\mu-c)E(X-\mu)$$
$$= E(X-\mu)^2 + (\mu-c)^2 \geqslant E(X-\mu)^2.$$
故(D)成立.

2. 设随机变量 X 和 Y 独立同分布,记 $U = X-Y$,$V = X+Y$,则随机变量 U 与 V 必然 （　　）

(A) 不独立　　　　　　　　　　　　　(B) 独立

(C) 相关系数不为零　　　　　　　　(D) 相关系数为零

答案是：(D).

分析　由题意得

$$cov(U,V)=E(X-Y)(X+Y)-E(X-Y)\cdot E(X+Y)$$
$$=E(X^2-Y^2)-[E(X)-E(Y)][E(X)+E(Y)]$$
$$=E(X^2)-E(Y^2)-[E(X)]^2+[E(Y)]^2$$
$$=D(X)-D(Y).$$

由于 X 和 Y 独立同分布，故 $D(X)=D(Y)$，即 $cov(U,V)=0$，因此(D)为正确答案.

3. 设随机变量 X 和 Y 的方差存在且不等于 0，则 $D(X+Y)=D(X)+D(Y)$ 是 X 和 Y　　　　　　　　　　　　　　　　　　　　　　　　　　　( )

(A) 不相关的充分条件，但不是必要条件

(B) 独立的充分条件，但不是必要条件

(C) 不相关的充分必要条件

(D) 独立的充分必要条件

答案是：(C).

分析　因为 $D(X+Y)=D(X)+D(Y)+2cov(X,Y)$，所以

$$D(X+Y)=D(X)+D(Y)\Leftrightarrow 2cov(X,Y)=0$$
$$\Leftrightarrow \rho_{XY}=\frac{cov(X,Y)}{\sqrt{D(X)}\sqrt{D(Y)}}=0,$$

即 $D(X+Y)=D(X)+D(Y)$ 是 X 和 Y 不相关的充分必要条件.

4. 假设二维随机向量 (X,Y) 服从参数为 $\mu_1,\mu_2,\sigma_1^2,\sigma_2^2,\rho$ 的正态分布.如果 $\rho<0$，则 X 与 Y 的协方差矩阵 $\begin{bmatrix} D(X) & cov(X,Y) \\ cov(X,Y) & D(Y) \end{bmatrix}$ 是　　　　　　( )

(A) 半正定矩阵　　　　　　　　　　(B) 正定矩阵

(C) 半负定矩阵　　　　　　　　　　(D) 负定矩阵

答案是：(B).

分析　X 与 Y 的协方差矩阵是

$$V=\begin{bmatrix} D(X) & cov(X,Y) \\ cov(X,Y) & D(Y) \end{bmatrix}=\begin{bmatrix} \sigma_1^2 & \rho\sigma_1\sigma_2 \\ \rho\sigma_1\sigma_2 & \sigma_2^2 \end{bmatrix}.$$

矩阵 V 的一阶主子式 $D(X)=\sigma_1^2>0$，二阶主子式 $|V|=\sigma_1^2\sigma_2^2-\rho^2\sigma_1^2\sigma_2^2=(1-\rho^2)\sigma_1^2\sigma_2^2>0$，因此矩阵 V 是正定矩阵.应选择(B).

注意　该题涉及概率与代数的综合知识，考生既要掌握作为重要分布的二维正态分布中各参数的概率意义与取值范围，又要了解有关矩阵正定性的判别方法.应该注意的是：一般地，两个随机变量的相关系数的绝对值不超过 1，但是二维正态分布随机变量 (X,Y) 的两个分量 X 与 Y 的相关系数 $\rho_{XY}=\rho$，其绝对值一定小于 1，即 $1-\rho^2>0$.如果认为 $|\rho|$ 可以等于 1，则将导致错误判断，误认为 $|V|\geq 0$，从而选择(A)，这是不对的.

5. 已知随机变量 X 在 $[-1,1]$ 上服从均匀分布，$Y=X^3$，则 X 与 Y　　　　( )

(A) 不相关且相互独立　　　　　　　　(B) 不相关且相互不独立

(C) 相关且相互独立　　　　　　　　　(D) 相关且相互不独立

答案是：(D).

分析 结论(C)对任意两个随机变量都不成立,因为相互独立必不相关.对于(A)仅需证明相互独立即可,由题设知 X 与 Y 之间存在函数关系,因而不相互独立,故不能选 (A).又 $E(X)=0$, $E(XY)=E(X^4)=\int_{-1}^{1}\frac{1}{2}x^4\mathrm{d}x=\frac{1}{5}\neq 0$,所以 X 与 Y 相关且相互不独立,因而选择(D).

注意 本题主要考查考生对随机变量之间相关、不相关、相互独立的关系的理解与判断.

6. 设随机变量 X 服从正态分布 $N(0,1)$, $Y=2X^2+X+3$,则 X 与 Y 的相关系数为

（　　）

(A) $\frac{1}{2}$　　　　　(B) $\frac{1}{3}$　　　　　(C) $\frac{1}{4}$　　　　　(D) -1

答案是：(B).

分析 直接计算 $\rho=\dfrac{\mathrm{cov}(X,Y)}{\sqrt{D(X)}\sqrt{D(Y)}}$ 即可.事实上,由 $E(X)=0$, $D(X)=1$,可得 $E(X^2)=1$, $E(Y)=5$, $E(X^4)=3$, $E(X^3)=0$,于是

$$\mathrm{cov}(X,Y)=E(XY)-E(X)\cdot E(Y)=E\big[X(2X^2+X+3)\big]$$
$$=E(2X^3+X^2+3X)=2E(X^3)+E(X^2)+3E(X)=1,$$
$$D(Y)=E(Y^2)-(E(Y))^2=4E(X^4)+4E(X^3)+13E(X^2)+6E(X)+9-25=9.$$

所以 $\rho=\dfrac{1}{\sqrt{9}}=\dfrac{1}{3}$.

注意 ① 由于 $X\sim N(0,1)$, Y 又是 X 的多项式,因此可以直接计算 $E(Y)$, $D(Y)$, $E(XY)$.仅需注意:在对称区间上可积的奇函数的积分为零;用分部积分法即可,而不要误用独立变量和的方差公式.

② 在计算协方差时,我们常常利用其性质,特别是线性性质:

$$\mathrm{cov}\Big(\sum_i a_iX_i,Y\Big)=\sum_i a_i\mathrm{cov}(X_i,Y).$$

本题中计算 $\mathrm{cov}(X,Y)$ 的另一种方法是：

$$\mathrm{cov}(X,Y)=\mathrm{cov}(X,2X^2+X+3)$$
$$=\mathrm{cov}(X,2X^2)+\mathrm{cov}(X,X)+\mathrm{cov}(X,3)=1.$$

7. 将一枚硬币重复掷 n 次,以 X 和 Y 分别表示正面向上和反面向上的次数,则 X 和 Y 的相关系数等于

（　　）

(A) -1　　　　　(B) 0　　　　　(C) $\frac{1}{2}$　　　　　(D) 1

答案是：(A).

分析 **方法 1** 由于 $X=\{$正面向上的次数$\}$, $Y=\{$反面向上的次数$\}$,故有 $X+Y=$

n，并且 $X \sim B\left(n, \dfrac{1}{2}\right), Y \sim B\left(n, \dfrac{1}{2}\right)$. 于是

$$E(X) = E(Y) = \frac{n}{2}, \quad D(X) = D(Y) = \frac{n}{4}.$$

$$\mathrm{cov}(X,Y) = E(XY) - E(X) \cdot E(Y) = E(nX - X^2) - \frac{n^2}{4}$$

$$= \frac{n^2}{2} - \left(\frac{n}{4} + \frac{n^2}{4}\right) - \frac{n^2}{4} = -\frac{n}{4}.$$

因此
$$\rho_{XY} = \frac{\mathrm{cov}(X,Y)}{\sqrt{D(X)}\sqrt{D(Y)}} = \frac{-\dfrac{n}{4}}{\sqrt{\dfrac{n}{4}}\sqrt{\dfrac{n}{4}}} = -1.$$

方法 2 由于 $X + Y = n$，故有
$$Y = -X + n,$$
可见 X 与 Y 完全相关，并且 $a < 0$，因此 $\rho = -1$.

8. 设随机变量 X_1 和 X_2 相互独立同分布（方差大于零）. 令 $X = X_1 + aX_2, Y = X_1 + bX_2 (a, b$ 均不为零). 如果 X 与 Y 不相关，则有 （　　）

(A) a 与 b 可以是任意实数　　　　(B) a 与 b 一定相等

(C) a 与 b 互为负倒数　　　　　　(D) a 与 b 互为倒数

答案是：(C).

分析 X 与 Y 不相关的充分必要条件是 $\rho_{XY} = 0$，即有 $\mathrm{cov}(X,Y) = 0$，

$$\mathrm{cov}(X,Y) = \mathrm{cov}(X_1 + aX_2, X_1 + bX_2)$$
$$= D(X_1) + (a+b)\mathrm{cov}(X_1, X_2) + abD(X_2).$$

由于 X_1 与 X_2 独立同分布，故有 $\mathrm{cov}(X_1, X_2) = 0$，且 $D(X_1) = D(X_2)$，

$$\mathrm{cov}(X,Y) = 0 \Longleftrightarrow (1 + ab)D(X_1) = 0$$
$$\Longleftrightarrow 1 + ab = 0$$
$$\Longleftrightarrow ab = -1.$$

综上分析，a 与 b 互为负倒数，应选择(C).

注意 本题主要考查两个随机变量的独立性与相关性的概念以及随机变量的线性函数的协方差概念. 在涉及两个随机变量的线性函数的协方差时，下面的公式具有一般性，
$$\mathrm{cov}(aX + bY, cX + dY) = acD(X) + (ad + bc)\mathrm{cov}(X,Y) + bdD(Y).$$

在上式中，若 $a = b = c = d = 1$，则
$$\mathrm{cov}(X+Y, X+Y) = D(X+Y) = D(X) + 2\mathrm{cov}(X,Y) + D(Y);$$

若 $a = c = 1, b = d = -1$，则
$$\mathrm{cov}(X-Y, X-Y) = D(X-Y) = D(X) - 2\mathrm{cov}(X,Y) + D(Y);$$

若 $a = c = b = 1, d = -1$，则
$$\mathrm{cov}(X+Y, X-Y) = D(X) - D(Y).$$

9. 假设随机变量 X 的可能取值为 x_1, x_2，Y 的可能取值为 y_1, y_2, y_3，如果 $P\{X = $

$x_1, Y = y_1\} = P\{X = x_1\} \cdot P\{Y = y_1\}$, 则两个随机变量 X 与 Y 　　　　　（　　）

(A)一定不相关　　　　(B)一定独立　　　　(C)一定不独立　　　　(D)不一定独立

答案是:(D).

分析　X 与 Y 独立的充分必要条件是

$$P\{X = x_i, Y = y_j\} = P\{X = x_i\} \cdot P\{Y = y_j\} \quad (i,j = 1, 2, \cdots) \qquad ①$$

而

$$P\{X = x_1, Y = y_1\} = P\{X = x_1\} \cdot P\{Y = y_1\} \qquad ②$$

只是 X 与 Y 独立的必要条件.它不能保证 X 与 Y 一定独立,也不能保证 X 与 Y 一定不独立.比如表 3-2 中所给的 X 与 Y 并非不相关,当然也不独立,而表 3-3 中的 X 与 Y 则独立,但它们都满足等式②.

表 3-2

X＼Y	1	2	3
0	0.2	0	0.2
1	0.3	0.2	0.1

表 3-3

X＼Y	1	2	3
0	0.2	0.1	0.1
1	0.3	0.15	0.15

综上分析,应选择(D).

10. 设随机变量 X 和 Y 都服从正态分布,且它们不相关,则　　　　　　　（　　）

(A)X 与 Y 一定独立　　　　　　　　(B)(X, Y) 服从二维正态分布

(C)X 与 Y 未必独立　　　　　　　　(D)$X + Y$ 服从一维正态分布

答案是:(C).

分析　我们知道"对于任意两个随机变量来说,若 X 与 Y 相互独立,则它们一定不相关,反之不真".另外,"对于二维正态分布来说,X 与 Y 相互独立的充要条件是 X 与 Y 不相关".

这里,X 与 Y 都服从正态分布且不相关,但不能导出它们的联合分布一定是正态分布.因此,X 与 Y 不相关,不能推出 X 与 Y 一定独立,即 X 与 Y 未必独立.

故选择(C).

注意　本题还可以使用排除法,即若(B)成立,那么(A)、(D)一定成立,因此排除(A)、(B)、(D),即只有(C)成立.这里用到了一个重要结论:若 X 与 Y 都服从正态分布,并且 (X, Y) 服从二维正态分布,则 $X + Y$ 服从一维正态分布.

第4章

大数定律与中心极限定理

（一）习题解答与分析

(A)

1. 设随机变量 X 有有限的期望 $E(X)$ 及方差 $D(X)=\sigma^2$，试用切比雪夫不等式估计 $P\{E(X)-3\sigma<X<E(X)+3\sigma\}$ 的值.

解 因为 $E(X),D(X)$ 存在，且 $D(X)=\sigma^2$，所以
$$P\{E(X)-3\sigma<X<E(X)+3\sigma\}=P\{|X-E(X)|<3\sigma\}$$
$$\geqslant 1-\frac{\sigma^2}{(3\sigma)^2}=\frac{8}{9}.$$

2. 设随机变量 X 的方差为 2.5，试用切比雪夫不等式估计概率
$$P\{|X-E(X)|\geqslant 5\}$$
的值.

解 因为 $D(X)=2.5$，所以
$$P\{|X-E(X)|\geqslant 5\}\leqslant\frac{2.5}{5^2}=0.1.$$

3. 将一颗均匀骰子掷 10 次，X 为点数 6 出现的次数，用切比雪夫不等式估计 $P\{|X-E(X)|<2\}$ 的值，并计算 $P\{|X-E(X)|<2\}$ 的值.

解 因为 $X\sim B\left(10,\frac{1}{6}\right)$，所以
$$E(X)=\frac{5}{3},\quad D(X)=\frac{25}{18},$$
$$P\{|X-E(X)|<2\}\geqslant 1-\frac{\frac{25}{18}}{2^2}\approx 0.653,$$
$$P\{|X-E(X)|<2\}=P\left\{-\frac{1}{3}<X<\frac{11}{3}\right\}$$

$$= \sum_{k=0}^{3} P\{X=k\}$$

$$= \sum_{k=0}^{3} C_{10}^{k} \left(\frac{1}{6}\right)^{k} \left(\frac{5}{6}\right)^{10-k} \approx 0.93.$$

4. 某计算机系统有 120 个终端,各终端使用与否相互独立.如果每个终端都有 20% 的时间在使用,求使用的终端为 30~50 个的概率.

解 设 X 表示同一时间使用的终端个数.

因为 $X \sim B(120, 0.2)$,所以

$$P\{30 < X < 50\}$$

$$\approx \Phi\left(\frac{50 - 120 \times 0.2}{\sqrt{120 \times 0.2 \times 0.8}}\right) - \Phi\left(\frac{30 - 120 \times 0.2}{\sqrt{120 \times 0.2 \times 0.8}}\right)$$

$$\approx 0.085.$$

5. 一系统由 100 个相互独立的部件组成,在系统运行期间每个部件损坏的概率都为 0.05,而系统只有在损坏的部件不多于 10 个时才能正常运行,求系统的可靠度(即系统正常运行的概率).

解 设 X 表示损坏的部件个数,本题所求为 $P\{X \leqslant 10\}$.

因为 $X \sim B(100, 0.05)$,所以

$$P\{X \leqslant 10\} \approx \Phi\left(\frac{10 - 100 \times 0.05}{\sqrt{100 \times 0.05 \times 0.95}}\right)$$

$$- \Phi\left(\frac{0 - 100 \times 0.05}{\sqrt{100 \times 0.05 \times 0.95}}\right)$$

$$\approx 0.98.$$

6. 某工厂有 400 台同类机器,各台机器发生故障的概率都是 0.02.假设各台机器工作是相互独立的,试求机器出故障的台数不少于 2 的概率.

解 设机器出故障的台数为 X,则

$$X \sim B(400, 0.02),$$

经过计算有 $E(X)=8, D(X)=7.84, \sqrt{D(X)}=2.8.$ 由中心极限定理,有

$$P\{X \geqslant 2\} = 1 - P\{X < 2\} = 1 - P\left\{\frac{X-8}{2.8} \leqslant \frac{2-8}{2.8}\right\}$$

$$= 1 - \Phi(-2.1429) \approx 0.9838.$$

7. 试利用(1)切比雪夫不等式,(2)中心极限定理,分别确定投掷一枚均匀硬币的次数,使得出现"正面向上"的频率在 0.4~0.6 之间的概率不小于 0.9.

解 设 X 表示投掷一枚均匀硬币 n 次"正面向上"的次数,则

$$X \sim B(n, 0.5), \quad E(X) = np = 0.5n, \quad D(X) = np(1-p) = 0.25n.$$

(1) $P\left\{0.4 < \dfrac{X}{n} < 0.6\right\} = P\{0.4n < X < 0.6n\}$

$$= P\{-0.1n < X - 0.5n < 0.1n\}$$

$$= P\{|X - 0.5n| < 0.1n\}$$

$$\geq 1 - \frac{D(X)}{(0.1n)^2} = 1 - \frac{0.25n}{0.01n^2} = 1 - \frac{25}{n} \geq 0.9,$$

由此得 $\frac{25}{n} \leq 0.1$，$n \geq 250$.

(2) $P\left\{0.4 < \frac{X}{n} < 0.6\right\} = P\{0.4n < X < 0.6n\}$

$$= \Phi\left(\frac{0.6n - 0.5n}{\sqrt{0.25n}}\right) - \Phi\left(\frac{0.4n - 0.5n}{\sqrt{0.25n}}\right)$$

$$= \Phi(0.2\sqrt{n}) - \Phi(-0.2\sqrt{n})$$

$$= 2\Phi(0.2\sqrt{n}) - 1 \geq 0.9,$$

由此得 $\Phi(0.2\sqrt{n}) \geq 0.95$. 查表得 $0.2\sqrt{n} \geq 1.645$，$n \geq 67.65$，取 $n = 68$.

8. 某保险公司多年的统计资料表明，在索赔户中被盗索赔户占 20%，以 X 表示在随机抽查的 100 个索赔户中因被盗向保险公司索赔的户数.

(1) 写出 X 的概率分布；

(2) 利用棣莫弗-拉普拉斯定理，求被盗索赔户不少于 14 户且不多于 30 户的概率的近似值.

解 (1) X 服从二项分布，参数 $n = 100$，$p = 0.2$，

$$P\{X = k\} = \mathrm{C}_{100}^k 0.2^k 0.8^{100-k} \quad (k = 0, 1, \cdots, 100).$$

(2) $E(X) = np = 20$，$D(X) = np(1-p) = 16$. 根据棣莫弗-拉普拉斯定理，有

$$P\{14 \leq X \leq 30\} = P\left\{\frac{14 - 20}{4} \leq \frac{X - 20}{4} \leq \frac{30 - 20}{4}\right\}$$

$$= P\left\{-1.5 \leq \frac{X - 20}{4} \leq 2.5\right\} \approx \Phi(2.5) - \Phi(-1.5)$$

$$= \Phi(2.5) - [1 - \Phi(1.5)] = \Phi(2.5) + \Phi(1.5) - 1$$

$$= 0.994 + 0.933 - 1 = 0.927.$$

9. (1) 一个复杂系统由 100 个相互独立的元件组成，在系统运行期间每个元件损坏的概率都为 0.10，又已知为使系统正常运行，至少有 85 个元件工作，求系统的可靠度（即正常运行的概率）；(2) 上述系统假如由 n 个相互独立的元件组成，而且要求至少有 80% 的元件工作才能使整个系统正常运行，问 n 至少为多大时才能保证系统的可靠度为 0.95？

解 (1) 设

$$X_k = \begin{cases} 1, & \text{第 } k \text{ 个元件正常工作,} \\ 0, & \text{第 } k \text{ 个元件损坏.} \end{cases}$$

又设 X 为系统正常运行时完好的元件数，于是 $X = \sum_{k=1}^{100} X_k$. 由题设可知 X_k $(k = 1, 2, \cdots, 100)$ 服从 $0-1$ 分布，则

$$X = \sum_{k=1}^{100} X_k \sim B(100, 0.9),$$

于是

$$E(X) = np = 100 \times 0.9 = 90, \quad D(X) = npq = 100 \times 0.9 \times 0.1 = 9,$$

故所求概率为

$$P\{X > 85\} = 1 - P\{X \leqslant 85\} = 1 - \Phi\left(\frac{85 - 90}{\sqrt{9}}\right) = 1 - \Phi\left(-\frac{5}{3}\right)$$

$$= \Phi\left(\frac{5}{3}\right) \approx \Phi(1.67) = 0.9525.$$

(2) $P\{X \geqslant 0.8n\} = 0.95$, $E(X) = 0.9n$, $D(X) = 0.09n$, 而

$$P\{X \geqslant 0.8n\} = 1 - \Phi\left(\frac{0.8n - 0.9n}{\sqrt{0.09n}}\right) = 1 - \Phi\left(\frac{-0.1n}{0.3\sqrt{n}}\right) = \Phi\left(\frac{\sqrt{n}}{3}\right),$$

故 $\Phi\left(\dfrac{\sqrt{n}}{3}\right) = 0.95$, 查表得 $\dfrac{\sqrt{n}}{3} = 1.645$, $n \approx 24.35$, 取 $n = 25$.

10. 计算机做加法运算时, 要对每个加数取整(即取最接近它的整数), 设所有的取整误差是相互独立的, 且它们都服从均匀分布 $U[-0.5, 0.5]$, 如果将 1 500 个数相加, 求误差总和的绝对值超过 15 的概率.

解 以 X_k 表示第 k 个数的取整误差 $(k = 1, 2, \cdots, 1\,500)$, 它们相互独立且都服从 $U[-0.5, 0.5]$, 有

$$E(X_k) = 0, \quad D(X_k) = \frac{1}{12}.$$

由林德伯格-列维定理, $\sqrt{\dfrac{12}{1\,500}} \sum_{k=1}^{1\,500} X_k$ 渐近服从 $N(0, 1)$ 分布, 于是

$$P\left\{\left|\sum_{k=1}^{1\,500} X_k\right| > 15\right\} = 2P\left\{\sqrt{\frac{12}{1\,500}} \sum_{k=1}^{1500} X_k > \sqrt{\frac{12}{1\,500}} \times 15\right\}$$

$$\approx 2[1 - \Phi(1.34)] = 2[1 - 0.9099] = 0.1802.$$

(B)

1. 设 X 为一随机变量, 若 $E(X^2) = 1.1$, $D(X) = 0.1$, 则一定有 （ ）

(A) $P\{-1 < X < 1\} \geqslant 0.9$

(B) $P\{0 < X < 2\} \geqslant 0.9$

(C) $P\{|X + 1| \geqslant 1\} \leqslant 0.9$

(D) $P\{|X| \geqslant 1\} \leqslant 0.1$

答案是: (B).

分析 因为 $E(X^2) = 1.1$, $D(X) = 0.1$, 所以

$$(E(X))^2 = E(X^2) - D(X) = 1, \quad E(X) = \pm 1.$$

由切比雪夫不等式应有

$$P\{0<X<2\}=P\{|X-1|<1\}=P\{|X-E(X)|<1\}$$
$$\geqslant 1-\frac{0.1}{1^2},$$

所以

$$P\{0<X<2\}\geqslant 0.9 \text{ 或 } P\{|X-(-1)|\geqslant 1\}=P\{|X+1|\geqslant 1\}\leqslant 0.1.$$

故选择(B).

2. 设 X,Y 是两个独立的随机变量,则下列说法中(   )正确.

(A) 当已知 X 与 Y 的分布时,对于随机变量 $X+Y$ 可使用切比雪夫不等式进行概率估计

(B) 当 X 与 Y 的期望与方差都存在时,可用切比雪夫不等式估计 $X+Y$ 落在任意区间 (a,b) 内的概率

(C) 当 X 与 Y 的期望与方差都存在时,可用切比雪夫不等式估计 $X+Y$ 落在对称区间 $(-a,a)$ 内的概率($a>0$,为常数)

(D) 当 X 与 Y 的期望与方差都存在时,可用切比雪夫不等式估计 $X+Y$ 落在区间 $(E(X)+E(Y)-a,E(X)+E(Y)+a)$ 内的概率($a>0$,为常数)

答案是:(D).

分析 切比雪夫不等式是在已知随机变量的期望与方差存在的条件下,对随机变量落在关于其期望值对称的区间内的概率进行估计.

故选择(D).

3. 设 $X_1,X_2,\cdots,X_n,\cdots$ 为独立同分布的随机变量序列,若(   ),则 $\{X_n\}$ 服从切比雪夫大数定律.

(A) X_i 的概率函数为 $P\{X_i=k\}=\dfrac{1}{ek!}(k=0,1,2,\cdots)$

(B) X_i 的概率函数为 $P\{X_i=k\}=\dfrac{1}{k(k+1)}(k=1,2,\cdots)$

(C) X_i 的概率密度为 $p(x)=\dfrac{1}{\pi(1+x^2)}(-\infty<x<+\infty)$

(D) X_i 的概率密度为 $p(x)=\begin{cases} \dfrac{A}{x^3}, & x\geqslant 1 \\ 0, & x<1 \end{cases}(i=1,2,3,\cdots)$

答案是:(A).

分析 因为若随机变量序列 $X_1,X_2,\cdots,X_n,\cdots$ 相互独立,且每个 X_i 都存在期望 $E(X_i)$ 与方差 $D(X_i)(i=1,2,\cdots)$,并且对于一切 i,都有 $D(X_i)\leqslant c$(c 为一存在的常数),那么 $\{X_n\}$ 服从切比雪夫大数定律.

又因为(A) $P\{X_i=k\}=\dfrac{1}{ek!}(k=0,1,2,\cdots)$,所以

$$X_i\sim P(1),\quad E(X_i)=D(X_i)=1\quad(i=1,2,\cdots).$$

因为(B) $P\{X_i=k\}=\dfrac{1}{k(k+1)}(k=1,2,\cdots)$,所以 $E(X_i)$ 不存在 $(i=1,2,\cdots)$.

因为(C) $X_i\sim p(x)=\dfrac{1}{\pi(1+x^2)}(-\infty<x<+\infty)$,而且

$$\int_{-\infty}^{+\infty}\left|\dfrac{x}{\pi(1+x^2)}\right|\mathrm{d}x=\int_{-\infty}^{0}\dfrac{-x}{\pi(1+x^2)}\mathrm{d}x+\int_{0}^{+\infty}\dfrac{x}{\pi(1+x^2)}\mathrm{d}x$$

发散,所以

$$E(X_i)\text{不存在}\quad(i=1,2,\cdots).$$

因为(D) $X_i\sim p(x)=\begin{cases}\dfrac{A}{x^3},& x\geqslant 1,\\ 0,& x<1,\end{cases}$又

$$\int_{-\infty}^{+\infty}p(x)\mathrm{d}x=\int_{1}^{+\infty}\dfrac{A}{x^3}\mathrm{d}x$$
$$=\dfrac{A}{2}=1\Rightarrow A=2,$$
$$\int_{-\infty}^{+\infty}|xp(x)|\mathrm{d}x=\int_{1}^{+\infty}\dfrac{2}{x^2}\mathrm{d}x=2,$$

所以 $E(X_i)=2$,但是

$$D(X_i)=\int_{-\infty}^{+\infty}(x-2)^2p(x)\mathrm{d}x=\int_{1}^{+\infty}\dfrac{2(x-2)^2}{x^3}\mathrm{d}x\text{,不存在}.$$

故选择(A).

4. 若 $X_1,X_2,\cdots,X_{1000}$ 是相互独立的随机变量,且 $X_i\sim B(1,p)(i=1,2,\cdots,1000)$,则下列选项中( )不正确.

(A) $\dfrac{1}{1000}\sum\limits_{i=1}^{1000}X_i\approx p$

(B) $\sum\limits_{i=1}^{1000}X_i\sim B(1000,p)$

(C) $P\left\{a<\sum\limits_{i=1}^{1000}X_i<b\right\}\approx\varPhi(b)-\varPhi(a)$

(D) $P\left\{a<\sum\limits_{i=1}^{1000}X_i<b\right\}\approx\varPhi\left(\dfrac{b-1000p}{\sqrt{1000pq}}\right)-\varPhi\left(\dfrac{a-1000p}{\sqrt{1000pq}}\right)$

(其中 $\varPhi(x)$ 为标准正态分布函数,$q=1-p$)

答案是:(C).

分析 因为 $X_1,X_2,\cdots,X_{1000}$ 相互独立,且
$$X_i\sim B(1,p)\quad(i=1,2,\cdots,1000),$$

所以 $\dfrac{1}{1000}\sum\limits_{i=1}^{1000}X_i$ 表示在 1000 次独立的重复试验中某个事件发生的频率,p 为一次试验中该事件发生的概率.

因而由伯努利大数定律可知,(A)成立.

又 X_i 只能取 0 或 1,且

$$P\{X_i=0\}=1-p, \quad P\{X_i=1\}=p \quad (i=1,2,\cdots,1000).$$

令 $Y=\sum_{i=1}^{1000} X_i$,则 $\{Y=k\}$ 相当于 $X_1,X_2,\cdots,X_{1000}$ 中恰好有 k 个取 1,其余 $1000-k$ 个都取 0,共有 C_{1000}^k 种不同方式,即 $\{Y=k\}$ 等于 C_{1000}^k 个两两互不相容的事件之和(每个事件是 k 个 $\{X_i=1\}$ 和 $(1000-k)$ 个 $\{X_i=0\}$ 这样相互独立的事件的乘积).每个事件发生的概率均为 $p^k(1-p)^{1000-k}$,所以

$$P\{Y=k\}=C_{1000}^k p^k(1-p)^{1000-k}$$
$$(k=0,1,2,\cdots,n),$$

因此 $Y=\sum_{i=1}^n X_i \sim B(1000,p)$,所以(D)正确.

由德莫佛-拉普拉斯中心极限定理可知:因为 $\sum_{i=1}^{1000} X_i \sim B(1000,p)$,所以(D)正确而(C)不正确.

故选择(C).

（二）参考题（附解答）

(A)

1. 设随机变量 X 和 Y 的数学期望分别为 -2 和 2,方差分别为 1 和 4,而相关系数为 -0.5,试根据切比雪夫不等式估计 $P\{|X+Y|\geqslant 6\}$ 之值.

解 设 $Z=X+Y$,则 $E(Z)=E(X)+E(Y)=0$,

$$D(Z)=D(X)+D(Y)+2\sqrt{D(X)}\sqrt{D(Y)}\rho$$
$$=1+4+2\times 1\times 2\times(-0.5)=3.$$

由切比雪夫不等式得

$$P\{|Z-E(Z)|\geqslant \varepsilon\}\leqslant \frac{D(Z)}{\varepsilon^2},$$

令 $\varepsilon=6$,由 $D(Z)=3$,有

$$P\{|Z-0|\geqslant 6\}\leqslant \frac{3}{36}=\frac{1}{12},$$

则

$$P\{|X+Y|\geqslant 6\}\leqslant \frac{1}{12}.$$

2. 假设 $X_1,X_2,\cdots,X_n$ 是来自总体 X 的简单随机样本;已知 $E(X^k)=a_k(k=1,2,3,4)$.证明:当 n 充分大时,随机变量

$$Z_n=\frac{1}{n}\sum_{i=1}^n X_i^2$$

近似服从正态分布,并指出其分布参数.

解 利用中心极限定理证明即可,关键在于计算 Z_n 的期望与方差.

依题意 $X_1, X_2, \cdots, X_n$ 独立同分布,可见 $X_1^2, X_2^2, \cdots, X_n^2$ 也独立同分布.由 $E(X^k) = \alpha_k (k=1,2,3,4)$,有

$$E(X_i^2) = \alpha_2, \quad D(X_i^2) = E(X_i^4) - (E(X_i^2))^2 = \alpha_4 - \alpha_2^2,$$

$$E(Z_n) = \frac{1}{n} \sum_{i=1}^{n} E(X_i^2) = \alpha_2,$$

$$D(Z_n) = \frac{1}{n^2} \sum_{i=1}^{n} D(X_i^2) = \frac{1}{n}(\alpha_4 - \alpha_2^2).$$

因此,根据中心极限定理,

$$U_n = \frac{Z_n - \alpha_2}{\sqrt{\dfrac{\alpha_4 - \alpha_2^2}{n}}}$$

的极限分布是标准正态分布,即当 n 充分大时,Z_n 近似服从参数为 $\left(\alpha_2, \dfrac{\alpha_4 - \alpha_2^2}{n}\right)$ 的正态分布.

3. 设 $X_1, \cdots, X_{100}$ 是取自正态总体 X 的简单随机样本,$X \sim N(\mu, \sigma^2)$.

$$Y_1 = \frac{1}{10} \sum_{i=1}^{10} X_i, \quad Y_2 = \frac{1}{10} \sum_{i=11}^{20} X_i, \quad \cdots, \quad Y_{10} = \frac{1}{10} \sum_{i=91}^{100} X_i.$$

令 $$W = a[(Y_2 - Y_1)^2 + (Y_4 - Y_3)^2 + \cdots + (Y_{10} - Y_9)^2],$$

试选取合适的 a,使得 W 服从 χ^2 分布.

分析 显然常数 $a > 0$,由于相互独立的标准正态分布的平方和服从 χ^2 分布,因此要使 W 服从 χ^2 分布,本题应要求 $\sqrt{a}(Y_{2m} - Y_{2m-1}) \sim N(0,1), m=1,2,3,4,5$,且要求 $Y_2 - Y_1, Y_4 - Y_3, \cdots, Y_{10} - Y_9$ 相互独立.

解 由于 $X_1, \cdots, X_{100}$ 相互独立同正态分布 $N(\mu, \sigma^2)$,因此 $Y_1, \cdots, Y_{10}$ 相互独立同正态分布 $N\left(\mu, \dfrac{\sigma^2}{10}\right)$.$Y_2 - Y_1, Y_4 - Y_3, \cdots, Y_{10} - Y_9$ 也相互独立同正态分布 $N\left(0, \dfrac{\sigma^2}{5}\right)$.因此

$$\frac{\sqrt{5}}{\sigma}(Y_{2m} - Y_{2m-1}) \sim N(0,1), \quad m=1,2,3,4,5,$$

$$\sum_{m=1}^{5} \frac{5}{\sigma^2}(Y_{2m} - Y_{2m-1})^2 \sim \chi^2(5),$$

即当 $a = \dfrac{5}{\sigma^2}$ 时,$W \sim \chi^2(5)$,故 $a = 5/\sigma^2$.比如,若 $\sigma^2 = 4$,则 $a = 1.25$.

注意 本题主要考查简单随机样本的概念及抽样分布的有关知识.一是从总体 X 中取出的容量为 n 的简单随机样本 $X_1, \cdots, X_n$ 是 n 个相互独立且与总体 X 同分布的随机变量;二是独立随机变量的函数仍是独立随机变量.题中 $X_1, \cdots, X_{100}$ 的函数 $Y_1, \cdots, Y_{10}$ 是相互独立的,Y_1 与 Y_2 的函数 $Y_2 - Y_1, \cdots, Y_9$ 与 Y_{10} 的函数 $Y_{10} - Y_9$ 也是相互独立的.另外,独立标准正态分布变量的平方和服从 χ^2 分布.

概率论与数理统计（第三版）学习参考

抽样分布涉及的三个常见分布——χ^2分布、t分布、F分布的概率密度函数很复杂，虽然无须记忆，但是考生一定要熟练掌握三个分布的构成原理及有关结论.

本题中考生在求Y_2-Y_1的方差时，容易犯的错误是$D(Y_2-Y_1)=D(Y_2)-D(Y_1)=0$. 这一点一定切忌.

4. 设某种器件的使用寿命（单位：小时）服从参数为λ的指数分布，其平均使用寿命为20小时.在使用中，当一个器件损坏后立即更换另一个新的器件，如此继续下去.已知每个器件进价为a元.试求在年计划中应为此器件做多少预算，才可以有95％的把握保证一年够用（假定一年按2 000个工作小时计算）？

解 设年计划购进n个此种器件，则预算应为na元.每个器件的使用寿命为$X_i(1\leqslant i\leqslant n)$，$X_i$相互独立，且都服从参数为$\lambda$的指数分布，依题意，$E(X_i)=\dfrac{1}{\lambda}=20$，$D(X_i)=\dfrac{1}{\lambda^2}=400$，并且$n$应使

$$P\left\{\sum_{i=1}^{n}X_i\geqslant 2\,000\right\}\geqslant 0.95,$$

即$P\left\{0\leqslant\sum\limits_{i=1}^{n}X_i<2\,000\right\}\leqslant 0.05.$ 由于n相当大，并且$E\left(\sum\limits_{i=1}^{n}X_i\right)=20n,D\left(\sum\limits_{i=1}^{n}X_i\right)=400n$，根据独立同分布中心极限定理，得

$$P\left\{0\leqslant\sum_{i=1}^{n}X_i<2\,000\right\}\approx\Phi\left(\frac{2\,000-20n}{\sqrt{400n}}\right)-\Phi\left(\frac{0-20n}{\sqrt{400n}}\right)$$
$$=\Phi\left(\frac{100-n}{\sqrt{n}}\right)=0.05,$$

即 $$\Phi\left(\frac{n-100}{\sqrt{n}}\right)=0.95,\quad\frac{n-100}{\sqrt{n}}=1.64,$$

解得$n\geqslant 118$，故年计划预算最少应为118a元.

注意 解答概率论应用题时，首先，要弄清你要解决什么问题，是求满足某个给定条件的常量，还是随机变量的分布；是求随机变量期望的最大值，还是某个事件的概率等.其次，要弄清题目中变量之间的关系，写出解析表达式，这常常是解应用题的关键.最后，大部分应用题都涉及计算与随机变量有关的事件的概率，为此必须知道该随机变量的分布.如果题目给出了精确分布或者可归结为二项分布，则可直接应用结果，否则应考虑中心极限定理，通过近似分布来计算.

5. 假设市场上出售的某种商品每日价格的变化是一个随机变量.如果以Y_n表示第n天商品的价格，则有$Y_n=Y_{n-1}+X_n(n\geqslant 1)$，其中$X_1,X_2,\cdots$为独立同分布的随机变量，$E(X_n)=0,D(X_n)=1$.假定该商品最初价格为$a$元，那么10周后（即在第71天）该商品价格在$(a-10)$与$(a+10)$（单位：元）之间的概率是多少？（已知$\Phi(1.2)=0.884\,9$.）

解 由于$Y_n=Y_{n-1}+X_n(n\geqslant 1)$，故$Y_n=Y_0+\sum\limits_{i=1}^{n}X_i$.当$Y_0=a$时，$Y_{71}=a+\sum\limits_{i=1}^{71}X_i$，其中$\{X_i,i\geqslant 1\}$是独立同分布的随机变量，期望、方差存在，且$n=71$比较大，由中心极限

定理知，$\sum\limits_{i=1}^{n} X_i$ 近似服从正态分布 $N(0,n)$，所以所求概率为

$$P\{a-10 \leqslant Y_{71} \leqslant a+10\} = P\left\{a-10 \leqslant a + \sum_{i=1}^{71} X_i \leqslant a+10\right\}$$

$$= P\left\{-10 \leqslant \sum_{i=1}^{71} X_i \leqslant 10\right\}$$

$$\approx \Phi\left(\frac{10}{\sqrt{71}}\right) - \Phi\left(\frac{-10}{\sqrt{71}}\right) = 2\Phi\left(\frac{10}{\sqrt{71}}\right) - 1$$

$$\approx 2\Phi(1.19) - 1 = 2 \times 0.883 - 1$$

$$\approx 0.766 \approx 77\%.$$

注　利用题目给出的递推公式，我们不难算出 $Y_n = Y_0 + \sum\limits_{i=1}^{n} X_i$，其中 X_i 是独立同分布且期望、方差均存在的随机变量序列，我们自然想到要应用独立同分布中心极限定理来计算所求概率.

6. 某地抽样调查的结果表明，考生的外语成绩(百分制)近似服从正态分布，平均成绩为 72 分，96 分以上的占考生总数的 2.3%，试求考生的外语成绩在 60～84 分之间的概率.

附表

x	0	0.5	1.0	1.5	2.0	2.5	3.0
$\Phi(x)$	0.500	0.692	0.841	0.933	0.977	0.994	0.999

注：$\Phi(x)$ 是标准正态分布函数.

解　设 X 为考生的外语成绩，由题设知 $X \sim N(\mu,\sigma^2)$，其中 $\mu=72$.现在求 σ^2.由条件知

$$0.023 = P\{X \geqslant 96\} = P\left\{\frac{X-\mu}{\sigma} \geqslant \frac{96-72}{\sigma}\right\} = 1 - \Phi\left(\frac{24}{\sigma}\right),$$

从而 $\Phi\left(\frac{24}{\sigma}\right) = 0.977$.由 $\Phi(x)$ 的数值表，可见 $\frac{24}{\sigma}=2$，因此 $\sigma=12$，这样 $X \sim N(72,12^2)$.故所求概率为：

$$P\{60 \leqslant X \leqslant 84\} = P\left\{\frac{60-72}{12} \leqslant \frac{X-\mu}{\sigma} \leqslant \frac{84-72}{12}\right\}$$

$$= P\left\{-1 \leqslant \frac{X-\mu}{\sigma} \leqslant 1\right\} = \Phi(1) - \Phi(-1)$$

$$= 2\Phi(1) - 1 = 2 \times 0.841 - 1 = 0.682.$$

7. 在每次试验中，事件 A 发生的概率都为 0.5，利用切比雪夫不等式估计：在 1 000 次独立试验中，事件 A 发生的次数在 400～600 之间的概率.

分析　利用切比雪夫不等式估计某事件的概率，要做以下工作：(1)选择随机变量 X；(2)求出 $E(X),D(X)$；(3)根据题意确定 ε；(4)利用切比雪夫不等式对概率进行估计.

解 设 X 表示在 1 000 次独立试验中事件 A 发生的次数,则 $X \sim B(1\,000, 0.5)$,且

$$E(X) = np = 1\,000 \times 0.5 = 500,$$
$$D(X) = npq = 1\,000 \times 0.5 \times 0.5 = 250.$$

要估计事件 $\{400 < X < 600\}$ 的概率,可改写为如下形式:

$$\{400 < X < 600\} = \{400 - 500 < X - 500 < 600 - 500\}$$
$$= \{-100 < X - E(X) < 100\} = \{|X - E(X)| < 100\},$$

在切比雪夫不等式中取 $\varepsilon = 100$,则有

$$P\{400 < X < 600\} = P\{|X - E(X)| < 100\} \geqslant 1 - \frac{D(X)}{100^2} = 1 - \frac{250}{10\,000} = \frac{39}{40}.$$

8. 设有 1 000 人独立行动,每个人能够按时进入掩蔽体的概率为 0.9.以 95% 的概率估计,在一次行动中:(1) 至少有多少人能够进入掩蔽体;(2) 至多有多少人能进入掩蔽体.

解 用 X_i 表示第 i 人能够按时进入掩蔽体($i = 1, 2, \cdots, 1\,000$),令

$$S_n = X_1 + X_2 + \cdots + X_{1000}.$$

(1) 设至少有 m 人能进入掩蔽体,要求 $P\{m \leqslant S_n \leqslant 1\,000\} \geqslant 0.95$.事件

$$\{m \leqslant S_n\} = \left\{ \frac{m - 1\,000 \times 0.9}{\sqrt{1\,000 \times 0.9 \times 0.1}} \leqslant \frac{S_n - 900}{\sqrt{90}} \right\}.$$

令 $\dfrac{S_n - 900}{\sqrt{90}} = Y$,显然 $Y \overset{\cdot}{\sim} N(0, 1)$.令 $\dfrac{m - 900}{\sqrt{90}} = a$,根据中心极限定理,有

$$P\{m \leqslant S_n\} = P\{Y \geqslant a\} = 1 - P\{Y < a\} = 1 - \Phi(a) = 0.95.$$

查正态分布数值表,得 $a = -1.65$,即 $\dfrac{m - 900}{\sqrt{90}} = -1.65$.故

$$m \approx 900 - 15.65 = 884.35 \approx 884 (人).$$

(2) 用同样的方法,可求出至多有 916 人进入掩蔽体.

9. 一生产线生产的产品成箱包装,每箱的重量是随机的.假设每箱平均重 50 千克,标准差为 5 千克.若用最大载重量为 5 吨的汽车承运,试利用中心极限定理说明每辆车最多可以装多少箱,才能保障不超载的概率大于 0.977 ($\Phi(2) = 0.977$,其中 $\Phi(x)$ 是标准正态分布函数).

解 设 $X_i (i = 1, 2, \cdots, n)$ 是装运的第 i 箱的重量(单位:千克),n 是所求箱数.由条件可以把 $X_1, X_2, \cdots, X_n$ 视为独立同分布的随机变量,而 n 箱的总重量

$$T_n = X_1 + X_2 + \cdots + X_n$$

是独立同分布的随机变量之和.

由条件知 $E(X_i) = 50, \sqrt{D(X_i)} = 5; E(T_n) = 50n, \sqrt{D(T_n)} = 5\sqrt{n}$(单位:千克).

根据林德伯格-列维中心极限定理,T_n 近似服从正态分布 $N(50n, 25n)$.

箱数 n 取决于条件

$$P\{T_n \leqslant 5\,000\} = P\left\{ \frac{T_n - 50n}{5\sqrt{n}} \leqslant \frac{5\,000 - 50n}{5\sqrt{n}} \right\}$$

$$\approx \Phi\left(\frac{1\,000-10n}{\sqrt{n}}\right) > 0.977 = \Phi(2).$$

由此可见

$$\frac{1\,000-10n}{\sqrt{n}} > 2,$$

从而 $n < 98.019\,9$,即最多可以装 98 箱.

10. 试证当 $n \to \infty$ 时,$\mathrm{e}^{-n}\sum\limits_{k=1}^{n}\dfrac{n^k}{k!} \to \dfrac{1}{2}$.

证　设 $X_k\,(k=1,2,\cdots)$ 服从参数 $\lambda=1$ 的泊松分布,并且 $\{X_k\}$ 相互独立,由林德伯格-列维中心极限定理知

$$P\left\{\frac{1}{\sqrt{n}}\sum_{k=1}^{n}(X_k-1)\leqslant 0\right\} \to \frac{1}{\sqrt{2\pi}}\int_{-\infty}^{0}\mathrm{e}^{-\frac{t^2}{2}}\mathrm{d}t = \frac{1}{2} \quad (n\to\infty),$$

即 $P\left\{\sum\limits_{k=1}^{n}X_k \leqslant n\right\} \to \dfrac{1}{2}(n\to\infty)$,而 $\sum\limits_{k=1}^{n}X_k$ 服从参数 $\lambda=n$ 的泊松分布,故有

$$P\left\{\sum_{k=1}^{n}X_k \leqslant n\right\} = \sum_{k=1}^{n}\frac{n^k\mathrm{e}^{-n}}{k!} = \mathrm{e}^{-n}\sum_{k=1}^{n}\frac{n^k}{k!},$$

于是

$$\mathrm{e}^{-n}\sum_{k=1}^{n}\frac{n^k}{k!} \to \frac{1}{2} \quad (n\to\infty).$$

(B)

1. 设 $X_1,X_2,\cdots,X_n,\cdots$ 是相互独立的随机变量序列,X_n 服从参数为 n 的指数分布 $(n=1,2,\cdots)$,则下列选项中不服从切比雪夫大数定律的随机变量序列是　　　　　(　　)

(A) $X_1,X_2,\cdots,X_n,\cdots$　　　　　　　　(B) $X_1,2^2X_2,\cdots,n^2X_n,\cdots$

(C) $X_1,X_2/2,\cdots,X_n/n,\cdots$　　　　　　(D) $X_1,2X_2,\cdots,nX_n,\cdots$

答案是:(B).

分析　切比雪夫大数定律要求满足三个条件:首先是 $X_1,X_2,\cdots,X_n,\cdots$ 相互独立;其次是 $X_n(n=1,2,\cdots)$ 的期望和方差都存在;最后是方差一致有界,即对任何正整数 n,$D(X_n)<C$,其中,C 是与 n 无关的一个常数.

题中四个随机变量序列显然都满足前两个条件.而且

$$E(X_n)=\frac{1}{n}, \quad D(X_n)=\frac{1}{n^2}<1,$$

$$E(n^2X_n)=n^2E(X_n)=n, \quad D(n^2X_n)=n^4D(X_n)=n^2,$$

$$E\left(\frac{X_n}{n}\right)=\frac{1}{n}E(X_n)=\frac{1}{n^2}, \quad D\left(\frac{X_n}{n}\right)=\frac{1}{n^2}D(X_n)=\frac{1}{n^4},$$

$$E(nX_n)=nE(X_n)=1, \quad D(nX_n)=n^2D(X_n)=1.$$

显然(B)的随机变量序列的方差 $D(n^2X_n)$ 不能对所有 n 而言均小于一个共同常数,因此它不满足切比雪夫大数定律,综上分析,应选择(B).

注意 大数定律的知识点考查主要是针对各大数定律的条件不同进行的.对此类问题首先要熟悉各大数定律要求的条件,再根据题意加以判断.有时题目会结合常见分布.

2. $X_1,X_2,\cdots,X_n,\cdots$ 是相互独立的随机变量序列.$X_1^2,X_2^2,\cdots,X_n^2,\cdots$ 满足林德伯格-列维中心极限定理的条件有 （ ）

(A) $P\{X_i=m\}=p^mq^{1-m},m=0,1$

(B) $P\{X_i\leqslant x\}=\int_{-\infty}^x\dfrac{1}{\pi(1+t^2)}dt$

(C) $P\{|X_i|=m\}=\dfrac{c}{m^2},m=1,2,\cdots,$ 常数 $c=\left(\sum\limits_{m=1}^\infty\dfrac{2}{m^2}\right)^{-1}$

(D) X_i 服从参数为 i 的指数分布

答案是：(A).

分析 对于(A),X_i 服从同参数 p 的 $0-1$ 分布,X_i^2 亦服从同参数 p 的 $0-1$ 分布.期望、方差存在且相互独立,满足中心极限定理的条件.

对于(B)、(C),尽管 $X_1^2,X_2^2,\cdots,X_n^2,\cdots$ 都是相互独立同分布的随机变量序列,但是其期望均不存在.

对于(D),由于 X_i 的分布参数与 i 有关,因此 $X_1^2,X_2^2,\cdots,X_n^2,\cdots$ 是相互独立但不同分布的随机变量序列,不满足独立同分布中心极限定理的条件.

因此应选择(A).

注意 独立同分布中心极限定理的条件要求随机变量序列：(1) 相互独立；(2) 同分布；(3) 期望、方差存在.这三个条件缺一不可.本题中的条件(1)是显然的,这是由于独立的随机变量函数一般还是独立的.(B)、(C)中的同分布也是显而易见的.但是注意到定义期望 $E(X)$ 时要求积分

$$\int_{-\infty}^{+\infty}xp(x)dx \quad 或 \quad 级数\sum_n x_nP\{X=x_n\}$$

绝对收敛,立刻可以看出(B)中的柯西分布随机变量 X_i 的期望是不存在的.类似地,由于调和级数 $\sum\limits_{n=1}^\infty\dfrac{1}{n}$ 是发散级数,(C) 中的期望 $E(X_i)$ 也不存在,故 $E(X_i^2)=D(X_i)+[E(X_i)]^2$ 当然也就不存在.

由于一般中心极限定理的应用题中涉及的随机变量序列均满足定理条件,因而考生往往忽略了对极限定理条件的考虑.

3. 设随机变量 $X_1,X_2,\cdots,X_n$ 相互独立,$S_n=X_1+X_2+\cdots+X_n$,则根据林德伯格-列维中心极限定理,当 n 充分大时,S_n 近似服从正态分布,只要 $X_1,X_2,\cdots,X_n$ （ ）

(A) 有相同的数学期望 　　　　(B) 有相同的方差

(C) 服从同一指数分布 　　　　(D) 服从同一离散型分布

答案是：(C).

分析 这是一个"中心极限定理"问题.

根据林德伯格-列维中心极限定理的条件,可知(A)、(B)不成立,而 $X_1,X_2,\cdots,X_n$ 仅服从同一离散型分布是不够的,因为 $E(X_1)$ 与 $D(X_1)$ 不一定存在,故排除(D).因此选择(C).

第5章

抽样分布

（一）习题解答与分析

(A)

1. 略.

2. 略.

3. 设随机变量 $X_1, \cdots, X_{10}; Y_1, \cdots, Y_{15}$ 相互独立且都服从 $N(20, (\sqrt{3})^2)$ 分布，求 $P\{|\overline{X} - \overline{Y}| > 0.3\}$.

解 因为 $X_1, \cdots, X_{10}; Y_1, \cdots, Y_{15}$ 独立且都服从 $N(20, 3)$，所以

$$\overline{X} = \frac{1}{10}\sum_{i=1}^{10} X_i \sim N\left(20, \frac{3}{10}\right), \quad \overline{Y} = \frac{1}{15}\sum_{i=1}^{15} Y_i \sim N\left(20, \frac{3}{15}\right),$$

且两者独立，于是

$$\overline{X} - \overline{Y} \sim N\left(0, \frac{1}{2}\right),$$

$$P\{|\overline{X} - \overline{Y}| > 0.3\} = P\left\{\frac{|\overline{X} - \overline{Y}|}{\sqrt{1/2}} > \frac{0.3}{\sqrt{1/2}}\right\}$$

$$= P\left\{\frac{|\overline{X} - \overline{Y}|}{\sqrt{1/2}} > 0.3\sqrt{2}\right\} \approx 1 - P\left\{\frac{|\overline{X} - \overline{Y}|}{\sqrt{1/2}} < 0.42\right\}$$

$$= 2[1 - \Phi(0.42)] = 2[1 - 0.662\,8] = 0.674\,4.$$

(B)

1. 设 $X_1, X_2, \cdots, X_n$ 是来自正态总体 $N(\mu, \sigma^2)$ 的简单随机样本，$\overline{X}$ 是样本均值，记

$$S_1^2 = \frac{1}{n-1}\sum_{i=1}^{n}(X_i - \overline{X})^2,$$

$$S_2^2 = \frac{1}{n} \sum_{i=1}^{n} (X_i - \overline{X})^2,$$

$$S_3^2 = \frac{1}{n-1} \sum_{i=1}^{n} (X_i - \mu)^2,$$

$$S_4^2 = \frac{1}{n} \sum_{i=1}^{n} (X_i - \mu)^2,$$

则服从自由度为 $n-1$ 的 t 分布的随机变量是 （ ）

(A) $t = \dfrac{\overline{X} - \mu}{S_1 / \sqrt{n-1}}$ 　　　　　　　　(B) $t = \dfrac{\overline{X} - \mu}{S_2 / \sqrt{n-1}}$

(C) $t = \dfrac{\overline{X} - \mu}{S_3 / \sqrt{n}}$ 　　　　　　　　(D) $t = \dfrac{\overline{X} - \mu}{S_4 / \sqrt{n}}$

答案是：(B).

分析 (1) 因为服从自由度为 $n-1$ 的 t 分布的统计量中应包含样本方差，而 S_3^2, S_4^2 都不是样本方差，故可排除 (C)、(D)。又因为 $S^2 = S_1^2$，但 (A) 中 $t = \dfrac{\overline{X} - \mu}{\frac{S_1}{\sqrt{n-1}}} = \dfrac{\overline{X} - \mu}{\frac{S}{\sqrt{n-1}}}$ 与服从 $n-1$ 个自由度的随机变量 $t = \dfrac{\overline{X} - \mu}{\frac{S}{\sqrt{n}}}$ 不符，故排除 (A)。

(2) 我们已知，若 $X \sim N(0,1)$，$Y \sim \chi^2(n)$，则随机变量

$$t = \frac{X}{\sqrt{\dfrac{Y}{n}}} \sim t(n),$$

并且

$$\frac{(n-1)S^2}{\sigma^2} \sim \chi^2(n-1).$$

又

$$\frac{\overline{X} - \mu}{\sqrt{\dfrac{1}{n}}\,\sigma} \sim N(0,1),$$

从而

$$\frac{\dfrac{\overline{X} - \mu}{\sqrt{\dfrac{1}{n}}\,\sigma}}{\sqrt{\dfrac{1}{\sigma^2} \sum_{i=1}^{n} (X_i - \overline{X})^2 / (n-1)}} = \frac{\overline{X} - \mu}{S_2 / \sqrt{n-1}} \sim t(n-1).$$

故选择 (B)。

2. 设随机变量 X 服从正态分布 $N(0,1)$，对给定的 α（$0 < \alpha < 1$），数 u_α 满足

$P\{X>u_a\}=\alpha.$ 若 $P\{|X|<x\}=\alpha$，则 x 等于 　　　　　　　　　　　（　）

(A) $u_{\frac{\alpha}{2}}$ 　　　　　　(B) $u_{1-\frac{\alpha}{2}}$ 　　　　　　(C) $u_{\frac{1-\alpha}{2}}$ 　　　　　　(D) $u_{1-\alpha}$

答案是：(C).

分析　本题主要考查"正态分布分位数"的有关概念.

由题设可知，u_a 满足

$$P(X>u_a)=\alpha.$$

可见，若要

$$P(|X|<x)=\alpha,$$

即

$$P(|X|\geqslant x)=1-\alpha,$$

则

$$P(X>x)=\frac{1-\alpha}{2},$$

因此

$$x=u_{\frac{1-\alpha}{2}}.$$

故选择(C).

（二）参考题（附解答）

(A)

1. 设 $X_1,X_2,\cdots,X_9$ 是来自正态总体 X 的简单随机样本，

$$Y_1=\frac{1}{6}(X_1+\cdots+X_6),\quad Y_2=\frac{1}{3}(X_7+X_8+X_9),$$

$$S^2=\frac{1}{2}\sum_{i=7}^{9}(X_i-Y_2)^2,\quad Z=\frac{\sqrt{2}(Y_1-Y_2)}{S},$$

证明统计量 Z 服从自由度为 2 的 t 分布.

证　记 $D(X)=\sigma^2$（未知）.易见 $E(Y_1)=E(Y_2),D(Y_1)=\sigma^2/6,D(Y_2)=\sigma^2/3.$ 由于 Y_1 和 Y_2 独立，可见

$$E(Y_1-Y_2)=0,$$

$$D(Y_1-Y_2)=\frac{\sigma^2}{6}+\frac{\sigma^2}{3}=\frac{\sigma^2}{2}.$$

从而

$$U=\frac{Y_1-Y_2}{\sigma/\sqrt{2}}\sim N(0,1).$$

由正态总体样本方差的性质，知

$$\chi^2=\frac{2S^2}{\sigma^2}$$

服从自由度为 2 的 χ^2 分布.

由于 Y_1 与 Y_2,Y_1 与 S^2 独立，以及 Y_2 与 S^2 独立，可见 Y_1-Y_2 与 S^2 独立.

于是，由服从 t 分布的随机变量的结构，知

$$Z = \frac{\sqrt{2}(Y_1 - Y_2)}{S} = \frac{U}{\sqrt{\frac{\chi^2}{2}}}$$

服从自由度为 2 的 t 分布.

2. 设总体 X 服从正态分布，$\bar{X}$ 与 S^2 分别为样本均值和样本方差，又设 $X_{n+1} \sim N(\mu, \sigma^2)$ 且 X_{n+1} 与 $X_1, X_2, \cdots, X_n$ 相互独立，求统计量

$$T = \frac{X_{n+1} - \bar{X}}{S} \sqrt{\frac{n}{n+1}}$$

的分布.

解 因为 $X_{n+1} \sim N(\mu, \sigma^2)$，$\bar{X} \sim N\left(\mu, \frac{\sigma^2}{n}\right)$，所以

$$X_{n+1} - \bar{X} \sim N\left(0, \frac{n+1}{n}\sigma^2\right).$$

因此

$$\frac{X_{n+1} - \bar{X}}{\sigma\sqrt{\frac{n+1}{n}}} \sim N(0,1).$$

又因 $\frac{(n-1)S^2}{\sigma^2} \sim \chi^2(n-1)$，且 S^2 与 $X_{n+1} - \bar{X}$ 独立，故

$$T = \frac{\dfrac{X_{n+1} - \bar{X}}{\sigma\sqrt{\frac{n+1}{n}}}}{\sqrt{\dfrac{(n-1)S^2}{\sigma^2(n-1)}}} = \frac{X_{n+1} - \bar{X}}{S}\sqrt{\frac{n}{n+1}} \sim t(n-1),$$

即 T 服从自由度为 $n-1$ 的 t 分布.

3. 若随机变量 X 服从自由度为 n_1, n_2 的 F 分布，求证：

(1) $Y = \dfrac{1}{X}$ 服从自由度为 n_2, n_1 的 F 分布；

(2) $F_{1-\alpha}(n_1, n_2) = \dfrac{1}{F_\alpha(n_2, n_1)}$.

证 (1) 因 $X \sim F(n_1, n_2)$，故可设 $X = \dfrac{\frac{U}{n_1}}{\frac{V}{n_2}}$，其中 $U \sim \chi^2(n_1)$，$V \sim \chi^2(n_2)$，且 U 与 V 相互独立，于是 $\dfrac{1}{X} = \dfrac{\frac{V}{n_2}}{\frac{U}{n_1}}$，由 F 分布的定义知 $Y = \dfrac{1}{X} \sim F(n_2, n_1)$.

(2) 由上侧 α 分位数的定义知：

$$P\{X \geqslant F_{1-\alpha}(n_1, n_2)\} = 1-\alpha, \quad P\left\{\frac{1}{X} \leqslant \frac{1}{F_{1-\alpha}(n_1, n_2)}\right\} = 1-\alpha,$$

即

$$P\left\{Y \leqslant \frac{1}{F_{1-\alpha}(n_1, n_2)}\right\} = 1 - \alpha, \quad 1 - P\left\{Y > \frac{1}{F_{1-\alpha}(n_1, n_2)}\right\} = 1 - \alpha,$$

$$P\left\{Y > \frac{1}{F_{1-\alpha}(n_1, n_2)}\right\} = \alpha,$$

而 $P\{Y \geqslant F_\alpha(n_2, n_1)\} = \alpha$. 又 Y 为连续型随机变量, 故

$$P\left\{Y \geqslant \frac{1}{F_{1-\alpha}(n_1, n_2)}\right\} = \alpha.$$

从而 $F_\alpha(n_2, n_1) = \dfrac{1}{F_{1-\alpha}(n_1, n_2)}$, 即 $F_{1-\alpha}(n_1, n_2) = \dfrac{1}{F_\alpha(n_2, n_1)}$.

4. 求证: 若 $X \sim t(n)$, 则 $X^2 \sim F(1, n)$.

证 因 $X \sim t(n)$, 由 t 分布的定义, 可设 $X = \dfrac{U}{\sqrt{V/n}}$, 其中 $U \sim N(0, 1)$, $V \sim \chi^2(n)$, 且

U 与 V 独立, 于是 $U^2 \sim \chi^2(1)$, $X^2 = \dfrac{U^2}{V/n} = \dfrac{U^2/1}{V/n}$, 由 F 分布的定义知 $X^2 \sim F(1, n)$.

(B)

1. 设随机变量 $X \sim t(n)$ $(n > 1)$, $Y = \dfrac{1}{X^2}$, 则   ( )

(A) $Y \sim \chi^2(n)$ (B) $Y \sim \chi^2(n-1)$

(C) $Y \sim F(n, 1)$ (D) $Y \sim F(1, n)$

答案是: (C).

分析 本题主要考查随机变量中的"t 分布"与"F 分布".

由题设, 可知若 $X_1 \sim N(0, 1)$, $X_2 \sim \chi^2(n)$, 则

$$X = \frac{X_1}{\sqrt{X_2/n}} \sim t(n),$$

而

$$Y = \frac{1}{X^2} = \frac{X_2/n}{X_1^2},$$

这里的 $X_1^2 \sim \chi^2(1)$, 而 $X_2 \sim \chi^2(n)$, 因此

$$Y = \frac{1}{X^2} \sim F(n, 1).$$

故选择(C).

2. 设总体 X 服从正态分布 $N(\mu, \sigma^2)$ $(\sigma > 0)$, 从该总体中抽取简单随机样本 $X_1, X_2, \cdots,$ X_{2n} $(n \geqslant 2)$, 其样本均值 $\overline{X} = \dfrac{1}{2n} \displaystyle\sum_{i=1}^{2n} X_i$, 则统计量 $Y = \displaystyle\sum_{i=1}^{n} (X_i + X_{n+i} - 2\overline{X})^2$ 的数学期望

$E(Y)$ 为   ( )

(A) $2(n-1)\sigma^2$ (B) $2n\sigma^2$

(C) $(n-1)\sigma^2$ (D) $n\sigma^2$

答案是：(A).

分析 **方法1** 考虑 $(X_1+X_{n+1}),(X_2+X_{n+2}),\cdots,(X_n+X_{2n})$，将其视为取自总体 $N(2\mu,2\sigma^2)$ 的简单随机样本，则其样本均值为 $\dfrac{1}{n}\sum\limits_{i=1}^{n}(X_i+X_{n+i})=\dfrac{1}{n}\sum\limits_{i=1}^{2n}X_i=2\overline{X}$，样本方差为 $\dfrac{1}{n-1}Y$.

由于 $E\left(\dfrac{1}{n-1}Y\right)=2\sigma^2$，所以 $E(Y)=(n-1)(2\sigma^2)=2(n-1)\sigma^2$. 故选择(A).

方法2 记

$$\overline{X}'=\frac{1}{n}\sum_{i=1}^{n}X_i, \quad \overline{X}''=\frac{1}{n}\sum_{i=1}^{n}X_{n+i},$$

显然有 $2\overline{X}=\overline{X}'+\overline{X}''$，因此

$$E(Y)=E\left[\sum_{i=1}^{n}(X_i+X_{n+i}-2\overline{X})^2\right]=E\left\{\sum_{i=1}^{n}\left[(X_i-\overline{X}')+(X_{n+i}-\overline{X}'')\right]^2\right\}$$

$$=E\left\{\sum_{i=1}^{n}(X_i-\overline{X}')^2+2(X_i-\overline{X}')(X_{n+i}-\overline{X}'')+(X_{n+i}-\overline{X}'')^2\right\}$$

$$=E\left[\sum_{i=1}^{n}(X_i-\overline{X}')^2\right]+0+E\left[\sum_{i=1}^{n}(X_{n+i}-\overline{X}'')^2\right]$$

$$=(n-1)\sigma^2+(n-1)\sigma^2=2(n-1)\sigma^2.$$

故选择(A).

第6章

参数估计

（一）习题解答与分析

(A)

1. 假设总体 X 服从正态分布 $N(10,2^2)$，$X_1,\cdots,X_8$ 是取自总体 X 的一个样本，$\overline{X}$ 是样本均值，求 $P\{\overline{X}\geqslant 11\}$.

解 由题设得

$$\overline{X}\sim N(10,0.5),$$

$$P\{\overline{X}\geqslant 11\}=1-P\{\overline{X}\leqslant 11\}$$

$$=1-P\left\{\frac{\overline{X}-10}{\sqrt{0.5}}\leqslant\frac{1}{\sqrt{0.5}}\right\}$$

$$\approx 1-\Phi(1.41)$$

$$=0.079.$$

2. 为了估计灯泡使用时数的均值 μ 和标准差 σ，共测试了 10 个灯泡，得 $\overline{x}=1\,500\ \text{h}$，$S=20\ \text{h}$.如果已知灯泡使用时数是服从正态分布的，求出 μ 和 σ 的置信区间（置信度为 0.95）.

解 这是一个"未知方差估计均值"和"估计标准差"的问题.

（1）首先来估计 μ.选择样本函数为

$$t=\frac{\overline{X}-\mu}{\sqrt{\dfrac{S^2}{n}}}\sim t(n-1).$$

由置信度 $1-\alpha=0.95$，查 t 分布数值表，其中自由度为 9，并且 $P(|t|>\lambda)=0.05$，得到 $\lambda=2.262$.于是便得到 μ 的置信区间为

$$\left(\overline{X}-\lambda\sqrt{\frac{S^2}{n}},\ \overline{X}+\lambda\sqrt{\frac{S^2}{n}}\right).$$

将 $\overline{X}=1\,500, S^2=400, \lambda=2.262, n=10$ 代入后，得到 μ 的一个置信区间为

$$(1\,485.7, 1\,514.3).$$

（2）再来估计 σ. 选择样本函数为

$$W=\frac{(n-1)S^2}{\sigma^2}\sim\chi^2(n-1).$$

由置信度 $1-\alpha=0.95$, 查 χ^2 分布数值表，其中自由度为 9, 并且分别查

$$P(W>\lambda_1)=0.975, \quad P(W>\lambda_2)=0.025,$$

得到 $\qquad\qquad\qquad \lambda_1=2.70, \quad \lambda_2=19.0.$

于是便得到 σ 的置信区间为

$$\left(\sqrt{\frac{n-1}{\lambda_2}}S, \sqrt{\frac{n-1}{\lambda_1}}S\right).$$

将 $S=20, \lambda_1=2.70, \lambda_2=19.0, n=10$ 代入后，得到 σ 的一个置信区间为

$$(13.8, 36.5).$$

3. 设总体 $X\sim N(\mu, \sigma^2)$, $X_1,\cdots,X_n$ 为其一个样本. 求未知参数 μ 和 σ^2 的最大似然估计.

解 似然函数为

$$L(x_1,\cdots,x_n;\mu,\sigma^2)=\prod_{i=1}^n\frac{1}{\sqrt{2\pi\sigma^2}}\exp\left\{-\frac{1}{2\sigma^2}(x_i-\mu)^2\right\}$$

$$=\left(\frac{1}{2\pi\sigma^2}\right)^{\frac{n}{2}}\exp\left\{-\frac{1}{2\sigma^2}\sum_{i=1}^n(x_i-\mu)^2\right\}.$$

所以 $\ln L=-\frac{n}{2}(\ln 2\pi+\ln\sigma^2)-\frac{1}{2\sigma^2}\sum_{i=1}^n(x_i-\mu)^2$. 由此有

$$\begin{cases}\dfrac{\partial\ln L}{\partial\mu}=\dfrac{1}{\sigma^2}\sum_{i=1}^n(x_i-\mu)=0,\\[2mm]\dfrac{\partial\ln L}{\partial\sigma^2}=-\dfrac{n}{2}\cdot\dfrac{1}{\sigma^2}+\dfrac{1}{2\sigma^4}\sum_{i=1}^n(x_i-\mu)^2=0.\end{cases}$$

所以

$$\hat{\mu}=\overline{x}, \quad \hat{\sigma}^2=\frac{1}{n}\sum_{i=1}^n(x_i-\overline{x})^2=\widetilde{S}^2.$$

4. 假设 $X_1,\cdots,X_n$ 是来自正态总体 $N(\mu,\sigma^2)$ 的一个样本，S^2 为样本方差，求样本容量 n 的最小值，使其满足概率不等式：

$$P\left\{\frac{(n-1)S^2}{\sigma^2}\leqslant 15\right\}\geqslant 0.95.$$

解 由于

$$K=\frac{(n-1)S^2}{\sigma^2}\sim\chi^2(n-1),$$

故 $\qquad P\left\{\dfrac{(n-1)S^2}{\sigma^2}\leqslant 15\right\}=P\{K\leqslant 15\}\geqslant 0.95,$

即
$$P\{K \geqslant 15\} \leqslant 0.05.$$
查 χ^2 分布表,有 $\chi^2_{0.05}(8) = 15.51$.

因此 $n-1 \geqslant 8$,即 $n \geqslant 9$.其样本容量 n 的最小值为 9.

5. 某地某年每月因交通事故死亡的人数为 3,4,3,0,2,5,1,0,7,2,0,3.又若由统计资料知,死亡人数服从参数为 λ 的泊松分布,求 λ 的矩估计值.

解 设 X 表示死亡人数,$X_1,X_2,\cdots,X_{12}$ 为其一个样本,则
$$v_1 = E(X) = \lambda,$$
从而 $\lambda = v_1$.令 $\hat{v}_1 = \dfrac{1}{12}\sum_{i=1}^{12} x_i$,则 λ 的矩估计量为 $\hat{\lambda} = \hat{v}_1 = \dfrac{1}{12}\sum_{i=1}^{12} x_i$,将已知观测值代入,即得
$$\hat{\lambda} = \frac{1}{12}(3+4+\cdots+3) = 2.5,$$
此即为所求的矩估计值.

6. 假设新生儿体重 X(单位:g)服从正态分布 $N(\mu,\sigma^2)$,现测量 10 名新生儿体重,得数据如下:

$$
\begin{array}{lllll}
3\,100 & 3\,480 & 2\,520 & 3\,700 & 2\,520 \\
3\,200 & 2\,800 & 3\,800 & 3\,020 & 3\,260
\end{array}
$$

(1) 求参数 μ 与 σ^2 的矩估计;

(2) 求参数 σ^2 的一个无偏估计.

解 (1) 由于 μ 与 σ^2 分别是总体 X 的一阶原点矩(期望)与二阶中心矩(方差),因此它们的矩估计分别是样本的一阶原点矩与二阶中心矩,即
$$\hat{\mu} = \bar{x} = \frac{1}{10}\sum_{i=1}^{10} x_i = 3\,140,$$
$$\hat{\sigma}^2 = \frac{1}{10}\sum_{i=1}^{10}(x_i - \bar{x})^2 = 178\,320.$$

(2) 由于样本方差 S^2 是总体方差 σ^2 的无偏估计,因此 σ^2 的无偏估计可以取为 S^2,即
$$\hat{\sigma}^2 = S^2 = \frac{1}{9}\sum_{i=1}^{10}(x_i - \bar{x})^2 \approx 198\,133.$$

7. 在测量反应时间时,一位心理学家估计的标准差是 0.05 秒.为了以 0.95 的置信度使平均反应时间的估计误差不超过 0.01 秒,那么测量的样本容量 n 最少应取多大?

解 估计误差 $|\bar{X} - \mu|$ 恰好是置信区间长度的一半.由于置信度 $1-\alpha = 0.95$,所以 $\lambda = 1.96$.于是有
$$|\bar{x} - \mu| = \frac{\sigma}{\sqrt{n}}\lambda.$$
解关于 n 的不等式:
$$\frac{0.05}{\sqrt{n}} \times 1.96 \leqslant 0.01,$$

$$n \geqslant 96.04.$$

测量的样本容量 n 至少应为 97.

在本题中,由于方差 σ^2 已知,我们假设样本容量较大,因此有

$$U = (\overline{X} - \mu)\sqrt{n}/\sigma$$

近似服从标准正态分布,而 λ 满足

$$P\{|U| \geqslant \lambda\} = 0.05.$$

8. 从一大批产品的 100 件样品中,检验到 22 件次品.求次品率 p 的置信度为 0.99 的置信区间.

解 这里的 $n = 100, \bar{x} = \dfrac{22}{100} = 0.22, 1 - \alpha = 0.99, u_{\alpha/2} = 2.58$,根据 §6.5 中的公式,求得 $a \approx 106.66, b \approx -50.66, c \approx 4.84$.

所以 p 的区间估计为 $(0.1325, 0.3425)$,即有 99% 的把握认为次品率 p 在 13.25% 至 34.25% 之间.

(B)

1. 设 $X_1, \cdots, X_n$ 是正态总体 $X \sim N(\mu, \sigma^2)$ 的随机样本,若 μ, σ^2 均未知,则 μ 的 $100(1-\alpha)\%$ 的置信区间为 ( )

(A) $\left(\overline{X} - u_{\frac{\alpha}{2}}\dfrac{S}{\sqrt{n}}, \overline{X} + u_{\frac{\alpha}{2}}\dfrac{S}{\sqrt{n}}\right)$

(B) $\left(\overline{X} - t_{\frac{\alpha}{2}}(n-1)\dfrac{S}{\sqrt{n}}, \overline{X} + t_{\frac{\alpha}{2}}(n-1)\dfrac{S}{\sqrt{n}}\right)$

(C) $\left(\overline{X} - u_{\frac{\alpha}{2}}\dfrac{\sigma}{\sqrt{n}}, \overline{X} + u_{\frac{\alpha}{2}}\dfrac{\sigma}{\sqrt{n}}\right)$

(D) $\left(\overline{X} - t_{\frac{\alpha}{2}}(n)\dfrac{S}{\sqrt{n}}, \overline{X} + t_{\frac{\alpha}{2}}(n)\dfrac{S}{\sqrt{n}}\right)$

答案是:(B).

分析 这是一个未知 σ^2,估计 μ 的问题,根据有关公式可知 μ 的置信区间为

$$\left(\overline{X} - t_{\frac{\alpha}{2}}\dfrac{S}{\sqrt{n}}, \overline{X} + t_{\frac{\alpha}{2}}\dfrac{S}{\sqrt{n}}\right),$$

其中临界值 $t_{\frac{\alpha}{2}}$ 是查 $t_{\frac{\alpha}{2}}(n-1)$ 得到的.故选择(B).

2. 设 $X \sim N(\mu, \sigma^2)$ 且 σ^2 未知,对均值作区间估计,置信度为 95% 的置信区间是( ).

(A) $\left(\overline{X} - \dfrac{S}{\sqrt{n}}t_{0.025}, \overline{X} + \dfrac{S}{\sqrt{n}}t_{0.025}\right)$

(B) $\left(\overline{X} - \dfrac{\sigma}{\sqrt{n}}t_{0.025}, \overline{X} + \dfrac{\sigma}{\sqrt{n}}t_{0.025}\right)$

(C) $\left(\overline{X} - \dfrac{S}{\sqrt{n}}u_{0.025}, \overline{X} + \dfrac{S}{\sqrt{n}}u_{0.025}\right)$

(D) $\left(\overline{X}-\dfrac{\sigma}{\sqrt{n}}u_{0.025},\overline{X}+\dfrac{\sigma}{\sqrt{n}}u_{0.025}\right)$

答案是：(A).

分析　这是一个未知方差,估计 μ 的问题.由置信度知 $1-\alpha=95\%$,查 $t_{\frac{\alpha}{2}}(n-1)$ 得到 $\lambda=t_{0.025}$.故选择(A).

3. 样本 $X_1,X_2,\cdots,X_n$ 取自总体 X,且 $E(X)=\mu,D(X)=\sigma^2$,则总体方差 σ^2 的无偏估计是　　　　　　　　　　　　　　　　(　　)

(A) $\dfrac{1}{n}\sum\limits_{i=1}^{n-1}(X_i-\overline{X})^2$ 　　　　(B) $\dfrac{1}{n-1}\sum\limits_{i=1}^{n}(X_i-\overline{X})^2$

(C) $\dfrac{1}{n-1}\sum\limits_{i=1}^{n-1}(X_i-\overline{X})^2$ 　　　(D) $\dfrac{1}{n}\sum\limits_{i=1}^{n}(X_i-\overline{X})^2$

答案是：(B).

分析　由于

$$E\left(\dfrac{1}{n-1}\sum\limits_{i=1}^{n}(X_i-\overline{X})^2\right)=E(\sigma^2),$$

故选择(B).

4. 假设总体 X 服从区间 $[0,\theta]$ 上的均匀分布,$X_1,\cdots,X_n$ 是取自总体 X 的一个样本.则未知参数 θ 的最大似然估计量 $\hat{\theta}$ 为　　　　　　　　　(　　)

(A) $\hat{\theta}=2\overline{X}$ 　　　　　　(B) $\hat{\theta}=\max\{X_1,\cdots,X_n\}$

(C) $\hat{\theta}=\min\{X_1,\cdots,X_n\}$ 　　(D) $\hat{\theta}$ 不存在

答案是：(B).

分析　似然函数 L 为

$$L=\begin{cases}\prod\limits_{i=1}^{n}\dfrac{1}{\theta}, & 0\leqslant X_i\leqslant\theta,i=1,2,\cdots,n\\ 0, & \text{其他}\end{cases}$$

$$=\begin{cases}\dfrac{1}{\theta^n}, & 0\leqslant\max\limits_{1\leqslant i\leqslant n}X_i\leqslant\theta,\\ 0, & \text{其他}.\end{cases}$$

可知 θ 的最大似然估计量 $\hat{\theta}$ 应该是 $\max\{X_1,\cdots,X_n\}$.故选择(B).

（二）参考题（附解答）

(A)

1. 设总体 X 的概率密度为

$$p(x;\lambda)=\begin{cases}\lambda ax^{a-1}\mathrm{e}^{-\lambda x^a}, & x>0,\\ 0, & x\leqslant 0,\end{cases}$$

其中 $\lambda>0$ 是未知参数,$a>0$ 是已知常数.试根据来自总体 X 的简单随机样本 $X_1,X_2,\cdots,$ X_n,求 λ 的最大似然估计量 $\hat{\lambda}$.

解 由于 $X_1,X_2,\cdots,X_n$ 是来自总体 X 的简单随机样本,故它们是独立同分布的,且与总体 X 的分布相同,因此 X_i 的概率密度为 $p(x_i;\lambda)$,$i=1,2,\cdots,n$,则似然函数为

$$L(x_1,x_2,\cdots,x_n;\lambda)=\prod_{i=1}^{n}p(x_i;\lambda).$$

然后利用导数方法求出使 L 达到最大值的 λ 的估计量,它是 $x_1,x_2,\cdots,x_n$ 的函数.似然函数为

$$L(x_1,x_2,\cdots,x_n;\lambda)=(\lambda a)^n\exp\left(-\sum_{i=1}^{n}\lambda x_i^a\right)\prod_{i=1}^{n}x_i^{a-1}.$$

由对数似然方程

$$\frac{\partial \ln L}{\partial \lambda}=\frac{n}{\lambda}-\sum_{i=1}^{n}x_i^a=0,$$

得 λ 的最大似然估计量

$$\hat{\lambda}=\frac{n}{\sum_{i=1}^{n}X_i^a}.$$

2. 设总体 X 的概率密度为

$$p(x)=\begin{cases}\dfrac{6x}{\theta^3}(\theta-x), & 0<x<\theta,\\ 0, & \text{其他.}\end{cases}$$

$X_1,X_2,\cdots,X_n$ 是取自总体 X 的简单随机样本.

（1）求 θ 的矩估计量 $\hat{\theta}$;

（2）求 $\hat{\theta}$ 的方差 $D(\hat{\theta})$.

解 只需先计算出 $E(X)$,令 $E(X)=\overline{X}$,即可得到矩估计量 $\hat{\theta}$;求方差 $D(X)$ 一般利用公式 $D(X)=E(X^2)-(E(X))^2$.

（1）$E(X)=\int_{-\infty}^{+\infty}xp(x)\mathrm{d}x=\int_{0}^{\theta}\frac{6x^2}{\theta^3}(\theta-x)\mathrm{d}x=\frac{\theta}{2}.$

记 $\overline{X}=\dfrac{1}{n}\sum_{i=1}^{n}X_i$,令 $\dfrac{\theta}{2}=\overline{X}$,得 θ 的矩估计量为

$$\hat{\theta}=2\overline{X}.$$

（2）由于

$$E(X^2)=\int_{-\infty}^{+\infty}x^2p(x)\mathrm{d}x=\int_{0}^{\theta}\frac{6x^3}{\theta^3}(\theta-x)\mathrm{d}x=\frac{3\theta^2}{10},$$

$$D(X)=E(X^2)-[E(X)]^2=\frac{6\theta^2}{20}-\left(\frac{\theta}{2}\right)^2=\frac{\theta^2}{20},$$

所以 $\hat{\theta}=2\overline{X}$ 的方差为

$$D(\hat{\theta})=D(2\overline{X})=4D(\overline{X})=\frac{4}{n}D(X)=\frac{\theta^2}{5n}.$$

3. 设某种元素的使用寿命 X 的概率密度为

$$p(x;0) = \begin{cases} 2e^{-2(x-\theta)}, & x > \theta, \\ 0, & x \leqslant \theta. \end{cases}$$

其中 $\theta > 0$ 为未知参数,又设 $x_1, x_2, \cdots, x_n$ 是 X 的一组样本观测值,求参数 θ 的最大似然估计值.

解 由题设知,似然函数为

$$L(\theta) = L(x_1, x_2, \cdots, x_n; \theta) = \begin{cases} 2^n e^{-2\sum\limits_{i=1}^{n}(x_i-\theta)}, & x_i > \theta(i=1,2,\cdots,n), \\ 0, & \text{其他}. \end{cases}$$

当 $x_i > \theta(i=1,2,\cdots,n)$ 时,$L(\theta) > 0$,取对数,得

$$\ln L(\theta) = n\ln 2 - 2\sum_{i=1}^{n}(x_i - \theta).$$

因为 $\dfrac{d\ln L(\theta)}{d\theta} = 2n > 0$,所以 $L(\theta)$ 单调增加,注意到 θ 必须满足 $\theta < x_i(i=1,2,\cdots,n)$. 因此当 θ 取 $x_1, x_2, \cdots, x_n$ 中的最小值时,$L(\theta)$ 取最大值,所以 θ 的最大似然估计值为

$$\hat{\theta} = \min(x_1, x_2, \cdots, x_n).$$

4. 假设 $0.50, 1.25, 0.80, 2.00$ 是来自总体 X 的简单随机样本值.已知 $Y = \ln X$ 服从正态分布 $N(\mu, 1)$.

(1) 求 X 的数学期望 $E(X)$(记 $E(X)$ 为 b);

(2) 求 μ 的置信度为 0.95 的置信区间;

(3) 利用上述结果求 b 的置信度为 0.95 的置信区间.

解 (1) 由题设知,Y 的概率密度为

$$p(y) = \frac{1}{\sqrt{2\pi}} e^{-\frac{(y-\mu)^2}{2}}, \quad -\infty < y < +\infty.$$

又 $X = e^Y$,于是由函数型的数学期望公式,有

$$b = E(X) = E(e^Y) = \frac{1}{\sqrt{2\pi}} \int_{-\infty}^{+\infty} e^y e^{-\frac{(y-\mu)^2}{2}} dy$$

$$= \frac{1}{\sqrt{2\pi}} \int_{-\infty}^{+\infty} e^{t+\mu} e^{\frac{-t^2}{2}} dt = e^{\mu+\frac{1}{2}} \int_{-\infty}^{+\infty} \frac{1}{\sqrt{2\pi}} e^{-\frac{(t-1)^2}{2}} dt = e^{\mu+\frac{1}{2}}.$$

(2) 当置信度 $1-\alpha = 0.95$ 时,$\alpha = 0.05$,标准正态分布的显著性水平为 $\alpha = 0.05$ 的分位数等于 1.96. 故由 $\overline{Y} \sim N\left(\mu, \dfrac{1}{4}\right)$,可得

$$P\left\{\overline{Y} - 1.96 \times \frac{1}{\sqrt{4}} < \mu < \overline{Y} + 1.96 \times \frac{1}{\sqrt{4}}\right\} = 0.95,$$

其中

$$\overline{Y} = \frac{1}{4}(\ln 0.5 + \ln 0.8 + \ln 1.25 + \ln 2) = \frac{1}{4}\ln 1 = 0.$$

于是,有
$$P\{-0.98<\mu<0.98\}=0.95,$$
从而$(-0.98,0.98)$就是μ的置信度为0.95的置信区间.

（3）由e^x的严格递增性,可见
$$0.95=P\left\{-0.48<\mu+\frac{1}{2}<1.48\right\}=P\{e^{-0.48}<e^{\mu+1/2}<e^{1.48}\},$$
因此b的置信度为0.95的置信区间为$(e^{-0.48},e^{1.48})$.

5. 设$X_1,X_2,\cdots,X_n$是取自总体X的一个简单随机样本,X的概率密度为
$$p(x)=\begin{cases}-\theta^x\ln\theta, & x\geqslant0,\\ 0, & x<0,\end{cases}\quad 0<\theta<1.$$

（1）求未知参数θ的矩估计量；

（2）若样本容量$n=400$,置信度为0.95,求θ的置信区间.

解 （1）要求θ的矩估计量,首先应确定被估参数θ与总体X的矩之间的关系.记$\mu=E(X)$,则
$$\mu=\int_{-\infty}^{+\infty}xp(x)\mathrm{d}x=\int_0^{+\infty}-x\theta^x\ln\theta\,\mathrm{d}x=-\int_0^{+\infty}x\mathrm{d}(\theta^x)$$
$$=-x\theta^x\Big|_0^{+\infty}+\int_0^{+\infty}\theta^x\mathrm{d}x=\frac{\theta^x}{\ln\theta}\Big|_0^{+\infty}=-\frac{1}{\ln\theta}$$
$$\Rightarrow\mu=-\frac{1}{\ln\theta}\Rightarrow\ln\theta=-\frac{1}{\mu}\Rightarrow\theta=e^{-\frac{1}{\mu}}.$$

θ的矩估计量为$\hat{\theta}=e^{-\frac{1}{\bar{X}}}$,其中$\bar{X}=\frac{1}{n}\sum_{i=1}^n X_i$.

（2）尽管总体X不是正态总体,但是由于样本容量$n=400$属于大样本,因此,$U=\frac{\bar{X}-\mu}{S}\sqrt{n}$也近似服从标准正态分布,即总体$X$的期望值$\mu$的置信区间公式仍是
$$I=\left(\bar{X}-\frac{S}{\sqrt{n}}u_{\frac{\alpha}{2}},\ \bar{X}+\frac{S}{\sqrt{n}}u_{\frac{\alpha}{2}}\right),$$
其中$u_{\frac{\alpha}{2}}$满足$P\{|U|<u_{\frac{\alpha}{2}}\}=1-\alpha$,由于$1-\alpha=0.95$,因此$u_{\frac{\alpha}{2}}=1.96$,而$S$是样本标准差
$$\sqrt{\frac{1}{n-1}\sum_{i=1}^n(X_i-\bar{X})^2}.$$

注意到$\theta=e^{-\frac{1}{\mu}}$是$\mu$的严格递增函数,$n=400,u_{\frac{\alpha}{2}}=1.96$,因此$\theta$的置信区间为
$$\left(e^{-\frac{1}{\bar{X}-0.098S}},\ e^{-\frac{1}{\bar{X}+0.098S}}\right).$$

6. 假设总体X的概率密度为
$$p_1(x)=\begin{cases}\dfrac{1}{\sqrt{2\pi}x}e^{-\frac{(\ln x-u)^2}{2}}, & x>0,\\ 0, & x\leqslant0.\end{cases}$$

$X_1,X_2,\cdots,X_n$是从总体X中取出的一个简单随机样本.

(1) 求参数 μ 的最大似然估计量 $\hat{\mu}$;

(2) 验证 $\hat{\mu}$ 是 μ 的无偏估计量.

解　(1) 记样本的似然函数为 $L(\mu)$,则

$$L(\mu) = L(x_1, x_2, \cdots, x_n; \mu)$$

$$= \begin{cases} \prod\limits_{i=1}^{n} \dfrac{1}{\sqrt{2\pi} x_i} \mathrm{e}^{-\frac{1}{2}(\ln x_i - \mu)^2}, & x_i > 0 \ (i=1,2,\cdots,n), \\ 0, & \text{其他}. \end{cases}$$

当 $x_i > 0 (i=1,2,\cdots,n)$ 时,对 $L(\mu)$ 取对数,得

$$\ln L(\mu) = \ln\left(\frac{1}{\sqrt{2\pi}}\right)^n + \ln \frac{1}{\prod\limits_{i=1}^{n} x_i} - \frac{1}{2} \sum_{i=1}^{n} (\ln x_i - \mu)^2,$$

$$\frac{\mathrm{d}\ln L(\mu)}{\mathrm{d}\mu} = \sum_{i=1}^{n} (\ln x_i - \mu).$$

令 $(\ln L)'_\mu = 0$,得驻点 $\hat{\mu} = \dfrac{1}{n} \sum\limits_{i=1}^{n} \ln x_i$,不难验证 $\hat{\mu}$ 就是 $L(\mu)$ 的最大值点,因此 μ 的最大似然估计量为

$$\hat{\mu} = \frac{1}{n} \sum_{i=1}^{n} \ln X_i.$$

(2) 首先求 $\ln X$ 的分布.

$$P\{\ln X \leqslant x\} = P\{X \leqslant \mathrm{e}^x\} = \int_0^{\mathrm{e}^x} \frac{1}{\sqrt{2\pi} t} \mathrm{e}^{-\frac{1}{2}(\ln t - \mu)^2} \mathrm{d}t$$

$$\xup13{令 s = \ln t} \int_{-\infty}^{x} \frac{1}{\sqrt{2\pi}} \mathrm{e}^{-\frac{1}{2}(s - \mu)^2} \mathrm{d}s$$

$$\xup13{\triangle} \int_{-\infty}^{x} p_2(s) \mathrm{d}s.$$

由于被积函数 $p_2(s)$ 恰是正态分布 $N(\mu, 1)$ 的概率密度,因此随机变量 $\ln X$ 服从正态分布 $N(\mu, 1)$,即 $E(\ln X) = \mu$. $E(\hat{\mu}) = E\left(\dfrac{1}{n} \sum\limits_{i=1}^{n} \ln X_i\right) = \dfrac{1}{n} \sum\limits_{i=1}^{n} E(\ln X_i) = \mu$,即 $\hat{\mu}$ 是 μ 的无偏估计量.

注意　① 验证估计量的无偏性,就是验证作为随机变量的估计量 $\hat{\mu}$ 的期望值与被估计的 μ 相等,这往往涉及样本函数的分布问题.在求样本函数的分布时,一方面要注意每个题目的具体条件,如本题中总体 X 服从参数为 μ 和 1 的对数正态分布,其函数 $\ln X$ 就服从正态分布 $N(\mu, 1)$;另一方面要充分应用简单随机样本的性质,即构成样本 $X_1, \cdots, X_n$ 的 n 个随机变量相互独立且与总体 X 同分布.

② 直接应用求连续型随机变量单调函数的概率密度公式,亦可求出 $\ln X \sim N(\mu, 1)$.

7. 设总体 X 的概率函数为 $P\{X = m\} = \dfrac{-1}{\ln(1-\theta)} \dfrac{\theta^m}{m} (m=1,2,\cdots; 0 < \theta < 1)$. X_1 , $X_2, \cdots, X_n$ 是取自总体 X 的一个简单随机样本,求参数 θ 的矩估计量.

分析 首先应明确被估参数 θ 与总体 X 的矩之间的关系，为此应先求 X 的期望 $E(X)$. 但是计算可知 θ 与 $E(X)$ 的关系较复杂，因此需再求 X 的二阶矩.

解
$$E(X) = \sum_{m=1}^{\infty} mP\{X=m\} = \frac{-1}{\ln(1-\theta)} \sum_{m=1}^{\infty} m\frac{\theta^m}{m} = -\frac{1}{\ln(1-\theta)} \cdot \frac{\theta}{1-\theta},$$

$$E(X^2) = \sum_{m=1}^{\infty} m^2 P\{X=m\} = \frac{-1}{\ln(1-\theta)} \sum_{m=1}^{\infty} m\theta^m = \frac{-\theta}{\ln(1-\theta)} \sum_{m=1}^{\infty} (\theta^m)'$$

$$= \frac{-\theta}{\ln(1-\theta)} \left(\sum_{m=1}^{\infty} \theta^m\right)' = \frac{-\theta}{\ln(1-\theta)} \left(\frac{\theta}{1-\theta}\right)'$$

$$= \frac{-\theta}{(1-\theta)^2 \ln(1-\theta)},$$

$$\frac{E(X)}{E(X^2)} = \frac{-\dfrac{\theta}{(1-\theta)\ln(1-\theta)}}{-\dfrac{\theta}{(1-\theta)^2 \ln(1-\theta)}} = 1-\theta,$$

$$\Rightarrow \theta = 1 - \frac{E(X)}{E(X^2)}.$$

因此 θ 的矩估计为 $\hat{\theta} = 1 - \dfrac{n\overline{X}}{\displaystyle\sum_{i=1}^{n} X_i^2}$.

注意 求矩估计的关键是要将被估参数写成总体矩（原点矩或中心矩的函数）的函数.

8. 假设总体 X 在 $\left[\theta-\dfrac{1}{2}, \theta+\dfrac{1}{2}\right]$ 上服从均匀分布，$X_1, X_2, \cdots, X_n$ 是来自总体 X 的一个简单随机样本. 记 $\hat{\theta}_{(1)} = \min_{1\leq i\leq n} X_i$，$\hat{\theta}_{(n)} = \max_{1\leq i\leq n} X_i$，

(1) 求 α，使 $\hat{\theta} = \alpha\hat{\theta}_{(1)} + (1-\alpha)\hat{\theta}_{(n)}$ 为 θ 的无偏估计；

(2) 计算极限 $\lim_{n\to\infty} E(\hat{\theta}_{(n)} - \theta)^2$.

解 已知总体 X 的概率密度函数为 $p(x) = \begin{cases} 1, & \theta-\dfrac{1}{2} \leq x \leq \theta+\dfrac{1}{2}, \\ 0, & \text{其他.} \end{cases}$ 分布函数为

$$F(x) = \int_{-\infty}^{x} p(t)\mathrm{d}t = \begin{cases} 0, & x < \theta-\dfrac{1}{2}, \\ x-\theta+\dfrac{1}{2}, & \theta-\dfrac{1}{2} \leq x \leq \theta+\dfrac{1}{2}, \\ 1, & x > \theta+\dfrac{1}{2}. \end{cases}$$

依题意，α 应使 $E(\hat{\theta}) = \alpha E(\hat{\theta}_{(1)}) + (1-\alpha)E(\hat{\theta}_{(n)}) = \theta$. 而 $E[(\hat{\theta}_{(n)} - \theta)^2] = E(\hat{\theta}_{(n)}^2) - 2\theta E(\hat{\theta}_{(n)}) + \theta^2$. 因此，必须计算 $E(\hat{\theta}_{(1)})$、$E(\hat{\theta}_{(n)})$、$E(\hat{\theta}_{(n)}^2)$. 为此需先求出 $\hat{\theta}_{(1)}$ 和 $\hat{\theta}_{(n)}$ 的分布，由于

$$P\{\hat{\theta}_{(1)} \leq y\} = P\{\min_{1\leq i\leq n} X_i \leq y\} = 1 - P\{\min_{1\leq i\leq n} X_i > y\}$$

$$= 1 - \prod_{i=1}^{n} P\{X_i > y\} = 1 - (1 - F(y))^n$$

$$= \begin{cases} 0, & y < \theta - \dfrac{1}{2}, \\ 1 - \left(\dfrac{1}{2} + \theta - y\right)^n, & \theta - \dfrac{1}{2} \leqslant y \leqslant \theta + \dfrac{1}{2}, \\ 1, & y > \theta + \dfrac{1}{2}, \end{cases}$$

所以,$\hat{\theta}_{(1)}$ 的概率密度函数为

$$p_1(y) = \begin{cases} n\left(\dfrac{1}{2} + \theta - y\right)^{n-1}, & \theta - \dfrac{1}{2} \leqslant y \leqslant \theta + \dfrac{1}{2}, \\ 0, & \text{其他.} \end{cases}$$

同理,由

$$P\{\hat{\theta}_{(n)} \leqslant y\} = P\{\max_{1 \leqslant i \leqslant n} X_i \leqslant y\} = \prod_{i=1}^{n} P\{X_i \leqslant y\}$$

$$= F^n(y) = \begin{cases} 0, & y < \theta - \dfrac{1}{2}, \\ \left(y - \theta + \dfrac{1}{2}\right)^n, & \theta - \dfrac{1}{2} \leqslant y \leqslant \theta + \dfrac{1}{2}, \\ 1, & y > \theta + \dfrac{1}{2}, \end{cases}$$

可得 $\hat{\theta}_{(n)}$ 的概率密度函数为

$$p_2(y) = \begin{cases} n\left(y - \theta + \dfrac{1}{2}\right)^{n-1}, & \theta - \dfrac{1}{2} \leqslant y \leqslant \theta + \dfrac{1}{2}, \\ 0, & \text{其他.} \end{cases}$$

故有

$$E(\hat{\theta}_{(1)}) = \int_{\theta - \frac{1}{2}}^{\theta + \frac{1}{2}} ny\left(\dfrac{1}{2} + \theta - y\right)^{n-1} \mathrm{d}y$$

$$\xrightarrow[\quad\quad]{\diamondsuit u = \frac{1}{2} + \theta - y} n\int_0^1 \left(\dfrac{1}{2} + \theta - u\right) u^{n-1} \mathrm{d}u = \dfrac{1}{2} + \theta - \dfrac{n}{n+1}.$$

$$E(\hat{\theta}_{(n)}) = n\int_{\theta - \frac{1}{2}}^{\theta + \frac{1}{2}} y\left(y - \theta + \dfrac{1}{2}\right)^{n-1} \mathrm{d}y$$

$$\xrightarrow[\quad\quad]{\diamondsuit u = y - \theta + \frac{1}{2}} n\int_0^1 \left(u + \theta - \dfrac{1}{2}\right) u^{n-1} \mathrm{d}u$$

$$= \dfrac{n}{n+1} + \theta - \dfrac{1}{2}.$$

$$E[\hat{\theta}_{(n)}^2] = n\int_{\theta-\frac{1}{2}}^{\theta+\frac{1}{2}} y^2 \left(y - \theta + \frac{1}{2}\right)^{n-1} \mathrm{d}y$$

$$\xrightarrow{\diamondsuit u = y - \theta + \frac{1}{2}} n\int_0^1 \left(u + \theta - \frac{1}{2}\right)^2 u^{n-1} \mathrm{d}u$$

$$= \frac{n}{n+2} + \frac{2n}{n+1}\left(\theta - \frac{1}{2}\right) + \left(\theta - \frac{1}{2}\right)^2.$$

因此，α 应使

$$\alpha\left(\frac{1}{2} + \theta - \frac{n}{n+1}\right) + (1-\alpha)\left(\frac{n}{n+1} + \theta - \frac{1}{2}\right) = \theta,$$

即

$$2\alpha(1-n) + (n-1) = (2\alpha-1)(1-n) = 0,$$

$$\alpha = \frac{1}{2}.$$

又

$$E[(\hat{\theta}_{(n)} - \theta)^2] = E(\theta_{(n)}^2) - 2\theta E(\hat{\theta}_{(n)}) + \theta^2$$

$$= \frac{n}{n+2} + \frac{2n}{n+1}\left(\theta - \frac{1}{2}\right) + \left(\theta - \frac{1}{2}\right)^2 - 2\theta\left(\frac{n}{n+1} + \theta - \frac{1}{2}\right) + \theta^2$$

$$= \frac{n}{n+2} - \frac{n}{n+1} + \frac{1}{4} \longrightarrow \frac{1}{4} \quad (n \to \infty),$$

故

$$\lim_{n\to\infty} E[(\hat{\theta}_{(n)} - \theta)^2] = \frac{1}{4}.$$

注意 本题仅需求出各统计量的概率密度函数即可得到问题的全部解答.

9. 设随机变量 $X \sim N(\mu, 8)$，μ 未知，$X_1, X_2, \cdots, X_{36}$ 是取自 X 的一个简单随机样本，如果以区间 $(\overline{X}-1, \overline{X}+1)$ 作为 μ 的置信区间，那么置信度是多少？$\left(\overline{X} = \frac{1}{36}\sum_{i=1}^{36} X_i\right)$

分析 令

$$U = \frac{\overline{X} - \mu}{\sigma/\sqrt{n}}, \quad \text{则 } U \sim N(0,1).$$

设置信度为 $1-\alpha$，则置信区间为

$$I = \left(\overline{X} - \frac{\sigma}{\sqrt{n}}u_{\frac{\alpha}{2}}, \overline{X} + \frac{\sigma}{\sqrt{n}}u_{\frac{\alpha}{2}}\right),$$

其中 $u_{\frac{\alpha}{2}}$ 满足 $P\{|U| < u_{\frac{\alpha}{2}}\} = 1-\alpha$，即 $1-\alpha = 2\Phi(u_{\frac{\alpha}{2}}) - 1$.

由此可见，只要求出 $u_{\frac{\alpha}{2}}$ 的值，置信度 $1-\alpha$ 就不难得到.

解 依题意，置信区间的长度为 2，因此 $U_{\frac{\alpha}{2}}$ 满足方程

$$2\frac{\sigma}{\sqrt{n}}u_{\frac{\alpha}{2}} = 2,$$

即
$$2 \cdot \frac{\sqrt{8}}{\sqrt{36}} u_{\frac{\alpha}{2}} = 2,$$

亦即
$$u_{\frac{\alpha}{2}} = 1.5\sqrt{2} \approx 2.12.$$

于是
$$1 - \alpha = 2\Phi(2.12) - 1 = 96.6\%.$$

因此以 $(\overline{X} - 1, \overline{X} + 1)$ 作为 μ 的置信区间,其置信度为 96.6%.

注意 区间估计中首先应确定估计使用的统计量,这与被估计的正态总体中 μ 与 σ^2 是否已知有关.在确定了估计公式后,再据题意求解所需的量就不难了.比如本题中,若已知 $\overline{X}, n, \sigma, \alpha$,则可以直接用估计公式求出置信区间;若已知 n, σ, α,则可以求出置信区间的长度;若已知置信区间的长度、置信度及 σ,则可确定最小样本容量;若已知置信区间长度及 σ, n,则可以求出置信度 $1 - \alpha$ 等.

10. 设总体 X 服从 $[0, \theta]$ 上的均匀分布,$X_1, \cdots, X_n$ 是取自总体 X 的一个简单随机样本,求:

(1) θ 的最大似然估计 $\hat{\theta}$;

(2) $\hat{\theta}$ 是否为 θ 的无偏估计量.

解 (1) 似然函数
$$L = \begin{cases} \dfrac{1}{\theta^n}, & 0 \leqslant X_i \leqslant \theta, i = 1, 2, \cdots, n \\ 0, & \text{其他} \end{cases}$$
$$= \begin{cases} \dfrac{1}{\theta^n}, & 0 \leqslant \max\limits_{1 \leqslant i \leqslant n} X_i \leqslant \theta, \\ 0, & \text{其他}. \end{cases}$$

由于函数 L 在 $\theta = \max\limits_{1 \leqslant i \leqslant n} X_i$ 处间断,当 $\theta < \max\limits_{1 \leqslant i \leqslant n} X_i$ 时函数 $L = 0$,当 $\theta \geqslant \max\limits_{1 \leqslant i \leqslant n} X_i$ 时 $L = \dfrac{1}{\theta^n} > 0$,因此当 $\theta = \max\limits_{1 \leqslant i \leqslant n} X_i$ 时 L 达到最大值,于是 θ 的最大似然估计量为
$$\hat{\theta} = \max\limits_{1 \leqslant i \leqslant n} X_i.$$

(2) 为求 $\hat{\theta}$ 的期望值,先求 $\hat{\theta}$ 的分布.

由于总体 X 服从 $[0, \theta]$ 上的均匀分布,因此 $X_i (i = 1, \cdots, n)$ 也服从 $[0, \theta]$ 上的均匀分布.其分布函数为
$$F_X(x) = \begin{cases} 0, & x < 0, \\ \dfrac{x}{\theta}, & 0 \leqslant x \leqslant \theta, \\ 1, & x > \theta. \end{cases}$$

概率密度为
$$p_X(x) = \begin{cases} \dfrac{1}{\theta}, & 0 \leqslant x \leqslant \theta, \\ 0, & x < 0. \end{cases}$$

记 $\hat{\theta}$ 的分布函数为 $G(x)$，概率密度函数为 $p(x)$，则

当 $x < 0$ 时，$G(x) = 0$；

当 $x > \theta$ 时，$G(x) = 1$；

当 $0 \leqslant x \leqslant \theta$ 时，

$$G(x) = P\{\hat{\theta} \leqslant x\} = P\{\max_{1 \leqslant i \leqslant n} X_i \leqslant x\} = P\{\bigcap_{i=1}^{n} (X_i \leqslant x)\}.$$

由于 $X_1, \cdots, X_n$ 相互独立，于是有

$$G(x) = \prod_{i=1}^{n} P\{X_i \leqslant x\} = [F_X(x)]^n = \left(\frac{x}{\theta}\right)^n,$$

$$p(x) = G'(x) = \begin{cases} \dfrac{nx^{n-1}}{\theta^n}, & 0 \leqslant x \leqslant \theta, \\ 0, & \text{其他}, \end{cases}$$

$$E(\hat{\theta}) = \int_{-\infty}^{+\infty} xp(x)\mathrm{d}x = \int_0^{\theta} \frac{nx^n}{\theta^n}\mathrm{d}x = \frac{n}{n+1}\theta.$$

计算看出 $\hat{\theta}$ 不是参数 θ 的无偏估计量.

注意 求总体参数的最大似然估计量是求似然函数 L 的最值.最值问题在微积分中早有论述，就是考察 L 的驻点及一阶导数不存在的点.本题中 L 的极值恰在函数的间断点处达到.这是与正态分布、指数分布、泊松分布等许多分布的不同之处.计算 $E(\hat{\theta})$ 涉及求 $\max_{1 \leqslant i \leqslant n} X_i$ 的分布，一般说来，凡是涉及最大、最小等事件，往往将它们转化为与之等价的下列事件，即

$$\{\max_{1 \leqslant i \leqslant n} X_i \leqslant x\} = \{X_1 \leqslant x, X_2 \leqslant x, \cdots, X_n \leqslant x\} = \bigcap_{i=1}^{n} \{X_i \leqslant x\},$$

$$\{\min_{1 \leqslant i \leqslant n} X_i \leqslant x\} = \overline{\{\min X_i > x\}} = \overline{\bigcap_{i=1}^{n} \{X_i > x\}}.$$

当 $X_1, \cdots, X_n$ 相互独立时，有：

$$P\{\max_{1 \leqslant i \leqslant n} X_i \leqslant x\} = \prod_{i=1}^{n} P\{X_i \leqslant x\},$$

$$P\{\min_{1 \leqslant i \leqslant n} X_i \leqslant x\} = 1 - \prod_{i=1}^{n} P\{X_i > x\}.$$

11. 设 $X_1, X_2, \cdots, X_n$ 是来自正态总体 $N(\theta, \theta)$ 的一个样本，求 θ 的最大似然估计 $(\theta > 0)$.

解 $p(x, \theta) = \dfrac{1}{\sqrt{2\pi\theta}} \mathrm{e}^{-\frac{(x-\theta)^2}{2\theta}} \ (\theta > 0).$

似然函数

$$L(x_1, \cdots, x_n; \theta) = (2\pi\theta)^{-\frac{n}{2}} \mathrm{e}^{-\frac{1}{2\theta}\sum\limits_{i=1}^{n}(x_i-\theta)^2},$$

$$\ln L(x_1, \cdots, x_n; \theta) = -\frac{n}{2}\ln 2\pi - \frac{n}{2}\ln\theta - \frac{1}{2\theta}\sum_{i=1}^{n}(x_i - \theta)^2,$$

$$\frac{\mathrm{d}\ln L}{\mathrm{d}\theta} = -\frac{n}{2\theta} + \frac{1}{2\theta^2}\sum_{i=1}^{n}(x_i-\theta)^2 + \frac{2}{2\theta}\sum_{i=1}^{n}(x_i-\theta) = 0,$$

整理得

$$\sum_{i=1}^{n}(x_i-\theta)^2 + 2\theta\sum_{i=1}^{n}(x_i-\theta) - n\theta = 0,$$

即

$$\sum_{i=1}^{n}x_i^2 - 2n\bar{x}\theta + n\theta^2 + 2n\bar{x}\theta - 2n\theta^2 - n\theta = 0,$$

亦即

$$\theta^2 + \theta - \frac{1}{n}\sum_{i=1}^{n}x_i^2 = 0.$$

解得

$$\theta = \frac{-1+\sqrt{1+\dfrac{4}{n}\sum_{i=1}^{n}x_i^2}}{2} = -\frac{1}{2} + \sqrt{\frac{1}{4} + \frac{1}{n}\sum_{i=1}^{n}x_i^2}.$$

所以

$$\hat{\theta} = \sqrt{\frac{1}{n}\sum_{i=1}^{n}X_i^2 + \frac{1}{4}} - \frac{1}{2}.$$

注意　此题的期望与方差都用参数 θ 表示,当用求根公式解方程 $\theta^2 + \theta - \dfrac{1}{n}\sum_{i=1}^{n}X_i^2 = 0$ 时,只能取正号,不能取负号,否则就会出现 $\hat{\theta}<0$,与 $\theta>0$ 矛盾.

12. 从正态总体 $N(3.4,6^2)$ 中抽取容量为 n 的样本,如果要求其样本均值位于区间 $(1.4,5.4)$ 内的概率不小于 0.95,问样本容量 n 至少应取多大?

附表

z	1.28	1.645	1.96	2.33
$\Phi(z)$	0.900	0.950	0.975	0.990

注:$\Phi(z) = \displaystyle\int_{-\infty}^{z}\frac{1}{\sqrt{2\pi}}\mathrm{e}^{-\frac{t^2}{2}}\mathrm{d}t.$

解　以 $\bar{x}$ 表示该样本均值,则 $\dfrac{\bar{x}-3.4}{6}\sqrt{n}\sim N(0,1)$. 从而有

$$P\{1.4<\bar{x}<5.4\} = P\{-2<\bar{x}-3.4<2\},$$

$$P\{|\bar{x}-3.4|<2\} = P\left\{\frac{|\bar{x}-3.4|}{6}\sqrt{n}<\frac{2\sqrt{n}}{6}\right\} = 2\Phi\left(\frac{\sqrt{n}}{3}\right)-1 \geqslant 0.95,$$

故 $\Phi\left(\dfrac{\sqrt{n}}{3}\right) \geqslant 0.975$.由此得 $\dfrac{\sqrt{n}}{3} \geqslant 1.96$,即

$$n \geqslant (1.96\times3)^2 \approx 34.57,$$

所以 n 至少应取 35.

13. 设 $\hat{\theta}$ 是参数 θ 的无偏估计量,且 $D(\hat{\theta})>0$.证明:$\hat{\theta}^2$ 不是 θ^2 的无偏估计量.

证　由公式 $E(X^2)=D(X)+(E(X))^2$,有

$$E(\hat{\theta}^2)=D(\hat{\theta})+(E(\hat{\theta}))^2=D(\hat{\theta})+\theta^2>\theta^2.$$

因此 $\hat{\theta}^2$ 不是 θ^2 的无偏估计量.

14. 设随机变量 $X_1,X_2,\cdots,X_n$ 是来自正态分布 $N(\mu,\sigma^2)$ 的一个样本,适当选择常数

c，使 $c\sum\limits_{i=1}^{n-1}(X_{i+1}-X_i)^2$ 为 σ^2 的无偏估计.

解 **方法1** 由于

$$\sigma^2 = E\Big[c\sum_{i=1}^{n-1}(X_{i+1}-X_i)^2\Big] = c\sum_{i=1}^{n-1}E(X_{i+1}^2 - 2X_{i+1}X_i + X_i^2)$$

$$= c\sum_{i=1}^{n-1}\big[E(X_{i+1}^2) - 2E(X_{i+1}X_i) + E(X_i^2)\big]$$

$$= c\sum_{i=1}^{n-1}2\big[E(X^2) - (E(X))^2\big] = 2c(n-1)\sigma^2,$$

因此 $c = \dfrac{1}{2(n-1)}$.

方法2 令 $Y = X_{i+1} - X_i$，则 $Y \sim N(0, 2\sigma^2)$.由于

$$E\Big(c\sum_{i=1}^{n-1}Y^2\Big) = c\sum_{i=1}^{n-1}E(Y^2) = c(n-1)(D(Y)+(E(Y))^2) = c(n-1)2\sigma^2 = \sigma^2,$$

因此 $c = \dfrac{1}{2(n-1)}$.

15. 设 $X_1, X_2, \cdots, X_n$ 是取自总体 $X \sim N(\mu, \sigma^2)$ 的样本,试证:

$$S^2 = \frac{1}{n-1}\sum_{i=1}^{n}(X_i - \overline{X})^2$$

是 σ^2 的相合估计量.

证 由于 $\dfrac{(n-1)S^2}{\sigma^2} \sim \chi^2(n-1)$,并且有

$$E(S^2) = \sigma^2, \quad D(S^2) = \frac{\sigma^4}{(n-1)^2}2(n-1) = \frac{2\sigma^4}{n-1},$$

故根据切比雪夫不等式有:

$$P\{|S^2 - \sigma^2| < \varepsilon\} \geqslant 1 - \frac{D(S^2)}{\varepsilon^2} = 1 - \frac{2\sigma^4}{(n-1)\varepsilon^2},$$

即得

$$\lim_{n\to\infty}P\{|S^2 - \sigma^2| < \varepsilon\} = 1.$$

所以 S^2 是 σ^2 的相合估计量.

16. 铅的密度测量值服从正态分布.如果测量 16 次,算得 $\overline{x} = 2.705, S = 0.029$,试求铅的密度的置信度为 95% 的置信区间.

解 这里方差 σ^2 未知.$1 - \alpha = 95\%, \alpha = 0.05, n = 16$,自由度 $n - 1 = 15$,查 $t_{0.025}(15)$ 得到临界值 $\lambda = 2.131$,从而有

置信下限: $\overline{x} - \lambda\dfrac{S}{\sqrt{n}} = 2.705 - 2.131 \times \dfrac{0.029}{\sqrt{16}} \approx 2.690$;

置信上限: $\overline{x} + \lambda\dfrac{S}{\sqrt{n}} \approx 2.705 + 2.131 \times \dfrac{0.029}{\sqrt{16}} \approx 2.720$.

故铅的密度的置信度为 95% 的置信区间是 $(2.690, 2.720)$.

注意　铅的密度等于它的测量值的平均值.

17. 设炮弹速度服从正态分布,取 9 发炮弹做试验,得样本方差 $S^2 = 11(\mathrm{m/s})^2$,分别求炮弹速度的方差 σ^2 和标准差 σ 的置信度为 90% 的置信区间.

解　据题意 $n = 9$,自由度 $n - 1 = 8$,$1 - \alpha = 0.90$,$\alpha = 0.10$,查 $\chi^2_{0.05}(8)$,得到 $\lambda_2 = 15.507$,查 $\chi^2_{0.95}(8)$,得到 $\lambda_1 = 2.733$.从而 σ^2 的

置信下限:$\dfrac{(n-1)S^2}{\lambda_2} = \dfrac{8 \times 11}{15.507} \approx 5.675$;

置信上限:$\dfrac{(n-1)S^2}{\lambda_1} = \dfrac{8 \times 11}{2.733} \approx 32.199$.

故 σ^2 的置信区间是 $(5.675, 32.199)$,而 σ 的置信区间是 $(2.382, 5.674)$.

18. 设 $X \sim U(0, \theta)$,$\theta > 0$,求 θ 的最大似然估计量及矩估计量.

解　(1) 由于 $X \sim U(0, \theta)$,

$$p(x; \theta) = \begin{cases} \dfrac{1}{\theta}, & 0 \leqslant x \leqslant \theta, \\ 0, & \text{其他}, \end{cases}$$

故有　　$L(\theta) = \prod_{i=1}^{n} p(x_i; \theta) = \begin{cases} \dfrac{1}{\theta^n}, & 0 \leqslant x_i \leqslant \theta, \\ 0, & \text{其他}. \end{cases}$　$(i = 1, 2, \cdots, n)$

又因为 $\theta > 0$,所以 $L(\theta)$ 随着 θ 减小而增大.但 $\theta \geqslant \max\limits_{1 \leqslant i \leqslant n}\{x_i\}$,故取

$$\hat{\theta} = \max\limits_{1 \leqslant i \leqslant n}\{X_i\}$$

为 θ 的最大似然估计量.

(2) $E(X) = \dfrac{\theta}{2}$,$\bar{x} = \dfrac{1}{n} \sum\limits_{i=1}^{n} x_i$.由于 $\dfrac{\theta}{2} = \bar{x}$,故 $\hat{\theta} = 2\bar{X}$ 为 θ 的矩估计量.

(B)

1. 设 n 个随机变量 $X_1, X_2, \cdots, X_n$ 独立同分布,$D(X_1) = \sigma^2$,$\bar{X} = \dfrac{1}{n} \sum\limits_{i=1}^{n} X_i$,

$S^2 = \dfrac{1}{n-1} \sum\limits_{i=1}^{n} (X_i - \bar{X})^2$,则　　　　　　　　　　　　　　　(　　)

(A) S 是 σ 的无偏估计量　　　　　　　(B) S 是 σ 的最大似然估计量

(C) S 是 σ 的相合估计量(即一致估计量)　(D) S 与 $\bar{X}$ 相互独立

答案是:(C).

分析　本题考查以下重要结论:

① n 个随机变量 $X_1, X_2, \cdots, X_n$ 独立同分布,且 $D(X_1) = \sigma^2$,则 $S^2 = \dfrac{1}{n-1} \sum\limits_{i=1}^{n} (X_i - \bar{X})^2$ 是 σ^2 的无偏估计,但 S 不是 σ 的无偏估计.

② 若 $X_1, X_2, \cdots, X_n$ 是正态总体 $N(\mu, \sigma^2)$ 的一个样本,则 $\dfrac{n-1}{n}S^2$ 是 σ^2 的极大似然

估计，且 $\sqrt{\dfrac{n-1}{n}}S$ 是 σ 的极大似然估计.

③ 若 $X_1,X_2,\cdots,X_n$ 独立同分布，且各随机变量服从正态分布，则 $\overline{X}$ 与 S^2 相互独立.

根据以上重要结论易知，(A)、(B)、(D)均为干扰项，(C)为正确选项.

事实上，由于 S^2 是 σ^2 的无偏估计量，故 S^2 是 σ^2 的相合估计量，且由相合估计量的性质知，S 是 σ 的相合估计量.

2. 设 $X_1,\cdots,X_n$ 是取自总体 X 的一个简单随机样本，则 $E(X^2)$ 的矩估计量是 （　　）

(A) $S_1^2=\dfrac{1}{n-1}\sum_{i=1}^{n}(X_i-\overline{X})^2$ 　　　　(B) $S_2^2=\dfrac{1}{n}\sum_{i=1}^{n}(X_i-\overline{X})^2$

(C) $S_1^2+\overline{X}^2$ 　　　　(D) $S_2^2+\overline{X}^2$

其中 $\overline{X}=\dfrac{1}{n}\sum_{i=1}^{n}X_i$.

答案是：(D).

分析 $E(X^2)$ 是总体 X^2 的二阶原点矩，其矩估计量为样本的二阶原点矩. 因此 $E(X^2)$ 的矩估计量是 $\dfrac{1}{n}\sum_{i=1}^{n}X_i^2$，将它与四个选项比较，显然(A)与(B)是不可能的. 将(C)和(D)中的式子化简，得

$$\sum_{i=1}^{n}(X_i-\overline{X})^2=\sum_{i=1}^{n}(X_i^2-2X_i\overline{X}+\overline{X}^2)=\sum_{i=1}^{n}X_i^2-2\overline{X}\sum_{i=1}^{n}X_i+n\overline{X}^2$$

$$=\sum_{i=1}^{n}X_i^2-n\overline{X}^2\quad\left(\sum_{i=1}^{n}X_i=n\overline{X}\right).$$

综上分析，应选择(D).

注意 ① 本题的另一种解法是将 $E(X^2)$ 看成是总体二阶中心矩与一阶原点矩的函数：

$$E(X^2)=D(X)+(E(X))^2.$$

而 $D(X)$ 与 $E(X)$ 的矩估计量分别是 $S_2^2=\dfrac{1}{n}\sum_{i=1}^{n}(X_i-\overline{X})^2$ 与 $\overline{X}$，因此，$E(X^2)$ 的矩估计量为 $S_2^2+\overline{X}^2$.

② 用①中方法估计 $E(X^2)$ 时容易犯的错误是选择(C)，即用样本方差 S_1^2 作为总体方差的矩估计量. 这是错误的，虽然 S_1^2 是 $D(X)$ 的无偏估计，但它不是样本的二阶中心矩，因此 S_1^2 不是总体方差的矩估计量.

3. 设 $X_1,X_2,\cdots,X_n$ 为总体 X 的一个简单随机样本，$E(X)=\mu$，$D(X)=\sigma^2$，为使 $\hat{\theta}^2=c\sum_{i=1}^{n-1}(X_{i+1}-X_i)^2$ 为 σ^2 的无偏估计，c 应为 （　　）

(A) $\dfrac{1}{n}$ 　　　(B) $\dfrac{1}{n-1}$ 　　　(C) $\dfrac{1}{2(n-1)}$ 　　　(D) $\dfrac{1}{n-2}$

答案是：(C).

分析　依题意，c 应使 $E(\hat{\theta}^2) = \sigma^2$，即

$$\sigma^2 = c \sum_{i=1}^{n-1} E[(X_{i+1} - X_i)^2] = c \sum_{i=1}^{n-1} [D(X_{i+1} - X_i) + E^2(X_{i+1} - X_i)]$$

$$= c \sum_{i=1}^{n-1} (D(X_{i+1}) + D(X_i)) = 2(n-1)c\sigma^2.$$

所以 $c = \dfrac{1}{2(n-1)}$.

注意　这个题目的解法简单.计算 $E[(X_{i+1} - X_i)^2]$ 时，如果将其展开为 $E(X_{i+1}^2 - 2X_i X_{i+1} + X_i^2)$ 进行计算，结果一样，但是不如应用 $E(X^2) = D(X) + (E(X))^2$ 进行计算更简捷.计算 $E(X^2)$ 时，常常考虑这个公式.

第7章

假设检验

（一）习题解答与分析

(A)

1. 由经验知道某种零件重量 $X \sim N(\mu, \sigma^2)$，$\mu=15$，$\sigma^2=0.05$. 技术革新后，抽了 6 个样品，测得重量（以 g 为单位）为

$$14.7，15.1，14.8，15.0，15.2，14.6.$$

已知方差不变，问平均重量是否为 $15(\alpha=0.05)$？

解 这是一个已知方差，检验均值的问题.

（1）H_0：$\mu=15$.

（2）选择统计量为 $U=\dfrac{\bar{x}-\mu_0}{\sqrt{\dfrac{\sigma_0^2}{n}}}$.

（3）由检验水平 $\alpha=0.05$，查 $\Phi(x)=1-\dfrac{\alpha}{2}=0.975$，得到 $x=1.96$. 采用双边检验，否定域 $R_\alpha=(|u|>1.96)$.

（4）由 $\bar{x}=\dfrac{1}{6}\sum_{i=1}^{6}x_i=\dfrac{1}{6}\times89.4=14.9$，$\mu_0=15$，$\sigma_0^2=0.05$，$n=6$，代入 U，计算

$$\hat{U}=\dfrac{14.9-15}{\sqrt{\dfrac{0.05}{6}}}\approx-1.095.$$

（5）由于 $|\hat{U}|<1.96$，故没有落入否定域，因此不能拒绝 H_0，即没有发现零件的平均重量不是 15 g.

2. 某车间生产铜丝，生产一向比较稳定，今从产品中随机抽出 10 根检查折断力，得数据如下（以 N 为单位）：

$$578，572，570，568，572，570，570，572，596，584.$$

问：是否可相信该车间生产的铜丝的折断力的方差为 $64(\alpha=0.05)$？

解　这是一个检验方差的问题.

(1) $H_0：\sigma^2=64$.

(2) 选择统计量 $W=\dfrac{(n-1)S^2}{\sigma_0^2}$.

(3) 由检验水平 $\alpha=0.05$，查 χ^2 分布数值表，其自由度为 9，并且分别查 $P(\chi^2>\lambda_1)=0.975$，$P(\chi^2>\lambda_2)=0.025$，得到

$$\lambda_1=2.70，\quad \lambda_2=19.0.$$

采用双边检验，否定域 $R_\alpha=\{W<2.70 \text{ 或 } W>19.0\}$.

(4) 由样本值，可算出

$$\bar{x}=\frac{1}{10}\sum_{i=1}^{10}x_i=\frac{1}{10}\times 5\,752=575.2，$$

$$S^2=\frac{1}{9}\sum_{i=1}^{10}(x_i-\bar{x})^2=\frac{1}{9}\times 681.6\approx 75.73.$$

代入 W，得

$$\hat{W}=\frac{9\times 75.73}{64}\approx 10.65.$$

(5) 由于 $2.70<10.65<19.0$，可见 $\hat{W}$ 没有落入否定域 R_α. 因此不能拒绝 H_0，即没有发现该车间生产的铜丝的折断力的方差不是 64.

3. 已知罐头番茄汁中维生素 C(Vc) 的含量服从正态分布. 按照规定 Vc 的平均含量不得少于 21 mg. 现从一批罐头中取了 17 罐，算得 Vc 含量的平均值 $\bar{x}=23$，$S^2=3.98^2$，问该批罐头 Vc 的含量是否合格$(\alpha=0.05)$？

解　这是一个未知方差，检验均值的问题.

(1) $H_0：\mu<21$.

(2) 统计量 $T=\dfrac{\bar{x}-\mu_0}{\sqrt{\dfrac{S^2}{n}}}$.

(3) 由检验水平 $\alpha=0.05$，查 t 分布表，其自由度为 16. $P(t>\lambda)=0.05$，得到 $\lambda=1.746$，采用单边检验，否定域

$$R_\alpha=\{t>1.746\}.$$

(4) 由题设，有 $\bar{x}=23$，$S^2=3.98^2$，$n=17$，$\mu_0=21$. 代入 T，得

$$\hat{T}=\frac{23-21}{\sqrt{\dfrac{3.98^2}{17}}}\approx 2.07.$$

(5) 由于 $\hat{T}>1.746$，已落入否定域 R_α，因此我们否定 H_0，即该批罐头 Vc 的含量已超过 21 mg，故合格.

4. 正常成年人的脉搏 X(单位：次/分) 平均为 72，今对某种疾病患者 10 人，测其脉搏为

54　68　65　77　70　64　69　72　62　71

假设人的脉搏次数 X 服从正态分布,试就显著性水平 $\alpha=0.05$,检验患者脉搏与正常人脉搏有无显著差异.

解 $H_0: \mu=\mu_0=72, H_1: \mu \neq 72.$

选取统计量

$$T = \frac{\bar{x}-72}{S}\sqrt{10},$$

当 $\mu=72$ 时,$T \sim t(9)$,查 t 分布表知 $\lambda = t_{0.025}(9) = 2.262$.因此拒绝域为

$$R = \{\,|\,T\,| \geqslant 2.262\}.$$

计算 $\bar{x}=67.2, S^2 \approx 6.34^2$,因此有

$$|\,T\,| = \left|\frac{67.2-72}{6.34}\sqrt{10}\right| \approx 2.39 > 2.262.$$

由于 $T \in R$,因此拒绝 H_0,认为患者脉搏与正常人脉搏有显著差异.

(B)

1. 在假设检验中,记 H_0 为待检假设,则犯第一类错误指的是 （　　）

(A) H_0 成立,经检验接受 H_0

(B) H_0 成立,经检验拒绝 H_0

(C) H_0 不成立,经检验接受 H_0

(D) H_0 不成立,经检验拒绝 H_0

答案是：(B).

分析 我们称"以真为假"为第一类错误,故选择(B).

2. 假设 $X_1, \cdots, X_{10}$ 是来自正态总体 $N(\mu, \sigma^2)$ 的一个样本,参数 μ 与 σ^2 未知,假设 $H_0: \sigma^2 \geqslant \sigma_0^2$,则在显著性水平 $\alpha=0.05$ 下,该检验的拒绝域 R 是 （　　）

(A) $K \geqslant 19.02$　　　　　　　(B) $K \geqslant 16.92$

(C) $K \leqslant 2.7$ 或 $K \geqslant 19.02$　　　(D) $K \leqslant 3.3$

其中 $K \sim \chi^2(9)$,并且

$$P\{K \leqslant 2.7\} = P\{K \geqslant 19.02\} = 0.025,$$
$$P\{K \geqslant 16.92\} = P\{K \leqslant 3.3\} = 0.05.$$

答案是：(D).

分析 这是一个正态总体方差检验的问题.由 $H_0: \sigma^2 \geqslant \sigma_0^2$ 可知否定域在左侧,并且由 $\alpha=0.05$ 查得临界值为 3.3,故选择(D).

（二）参考题(附解答)

(A)

1. 设某产品的某项质量指标服从正态分布,已知它的标准差 $\sigma=150$.现从一批产品中

随机地抽取了 26 个,测得该项指标的平均值为 1 637.问能否认为这批产品的该项指标值为 1 600($\alpha=0.05$)?

解 (1) 提出零假设:$H_0:\mu=1\,600$;

(2) 选择统计量:$U=\dfrac{\bar{x}-1\,600}{150/\sqrt{26}}$;

(3) 查正态分布数值表 $\Phi(x)=0.975$,得 $\lambda=1.96$;

(4) 计算统计量的值:

$$\hat{U}=\dfrac{1\,637-1\,600}{150/\sqrt{26}}\approx1.258;$$

(5) 结论:$|\hat{U}|<1.96$,未落入否定域,因此不能否定这批产品的该项指标值为 1 600.

2. 设总体 $X\sim N(\mu,5^2)$,在 $\alpha=0.05$ 的显著性水平下检验

$$H_0:\mu=0,\quad H_1:\mu\neq0.$$

如果所选取的拒绝域 $R=\{|\bar{X}|\geqslant1.96\}$,问样本容量 n 应取多大?

分析 这是一个正态总体方差已知,关于期望值的假设检验问题.因此应选取的检验统计量为 $U=\dfrac{\bar{X}}{5}\sqrt{n}$,且当 $\mu=0$ 时,$U\sim N(0,1)$.

解 依题意

$$P\{|\bar{X}|\geqslant1.96\}=0.05,$$

$$P\{|\bar{X}|<1.96\}=P\left\{\left|\dfrac{\bar{X}}{5}\sqrt{n}\right|<0.392\sqrt{n}\right\}=0.95.$$

由于 $\dfrac{\bar{X}}{5}\sqrt{n}\sim N(0,1)$,因此有

$$0.392\sqrt{n}=1.96\Rightarrow n=25.$$

注意 ① 本题主要考查正态总体假设检验的拒绝域、检验水平等概念以及假设检验的方法.题中建立概率等式 $P\{\bar{X}\in R\}=0.05$ 是解题的关键所在.一般书中都以检验中选取的统计量 U 所在的区间 $\{U\in R\}$ 作为拒绝域,即检验的拒绝域为 $R=\{|U|\geqslant U_{\frac{\alpha}{2}}\}$.本题的难点在于要将 $\{|U|\geqslant U_{\frac{\alpha}{2}}\}$ 转化为与它相等的事件 $\{|\bar{X}|\geqslant c\}$,即

$$\{|U|\geqslant U_{\frac{\alpha}{2}}\}=\left\{\left|\dfrac{\bar{X}}{5}\sqrt{n}\right|\geqslant U_{\frac{\alpha}{2}}\right\}=\left\{|\bar{X}|\geqslant\dfrac{5}{\sqrt{n}}U_{\frac{\alpha}{2}}\right\}.$$

于是,我们可以建立关于 $\bar{X}$ 的拒绝域与关于 U 的拒绝域的两个临界值间的关系式,即

$$c=\dfrac{5}{\sqrt{n}}U_{\frac{\alpha}{2}}.$$

对于上述等式中的三个参数 c,n,α(由 α 查表可确定 $U_{\frac{\alpha}{2}}$),已知其中任何两个都可以求出第三个的值.

② $U_{\frac{\alpha}{2}}$ 满足 $P\{|U|\geqslant U_{\frac{\alpha}{2}}\}=\alpha$,本题中 $\alpha=0.05$.

3. 设某厂生产的一种钢索,其断裂强度 X(kg/cm²)服从正态分布 $N(\mu,40^2)$.从中选取一个容量为 9 的样本,得 $\bar{x}=780$ kg/cm².能否据此认为这批钢索的断裂强度为 800kg/

$cm^2(\alpha=0.05)$?

解 $H_0:\mu=800,H_1:\mu\neq800$,这里 $\sigma^2=40^2$ 为已知,选取检验统计量 $U=\dfrac{\overline{x}-800}{\sigma/\sqrt{n}}\sim$

$N(0,1),\alpha=0.05$,查 $\Phi(\lambda)=0.975$,得到 $\lambda=1.96$,$|U|=\left|\dfrac{780-800}{40/\sqrt{9}}\right|=1.5<1.96$.故不能

拒绝 H_0,即可认为这批钢索的断裂强度为 $800kg/cm^2$.

4. 设某次考试的考生成绩服从正态分布,从中随机地抽取 36 位考生的成绩,算得平均成绩为 66.5 分,标准差为 15 分,问在显著性水平 0.05 下,是否可以认为这次考试全体考生的平均成绩为 70 分? 给出检验过程.

附表

n ＼ λ ＼ p	0.95	0.975
35	1.689 6	2.030 1
36	1.688 3	2.028 1

注:$P\{t(n)\leqslant\lambda\}=p$.

解 设该次考试的考生成绩为 X,则 $X\sim N(\mu,\sigma^2)$.把从 X 中抽取的容量为 n 的样本均值记为 $\overline{x}$,样本标准差记为 S.本题是在显著性水平 $\alpha=0.05$ 下检验假设

$$H_0:\mu=70,\quad H_1:\mu\neq70,$$

拒绝域 R_α 为

$$|t|=\frac{|\overline{x}-70|}{S}\sqrt{n}\geqslant\lambda.$$

由 $n=36,\overline{x}=66.5,S=15$,查 $t_{0.975}(35)$ 得到 $\lambda=2.030\,1$,算得

$$|\hat{T}|=\frac{|66.5-70|\sqrt{36}}{15}=1.4<2.030\,1.$$

所以不能拒绝假设 $H_0:\mu=70$,即在显著性水平 0.05 下,可以认为这次考试全体考生的平均成绩为 70 分.

5. 一细纱车间纺出某种细纱支数的标准差为 1.2.从某日纺出的一批细纱中,随机地抽 16 缕进行支数测量,算得样本标准差 $S=2.1$,问纱的均匀度有无显著变化$(\alpha=0.05)$? 假定总体分布是正态的.

解 该日纺出纱的支数构成一个正态总体.按题意要检验 $H_0:\sigma^2=1.2^2,H_1:\sigma^2\neq1.2^2$.

$$W=\frac{(n-1)S^2}{\sigma_0^2}=\frac{15\times2.1^2}{1.2^2}\approx45.94,$$

由 $\alpha=0.05$,自由度 $n-1=15$,查 $\chi_{0.975}^2(15)$,得 $\lambda_1=6.262$,查 $\chi_{0.025}^2(15)$,得 $\lambda_2=27.488$,现

在 $\hat{W}=45.94>27.488$,拒绝 H_0,因而该日的细纱均匀度有显著变化.

6. 罐头的细菌含量按规定标准必须小于 62.0,现从一批罐头中抽取 9 个,检验其细菌含量,经计算得 $\bar{x}=62.5$,$S=0.3$.问这批罐头的质量是否完全符合标准($\alpha=0.05$)?

解　设罐头的细菌含量 X 服从正态分布,依题意检验 $H_0: \mu \leqslant 62.0$.

$$\hat{T}=\frac{\bar{x}-\mu_0}{S/\sqrt{n}}=\frac{62.5-62.0}{0.3/\sqrt{9}}=5,$$

$\alpha=0.05$,查 $t_{0.05}(8)$,得 $\lambda=1.8595$,$R_\alpha=[1.8595,+\infty)$,现 $\hat{T}=5 \in R_\alpha$,拒绝 H_0,即认为这批罐头的质量不符合标准.

7. 设某市犯罪青少年的年龄构成服从正态分布,今随机地抽取 9 名罪犯,其年龄如下:

$$22,17,19,25,25,18,16,23,24.$$

试以 95% 的概率判断犯罪青少年的年龄是否为 18 岁.

解　(1) 提出零假设:$H_0: \mu=18$;

(2) 选择统计量:$T=\dfrac{\bar{x}-18}{S/\sqrt{9}}$;

(3) 查 $t_{0.025}(8)$,得 $\lambda=2.306$;

(4) 计算统计量的值:$\hat{T}=\dfrac{21-18}{\sqrt{12.5}/3}\approx 2.55$;

(5) 结论:因为 $|\hat{T}|>2.306$,即 $\hat{T}$ 落入否定域,因此能以 95% 的把握推断该市犯罪青少年的平均年龄不是 18 岁.

8. 食品厂用自动装罐机装罐头食品,每罐标准重量为 500 g,每隔一定时间需要检验机器的工作情况.现抽得 10 罐,测得其重量(单位:g)为

$$495,510,505,498,503,492,502,512,497,506.$$

假定重量服从正态分布 $N(\mu,\sigma^2)$,试问机器工作是否正常($\alpha=0.10$)?

解　(1) 提出零假设:$H_0: \mu=500$;

(2) 选择统计量:$T=\dfrac{\bar{x}-500}{S/\sqrt{10}}$;

(3) 查 $t_{0.05}(9)$,得 $\lambda=1.833$;

(4) 计算统计量的值:

$$\hat{T}=\frac{502-500}{6.5/\sqrt{10}}\approx 0.973.$$

(5) 结论:$|\hat{T}|<1.833$,故在显著性水平 $\alpha=0.10$ 下,可以认为自动装罐机的工作正常.

9. 测得两批电子器件的样品的电阻(单位:Ω)为

A 批(x)	0.140	0.138	0.143	0.142	0.144	0.137
B 批(y)	0.135	0.140	0.142	0.136	0.138	0.140

设这两批电子器件的电阻值总体分别服从分布 $N(\mu_1,\sigma_1^2),N(\mu_2,\sigma_2^2)$，且两样本独立.

（1）检验假设($\alpha=0.05$)

$$H_0:\sigma_1^2=\sigma_2^2,\quad H_1:\sigma_1^2\neq\sigma_2^2.$$

（2）在（1）的基础上检验假设($\alpha=0.05$)

$$H_0:\mu_1=\mu_2,\quad H_1:\mu_1\neq\mu_2.$$

解 （1）$H_0:\sigma_1^2=\sigma_2^2$，$H_1:\sigma_1^2\neq\sigma_2^2$.

$n_1=n_2=6$，$\alpha=0.05$，查 $F_{0.025}(5,5)$，得 $\lambda_2=7.15$，而 $\lambda_1=\dfrac{1}{\lambda_2}\approx0.14$，

$$\sum x_i=0.844,\quad \sum y_i=0.831,\quad \sum x_i^2=0.118\,762,\quad \sum y_i^2=0.115\,129,$$

$$\sum(x_i-\bar{x})^2\approx0.000\,039\,33,\quad \sum(y_i-\bar{y})^2=0.000\,035\,5,$$

$$S_1^2=\frac{1}{5}\sum(x_i-\bar{x})^2\approx0.000\,007\,866,\quad S_2^2=\frac{1}{5}\sum(y_i-\bar{y})^2=0.000\,007\,1,$$

$$\hat{F}=\frac{S_1^2}{S_2^2}=\frac{0.000\,007\,866}{0.000\,007\,1}\approx1.107\,9.$$

易见 $0.14<\hat{F}<7.15$，故不能拒绝 H_0，即认为这两个总体的方差相等.

（2）$H_0:\mu_1=\mu_2$，$H_1:\mu_1\neq\mu_2$.

$\alpha=0.05$，自由度 $n_1+n_2-2=10$，查 $t_{0.025}(10)$，得 $\lambda=2.228\,1$.

$$\hat{T}=\frac{\bar{x}-\bar{y}}{\sqrt{\dfrac{(n_1-1)S_1^2+(n_2-1)S_2^2}{n_1+n_2-2}}\sqrt{\dfrac{1}{n_1}+\dfrac{1}{n_2}}}=\frac{\dfrac{0.844}{6}-\dfrac{0.831}{6}}{\sqrt{\dfrac{0.000\,039\,33+0.000\,035\,5}{10}}\sqrt{\dfrac{1}{6}+\dfrac{1}{6}}}$$

$$\approx1.371\,9<2.228\,1,$$

不能拒绝 H_0，即认为这两批电子器件的电阻的均值无显著差异.

10. 用机器包装某种饮料，已知每盒重量为 500 克，误差不超过 10 克.今抽查了 9 盒，测得平均重量为 490 克，标准差为 16 克，问这台自动包装机工作是否正常（显著性水平 $\alpha=0.05$）？

附表 1

$t_p(n)$ \\ n p	7	8	9	10
0.975	2.365	2.306	2.262	2.228
0.95	1.895	1.860	1.833	1.812

注：$P\{t(n)\leqslant t_p(n)\}=p$.

附表 2

$\chi_p^2(n)$ n p	8	9	10
0.025	2.180	2.700	3.247
0.95	15.507	16.919	18.307
0.975	17.535	19.023	20.483

注:$P\{\chi^2(n)\leqslant\chi_p^2(n)\}=p$.

分析 检查机器是否正常,需要同时检验重量 X 的均值 μ 与标准差 σ 是否正常.

解 (1) 检验 $\mu=\mu_0$.

① $H_0:\mu=500$;

② $T=\dfrac{\bar{x}-500}{S/\sqrt{9}}$;

③ 查 $t_{0.975}(8)$,得 $\lambda=2.306$,采用双侧检验 $R_\alpha=\{|t|>2.306\}$;

④ $\hat{T}=1.875$;

⑤ 由于 $|\hat{T}|<2.306$,故不能拒绝原假设,即没有发现系统偏差,可以认为该自动包装机打包的每盒重量的均值为 500 克.

(2) 检验 $\sigma\leqslant\sigma_0$.

① $H_0:\sigma\leqslant10$;

② $W=\dfrac{(n-1)S^2}{\sigma_0^2}=\dfrac{8S^2}{10^2}$;

③ 查 $\chi_{0.95}^2(8)$,得 $\lambda=15.507$,采用单侧(右侧)检验 $R_\alpha=(15.507,+\infty)$;

④ $\hat{W}=\dfrac{8\times16^2}{100}=20.48$;

⑤ 由于 $\hat{W}>15.507$ 落入否定域,故拒绝原假设,即 $\sigma>10$.这说明该包装机虽然没有发现系统误差,但是不稳定,因此工作不正常.

11. 检验了 26 匹马,测得每 100 毫升的血清中所含的无机磷平均为 3.29 毫升,标准差为 0.27 毫升;又检验了 18 头羊,每 100 毫升血清中所含的无机磷平均为 3.96 毫升,标准差为 0.40 毫升.设马和羊的血清中含无机磷的量都服从正态分布,试问在显著性水平 $\alpha=0.05$ 的条件下,马和羊的血清中无机磷的含量有无显著差异?

解 设马和羊的血清中无机磷的含量分别为 X 和 Y,由已知条件可知,$\bar{x}=3.29$,$S_1=0.27$,$\bar{y}=3.96$,$S_2=0.40$.根据题目要求,应检验 μ_1 是否等于 μ_2.但因不知方差 σ_1^2 和 σ_2^2,因而应先检验 σ_1^2 是否等于 σ_2^2.先取

$$H_0^1:\sigma_1^2=\sigma_2^2,$$

否定域为

$$\frac{S_1^2}{S_2^2}<F_{1-\frac{\alpha}{2}}(n_1-1,n_2-1) \quad \text{或} \quad \frac{S_1^2}{S_2^2}>F_{\frac{\alpha}{2}}(n_1-1,n_2-1).$$

查 F 分布的分位数表，得

$$F_{\frac{\alpha}{2}}(n_1-1,n_2-1)=F_{0.025}(25,17)=2.55,$$

$$F_{1-\frac{\alpha}{2}}(n_1-1,n_2-1)=F_{0.975}(25,17)=\frac{1}{F_{0.025}(17,25)}=\frac{1}{2.36}\approx0.424.$$

将 $S_1=0.27$，$S_2=0.40$ 代入 $\dfrac{S_1^2}{S_2^2}$，得

$$\frac{S_1^2}{S_2^2}=\frac{0.27^2}{0.40^2}\approx0.46.$$

由于 $0.424<0.46<2.55$，说明计算结果未落入否定域，不能拒绝 $H_0^1:\sigma_1^2=\sigma_2^2$.

在认为 $\sigma_1^2=\sigma_2^2=\sigma^2$ 的基础上，检验：

$$H_0:\mu_1=\mu_2.$$

其否定域为

$$\left|\frac{\bar{x}-\bar{y}}{S_w\sqrt{\dfrac{1}{n_1}+\dfrac{1}{n_2}}}\right|>t_{\frac{\alpha}{2}}(n_1+n_2-2),$$

查 t 分布的分位数表，得 $t_{\frac{\alpha}{2}}(n_1+n_2-2)=t_{0.025}(42)=2.021$.

$$S_w^2=\frac{(n_1-1)S_1^2+(n_2-1)S_2^2}{n_1+n_2-2}=\frac{25\times0.27^2+17\times0.40^2}{42}\approx0.108\,2,$$

$$S_w\approx0.329,\quad\sqrt{\frac{1}{n_1}+\frac{1}{n_2}}=\sqrt{\frac{1}{26}+\frac{1}{18}}\approx0.307,\quad\bar{x}-\bar{y}=-0.67.$$

由以上结果得

$$\left|\frac{\bar{x}-\bar{y}}{S_w\sqrt{\dfrac{1}{n_1}+\dfrac{1}{n_2}}}\right|=\frac{0.67}{0.329\times0.307}\approx6.63>2.021,$$

说明计算结果落入了否定域，所以在 $\alpha=0.05$ 的条件下，认为马和羊每 100 毫升的血清中无机磷含量有显著差异.

(B)

1. 假设检验中，一般情况下，（　　）错误.

(A) 只犯第一类

(B) 只犯第二类

(C) 既可能犯第一类也可能犯第二类

(D) 不犯第一类也不犯第二类

答案是：(C).

分析 在假设检验中，一般情况下，会有两种结果产生：

(1) 否定原假设，这时有可能犯"以真当假"的第一类错误；

(2) 原假设不能拒绝，这时有可能犯"以假当真"的第二类错误.

故选择(C).

2. 设总体 $X \sim N(\mu, \sigma^2)$, σ 未知, 通过样本: $X_1, X_2, \cdots, X_n$ 检验假设 H_0: $\mu = \mu_0$ 时,
需要用统计量 　　　　　　　　　　　　　　　　　　　　　( )

(A) $U = \dfrac{\overline{X} - \mu_0}{\sigma / \sqrt{n}}$ 　　　　　　　　　(B) $U = \dfrac{\overline{X} - \mu_0}{\sigma / \sqrt{n-1}}$

(C) $T = \dfrac{\overline{X} - \mu_0}{S / \sqrt{n}}$ 　　　　　　　　　(D) $T = \dfrac{\overline{X} - \mu_0}{S}$

答案是: (C).

分析　这是一个未知 σ^2, 检验均值 $\mu = \mu_0$ 的问题, 选择的统计量为

$$T = \frac{\overline{X} - \mu_0}{\sqrt{\dfrac{S^2}{n}}}.$$

故选择(C).

3. 矿砂的 5 个样品中, 测得其铜含量为 x_1, x_2, x_3, x_4, x_5 (百分数). 设铜含量服从正
态分布 $N(\mu, \sigma^2)$, σ^2 未知, 在 $\alpha = 0.01$ 的条件下, 检验 $\mu = \mu_0$, 则取统计量　　( )

(A) $U = \dfrac{\overline{x} - \mu_0}{\dfrac{\sigma}{\sqrt{5}}}$ 　　　　　　　　　(B) $T = \dfrac{\overline{x} - \mu_0}{\dfrac{S}{\sqrt{5}}}$

(C) $T = \dfrac{\overline{x} - \mu_0}{\dfrac{S}{\sqrt{4}}}$ 　　　　　　　　　(D) $U = \dfrac{\overline{x} - \mu_0}{\sigma}$

答案是: (B).

分析　这个题目与第 2 题类似, 只不过 $n = 5$. 故选择(B).

第8章

方差分析

（一）习题解答与分析

(A)

1. 今有某种型号的电池三批,它们分别是 A,B,C 三个工厂生产的.为评比质量,各随机抽取 5 只电池为样品,经试验得其寿命(小时)如表 8-1 所示.试在显著性水平 $\alpha=0.05$ 下检验这三个工厂生产的电池的平均寿命有无显著差异.

表 8-1

工厂	电池寿命(小时)				
A	40	48	38	42	45
B	26	34	30	28	32
C	39	40	43	50	50

解 本题为单因素试验的方差分析.考虑的因素是生产的工厂,其有 3 个水平 A,B,C,设电池的寿命的均值分别为 μ_1,μ_2,μ_3.

原假设 $H_0:\mu_1=\mu_2=\mu_3$.

(1) 计算 $T_j=\sum_{i=1}^{n_j}x_{ij}$, $j=1,2,3$,以及 $T=\sum_{i=1}^{3}T_j$.计算结果列在表 8-2 中.

表 8-2

试验号 i \ 工厂 j	A	B	C	合计
1	40	26	39	
2	48	34	40	
3	38	30	43	

续表

工厂 j 试验号 i	A	B	C	合计
4	42	28	50	
5	45	32	50	
T_j	213	150	222	585
n_j	5	5	5	15
$\overline{X}._j$	42.6	30.0	44.4	117

(2) 计算平方和.

$$s=3, \quad n_1=n_2=n_3=5, \quad n=15,$$

$$CT=\frac{1}{15}T^2=\frac{1}{15}\times 585^2=22\,815,$$

$$\sum_{j=1}^{3}\sum_{i=1}^{5}x_{ij}^2=(40^2+48^2+\cdots+50^2)=23\,647,$$

$$\sum_{j=1}^{3}T_j^2/n_j=\frac{1}{5}(213^2+150^2+222^2)=23\,430.6.$$

于是

$$S_T=\sum_{j=1}^{3}\sum_{i=1}^{5}x_{ij}^2-CT=23\,647-22\,815=832,$$

$$S_A=\sum_{j=1}^{3}T_j^2/n_j-CT=23\,430.6-22\,815=615.6,$$

$$S_E=S_T-S_A=832-615.6=216.4.$$

(3) 确定自由度.

S_T 的自由度为 $n-1=15-1=14$，S_A 的自由度为 $s-1=2$，S_E 的自由度为 $n-s=15-3=12$.

(4) 计算 F 值.

$$F_A=\frac{(n-s)S_A}{(s-1)S_E}=\frac{12\times 615.6}{2\times 216.4}\approx 17.07.$$

(5) 查表.

对于给定的 $\alpha=0.05$，$F_{0.05}(2,12)=3.89$.

结论：由于 $F_A=17.07>3.89$，落入否定域，所以认为不同工厂生产的电池的平均寿命有显著差异.方差分析表如表 8-3 所示.

表 8-3　方差分析表

方差来源	平方和	自由度	F 值	分位数	显著性
组间	615.6	2	17.07	$F_{0.05}(2,12)=3.89$	*
组内	216.4	12			
合计	832	14			

2. 表 8-4 给出了小白鼠在接种不同菌型伤寒杆菌后的存活日数．试问接种这三种菌型后平均存活日数有无显著差异？

表 8-4

菌型	存活日数									
Ⅰ	2	4	3	2	4	7	7	2	5	4
Ⅱ	5	6	8	5	10	7	12	6	6	
Ⅲ	7	11	6	6	7	9	5	10	6	3	10

解 本题是单因素试验的方差分析．考虑的因素是接种的菌型，其有 3 个水平，设平均存活日数分别为 μ_1, μ_2, μ_3．

原假设 $H_0: \mu_1 = \mu_2 = \mu_3$．

(1) 计算 $T_j = \sum\limits_{i=1}^{n_j} x_{ij}, j = 1, 2, 3$，以及 $T = \sum\limits_{j=1}^{3} T_j$．计算结果列于表 8-5 中．

表 8-5

菌型 j ＼ 试验号 i	1	2	3	4	5	6	7	8	9	10	11	T_j	n_j	$\overline{X}_{\cdot j}$
Ⅰ	2	4	3	2	4	7	7	2	5	4		40	10	4
Ⅱ	5	6	8	5	10	7	12	6	6			65	9	7.2
Ⅲ	7	11	6	6	7	9	5	10	6	3	10	80	11	7.3
合计												185	30	18.5

(2) 计算平方和．

$$CT = \frac{1}{30} T^2 = \frac{1}{30} \times 185^2 \approx 1\,140.8,$$

$$\sum_{j=1}^{3} \sum_{i=1}^{n_j} x_{ij}^2 = (2^2 + 4^2 + \cdots + 10^2) = 1\,349,$$

$$\sum_{j=1}^{3} T_j^2/n_j = (40^2/10 + 65^2/9 + 80^2/11) \approx 1\,211.3.$$

于是

$$S_T = \sum_{j=1}^{3} \sum_{i=1}^{n_j} x_{ij}^2 - CT = 1\,349 - 1\,140.8 = 208.2,$$

$$S_A = \sum_{j=1}^{3} T_j^2/n_j - CT = 1\,211.3 - 1\,140.8 = 70.5,$$

$$S_E = S_T - S_A = 208.2 - 70.5 = 137.7.$$

(3) 确定自由度．

$s = 3, n = n_1 + n_2 + n_3 = 10 + 9 + 11 = 30, S_T$ 的自由度为 $30 - 1 = 29, S_A$ 的自由度为 $3 - 1 = 2, S_E$ 的自由度为 $30 - 3 = 27$．

(4) 计算 F 值.

$$F_A = \frac{(n-s)S_A}{(s-1)S_E} = \frac{27 \times 70.5}{2 \times 137.7} \approx 6.9.$$

(5) 查表.

本题没有指定显著性水平,通常在 $\alpha = 0.05$ 和 $\alpha = 0.01$ 的显著性水平下进行检验,

$$F_{0.05}(2,27) = 3.35, \quad F_{0.01}(2,27) = 5.49.$$

结论:由于 $F_A = 6.9 > 5.49$,所以菌型对平均存活日数有高度显著的影响.方差分析表如表 8-6 所示.

表 8-6 方差分析表

方差来源	平方和	自由度	F 值	分位数	显著性
组间	70.5	2	6.9	$F_{0.05}(2,27) = 3.35$	*
组内	137.7	27		$F_{0.01}(2,27) = 5.49$	**
合计	208.2	29			

(二) 参考题(附解答)

将 20 头猪仔随机地分成 4 组,每组 5 头.每组给一种饲料,在一定长的时间内每头猪增加的重量(kg)如表 8-7 所示.问这四种饲料对猪仔的增重有无显著影响($\alpha = 0.05$)?

表 8-7

组别	A	B	C	D
重量(kg)	60	73	95	88
	65	67	105	53
	61	68	99	90
	67	66	102	84
	64	71	103	87

解 本题是单因素试验的方差分析.考虑的因素是饲料,其水平数 $s = 4$.在各水平下的试验数 $n_j = 5(1 \leqslant j \leqslant 4)$,总试验数 $n = 20$.设喂这 4 种饲料使猪仔增重的均值分别为 $\mu_1, \mu_2, \mu_3, \mu_4$.

原假设 $H_0: \mu_1 = \mu_2 = \mu_3 = \mu_4$.

(1) 计算 T_j 和 $\sum\limits_{j=1}^{4} T_j$,结果列于表 8-8 中.

表 8-8

水平 j 试验	A	B	C	D	合计
1	60	73	95	88	
2	65	67	105	53	

续表

试验 \ 水平 j	A	B	C	D	合计
3	61	68	99	90	
4	67	66	102	84	
5	64	71	103	87	
T_j	317	345	504	402	1 568
n_j	5	5	5	5	20

（2）计算平方和.

$$CT = \frac{1}{20}\left(\sum_{j=1}^{4} T_j\right)^2 = \frac{1}{20} \times 1\,568^2 = 122\,931.2,$$

$$\sum_{j=1}^{4}\sum_{i=1}^{5} x_{ij}^2 = 60^2 + 65^2 + \cdots + 84^2 + 87^2 = 128\,112,$$

$$\sum_{j=1}^{4} T_j^2 / n_j = \frac{1}{5}(317^2 + 345^2 + 504^2 + 402^2) = 127\,026.8.$$

于是

$$S_T = \sum_{j=1}^{4}\sum_{i=1}^{5} x_{ij}^2 - CT = 128\,112 - 122\,931.2 = 5\,180.8,$$

$$S_A = \sum_{j=1}^{4} T_j^2 / n_j - CT = 127\,026.8 - 122\,931.2 = 4\,095.6,$$

$$S_E = S_T - S_A = 5\,180.8 - 4\,095.6 = 1\,085.2.$$

（3）确定自由度.

$$f_A = s - 1 = 4 - 1 = 3,$$
$$f_E = n - s = 20 - 4 = 16,$$
$$f_T = n - 1 = 20 - 1 = 19.$$

（4）计算 F 值.

$$F_A = \frac{f_E S_A}{f_A S_E} = \frac{16 \times 4\,095.6}{3 \times 1\,085.2} \approx 20.1.$$

（5）查分位数表.

对给定的显著性水平 $\alpha = 0.05$，$F_{0.05}(3, 16) = 3.24$.

结论：由于 $F_A = 20.1 > 3.24$，落入否定域，所以否定 H_0，认为饲料对猪仔的增重有显著影响.方差分析表见表 8-9.

表 8-9 方差分析表

方差来源	平方和	自由度	F 值	分位数	显著性
组间	4 095.6	$f_A = 3$	$F_A = 20.1$	$F_{0.05}(3, 16) = 3.24$	*
组内	1 085.2	$f_E = 16$			
合计	5 180.8	$f_T = 19$			

第 9 章

一元回归分析

习题解答与分析

(A)

1. 炼铝厂测得所产铸模用的铝的硬度 x 与抗张强度 y 的数据如表 9-1 所示.

表 9-1

铝的硬度 x	68	53	70	84	60	72	51	83	70	64
抗张强度 y	288	293	349	343	290	354	283	324	340	286

(1) 求 y 对 x 的回归方程.

(2) 在显著性水平 $\alpha = 0.05$ 下检验回归方程的显著性.

(3) 试预测当铝的硬度 $x = 65$ 时的抗张强度 $y(\alpha = 0.05)$.

解 (1) 求 y 对 x 的回归方程.

由已给数据可算出:

$$\sum_{i=1}^{10} x_i = 68 + 53 + \cdots + 64 = 675,$$

$$\bar{x} = \frac{1}{10} \sum_{i=1}^{10} x_i = 67.5.$$

$$\sum_{i=1}^{10} y_i = 288 + 293 + \cdots + 286 = 3\,150,$$

$$\bar{y} = \frac{1}{10} \sum_{i=1}^{10} y_i = 315.$$

$$\sum_{i=1}^{10} x_i^2 = 68^2 + 53^2 + \cdots + 64^2 = 46\,659.$$

$$\sum_{i=1}^{10} y_i^2 = 288^2 + 293^2 + \cdots + 286^2 = 1\,000\,120.$$

$$\sum_{i=1}^{10} x_i y_i = 68 \times 288 + 53 \times 293 + \cdots + 64 \times 286 = 214\,672.$$

进而可以计算出：

$$l_{xx} = \sum_{i=1}^{n} x_i^2 - \frac{1}{10}\Big(\sum_{i=1}^{10} x_i\Big)^2 = 46\,659 - \frac{1}{10} \times 675^2 = 1\,096.5,$$

$$l_{yy} = \sum_{i=1}^{n} y_i^2 - \frac{1}{10}\Big(\sum_{i=1}^{10} y_i\Big)^2 = 1\,000\,120 - \frac{1}{10} \times 3\,150^2 = 7\,870,$$

$$l_{xy} = \sum_{i=1}^{10} x_i y_i - \frac{1}{10}\Big(\sum_{i=1}^{10} x_i\Big)\Big(\sum_{i=1}^{10} y_i\Big)$$

$$= 214\,672 - \frac{1}{10} \times 675 \times 3\,150$$

$$= 2\,047.$$

于是

$$\hat{b} = l_{xy}/l_{xx} = \frac{2\,047}{1\,096.5} \approx 1.87,$$

$$\hat{a} = \bar{y} - \hat{b}\,\bar{x} = 315 - 1.87 \times 67.5 \approx 188.78.$$

回归方程为

$$\hat{y} = 188.78 + 1.87x.$$

（2）相关性检验.

$$U = \hat{b}\, l_{xy} = 1.87 \times 2\,047 = 3\,827.89.$$

$$Q = l_{yy} - U = 7\,870 - 3\,827.89 = 4\,042.11.$$

$$F = \frac{U}{Q}(n-2) = \frac{3\,827.89 \times 8}{4\,042.11} \approx 7.58.$$

对于给定的显著性水平 $\alpha = 0.05$，查表，得

$$F_\alpha(1, n-2) = F_{0.05}(1,8) = 5.32.$$

由于 $F = 7.58 > 5.32$，所以认为铝的抗张强度与硬度之间有显著的线性相关关系，回归方程显著有效.

（3）求当 $x = 65$ 时，y 的预测区间.

查表，得 $t_{\alpha/2}(n-2) = t_{0.025}(8) = 2.306$，

$$\hat{\sigma} = \sqrt{\frac{Q}{n-2}} = \sqrt{\frac{4\,042.11}{8}} \approx 22.48.$$

当 $x = 65$ 时，

$$\hat{y} = 188.78 + 1.87 \times 65 = 310.33.$$

$$\sqrt{1 + \frac{1}{n} + \frac{(x-\bar{x})^2}{l_{xx}}} = \sqrt{1 + \frac{1}{10} + \frac{(65-67.5)^2}{1\,096.5}} \approx 1.05.$$

$$\delta(65) = 2.306 \times 22.48 \times 1.05 \approx 54.43.$$

得当 $x = 65$ 时，y 的 95% 的预测区间为

$$(310.33-54.43, 310.33+54.43)$$
$$=(255.90, 364.76).$$

2. 在服装标准的制定过程中,调查了很多人的身材,得到了一系列服装各部位的尺寸与身高、胸围等的关系.表 9-2 给出的是一组女青年身高 x 与裤长 y 的数据.

(1) 求裤长 y 对身高 x 的回归方程.

(2) 在显著性水平 $\alpha=0.01$ 下检验回归方程的显著性.

表 9-2

i	x	y	i	x	y	i	x	y
1	168	107	11	158	100	21	156	99
2	162	103	12	156	99	22	164	107
3	160	103	13	165	105	23	168	108
4	160	102	14	158	101	24	165	106
5	156	100	15	166	105	25	162	103
6	157	100	16	162	105	26	158	101
7	162	102	17	150	97	27	157	101
8	159	101	18	152	98	28	172	110
9	168	107	19	156	101	29	147	95
10	159	100	20	159	103	30	155	99

解 (1) 求裤长 y 对身高 x 的回归方程.

$$\sum_{i=1}^{30} x_i = 168+162+\cdots+155 = 4\,797, \quad \bar{x}=159.9,$$

$$\sum_{i=1}^{30} y_i = 107+103+\cdots+99 = 3\,068, \quad \bar{y} \approx 102.3,$$

$$\sum_{i=1}^{30} x_i^2 = 168^2+162^2+\cdots+155^2 = 767\,949,$$

$$\sum_{i=1}^{30} y_i^2 = 107^2+103^2+\cdots+99^2 = 314\,112,$$

$$\sum_{i=1}^{30} x_i y_i = 168\times107+162\times103+\cdots+155\times99$$
$$= 491\,124.$$

进而可以计算以下各值:

$$l_{xx} = \sum_{i=1}^{30} x_i^2 - \frac{1}{30}\left(\sum_{i=1}^{30} x_i\right)^2 = 767\,949 - \frac{1}{30}\times4\,797^2 = 908.7,$$

$$l_{yy} = \sum_{i=1}^{30} y_i^2 - \frac{1}{30}\left(\sum_{i=1}^{30} y_i\right)^2 = 314\,112 - \frac{1}{30}\times3\,068^2 \approx 357.87,$$

$$l_{xy} = \sum_{i=1}^{30} x_i y_i - \frac{1}{30}\left(\sum_{i=1}^{30} x_i\right)\left(\sum_{i=1}^{30} y_i\right)$$
$$= 491\,124 - \frac{1}{30}\times4\,797\times3\,068 = 550.8.$$

于是

$$\hat{b} = l_{xy}/l_{xx} = \frac{550.8}{908.7} \approx 0.61,$$

$$\hat{a} = \bar{y} - \hat{b}\,\bar{x} = 102.3 - 0.61 \times 159.9 \approx 4.8.$$

回归方程为

$$\hat{y} = \hat{a} + \hat{b}\,x = 4.8 + 0.61x.$$

（2）相关性检验.

$$U = \hat{b}\,l_{xy} = 0.61 \times 550.8 \approx 335.99,$$

$$Q = l_{yy} - U = 357.87 - 335.99 = 21.88,$$

$$F = \frac{U}{Q}(n-2) = \frac{335.99 \times 28}{21.88} = 429.97.$$

对给定的显著性水平 $\alpha = 0.01$,

$$F_\alpha(1, n-2) = F_{0.01}(1, 28) = 7.64.$$

由于 $F = 429.97 > 7.64$，所以裤长与身高有高度显著的线性相关关系，回归方程高度显著.

3. 已知鱼的体重 y 与体长 x 有关系式

$$y = \alpha x^\beta.$$

测得尼罗罗非鱼生长的数据如表 9-3 所示，求尼罗罗非鱼体重 y 与体长 x 的经验公式.

表 9-3

y(g)	0.5	34	75	122.5	170	192	195
x(mm)	29	60	124	155	170	185	190

解 本题是可以化成线性回归的非线性回归问题.

对 $y = \alpha x^\beta$ 两边取对数（以 e 为底），得

$$\ln y = \ln \alpha + \beta \ln x.$$

令

$$y' = \ln y, \quad x' = \ln x, \quad a = \ln \alpha, \quad b = \beta,$$

则得

$$y' = a + bx'.$$

对此方程求 $\hat{a}$ 和 $\hat{b}$.

由表 9-3 中数据可得 y'_i, x'_i，如表 9-4 所示.

表 9-4

i	y	$y' = \ln y$	x	$x' = \ln x$
1	0.5	−0.693 1	29	3.367 3
2	34	3.526 4	60	4.094 3
3	75	4.317 5	124	4.820 3
4	122.5	4.808 1	155	5.043 4

续表

i	y	$y'=\ln y$	x	$x'=\ln x$
5	170	5.135 8	170	5.135 8
6	192	5.257 5	185	5.220 4
7	195	5.273 0	190	5.247 0

由表 9-4 中数据可算出以下各值:

$$\sum x_i'=32.928\,5,\quad \sum x_i'^2=157.933\,2,\quad \bar{x}'\approx 4.704\,1.$$

$$\sum y_i'=27.625\,2,\quad \sum y_i'^2=136.496\,8,\quad \bar{y}'\approx 3.946\,5.$$

$$\sum x_i'y_i'=138.655\,2.$$

$$l_{x'x'}=157.933\,2-\frac{1}{7}\times 32.928\,5^2\approx 3.035\,2.$$

$$l_{y'y'}=136.496\,8-\frac{1}{7}\times 27.625\,2^2\approx 27.475\,1.$$

$$l_{x'y'}=138.655\,2-\frac{1}{7}\times 32.928\,5\times 27.625\,2\approx 8.704\,3.$$

于是

$$\hat{b}=\frac{l_{x'y'}}{l_{x'x'}}=2.867\,8,$$

$$\hat{a}=\bar{y}'-\hat{b}\,\bar{x}'=-9.543\,9.$$

y' 关于 x' 的回归方程为

$$\hat{y}'=2.867\,8x'-9.543\,9.$$

又

$$U=\hat{b}\,l_{x'y'}=2.867\,8\times 8.704\,3=24.962\,2,$$

$$Q=l_{y'y'}-U=27.475\,1-24.962\,2=2.512\,9,$$

$$F=\frac{U}{Q}(n-2)=\frac{24.962\,2\times 5}{2.512\,9}=49.67.$$

取显著性水平 $\alpha=0.01$,查表,得

$$F_{0.01}(1,n-2)=F_{0.01}(1,5)=16.26.$$

由于 $F=49.67>16.26$,所以回归方程是高度显著的.而

$$\hat{\alpha}=\mathrm{e}^{-9.543\,9}\approx 7.16\times 10^{-5},$$

$$\hat{\beta}=\hat{b}=2.867\,8,$$

从而得到尼罗罗非鱼体重 y 与体长 x 的经验公式

$$\hat{y}=7.16\times 10^{-5}x^{2.867\,8}.$$

注意　对于可线性化的非线性回归问题,相关性检验针对的是线性变换后的线性回归方程.例如,这里是对 y' 关于 x' 的回归方程进行检验.当然,由于这个回归方程有效,y 关于 x 的经验公式也有效.

第 10 章

数量化方法简介

（一）习题解答与分析

（A）

已知某种半成品在生产过程中的废品率 y 与它的某种化学成分 x 有关.经验表明,近似地有

$$y = b_0 + b_1 x + b_2 x^2.$$

今测得一组数据如表 10 - 1 所示,求 y 与 x 的经验公式.

表 10 - 1

$y(\%)$	1.30	1.00	0.73	0.90	0.81	0.70	0.60	0.50
$x(\%)$	0.34	0.36	0.37	0.38	0.39	0.39	0.39	0.40
$y(\%)$	0.44	0.56	0.30	0.42	0.35	0.40	0.41	0.60
$x(\%)$	0.40	0.41	0.42	0.43	0.43	0.45	0.47	0.48

解 令 $x_1 = x, x_2 = x^2$,则

$$y = b_0 + b_1 x_1 + b_2 x_2.$$

表 10 - 1 中的数据记作 (x_t, y_t),$1 \leqslant t \leqslant 16$.令 $x_{1t} = x_t, x_{2t} = x_t^2$,$1 \leqslant t \leqslant 16$.计算下列各值:

$$\sum y_t = 10.02, \quad \bar{y} \approx 0.626,$$

$$\sum x_{1t} = 6.51, \quad \bar{x}_1 \approx 0.41,$$

$$\sum x_{2t} = 2.670\,9, \quad \bar{x}_2 = 0.166\,9,$$

$$\sum y_t^2 = 7.373\,2, \quad \sum x_{1t}^2 = 2.670\,9,$$

$$\sum x_{2t}^2 = 0.460\,993\,53, \quad \sum x_{1t}x_{2t} = 1.105\,005,$$

$$\sum x_{1t}y_t = 3.960\,4, \quad \sum x_{2t}y_t = 1.580\,346,$$

$$l_{11} = \sum x_{1t}^2 - \frac{1}{16}\left(\sum x_{1t}\right)^2 = 0.022\,143\,75,$$

$$l_{12} = l_{21} = \sum x_{1t}x_{2t} - \frac{1}{16}\left(\sum x_{1t}\right)\left(\sum x_{2t}\right) = 0.018\,282\,563,$$

$$l_{22} = \sum x_{2t}^2 - \frac{1}{16}\left(\sum x_{2t}\right)^2 = 0.015\,136\,854,$$

$$l_{1y} = \sum x_{1t}y_t - \frac{1}{16}\left(\sum x_{1t}\right)\left(\sum y_t\right) = -0.116\,487\,5,$$

$$l_{2y} = \sum x_{2t}y_t - \frac{1}{16}\left(\sum x_{2t}\right)\left(\sum y_t\right) \approx -0.092\,305,$$

$$l_{yy} = \sum y_t^2 - \frac{1}{16}\left(\sum y_t\right)^2 = 1.098\,175.$$

正规方程为

$$\begin{cases} b_0 = \bar{y} - b_1\bar{x}_1 - b_2\bar{x}_2, \\ l_{11}b_1 + l_{12}b_2 = l_{1y}, \\ l_{21}b_1 + l_{22}b_2 = l_{2y}, \end{cases}$$

解得

$$\hat{b}_1 = \frac{l_{1y}l_{22} - l_{2y}l_{12}}{l_{11}l_{22} - l_{12}^2} \approx -80.98,$$

$$\hat{b}_2 = \frac{l_{2y}l_{11} - l_{1y}l_{21}}{l_{11}l_{22} - l_{12}^2} \approx 91.71,$$

$$\hat{b}_0 = \bar{y} - \hat{b}_1\bar{x}_1 - \hat{b}_2\bar{x}_2 \approx 18.52.$$

得经验公式

$$\hat{y} = 18.52 - 80.98x + 91.71x^2.$$

又

$$U = \hat{b}_1 l_{1y} + \hat{b}_2 l_{2y} = 0.967\,9,$$

$$Q = l_{yy} - U = 0.130\,3,$$

$$F = \frac{U/k}{Q/(n-k-1)} = \frac{0.967\,9/2}{0.130\,3/(16-2-1)} \approx 48.28.$$

对显著性水平 $\alpha = 0.01$，查表，得

$$F_{0.01}(k, n-k-1) = F_{0.01}(2, 13) = 6.70.$$

由于 $F = 48.28 > 6.70$，所以经验公式是高度显著的.

（二）参考题（附解答）

1. 研究高磷钢的效率与出钢量和 FeO 的关系，测得数据如表 10 - 2 所示（表中 y 表示效率，x_1 是出钢量，x_2 是 FeO）.

（1）假设效率与出钢量和 FeO 有线性相关关系，求回归方程

$$\hat{y} = b_0 + b_1 x_1 + b_2 x_2.$$

（2）检验回归方程的显著性（取 $\alpha = 0.10$）.

表 10 - 2

i	x_1	x_2	y	i	x_1	x_2	y	i	x_1	x_2	y
1	115.3	14.2	83.5	7	101.4	13.5	84.0	13	88.0	16.4	81.5
2	96.5	14.6	78.0	8	109.8	20.0	80.0	14	88.0	18.1	85.7
3	56.9	14.9	73.0	9	103.4	13.0	88.0	15	108.9	15.4	81.9
4	101.0	14.9	91.4	10	110.6	15.3	86.5	16	89.5	18.3	79.1
5	102.9	18.2	83.4	11	80.3	12.9	81.0	17	104.4	13.8	89.9
6	87.9	13.2	82.0	12	93.0	14.7	88.6	18	101.9	12.2	80.6

解 本题为二元线性回归问题.

（1）简化数据.

取 $c_1 = 100, c_2 = 15, c = 80, d = 10$. 令

$$x'_{1i} = (x_{1i} - c_1) \times d = (x_{1i} - 100) \times 10,$$
$$x'_{2i} = (x_{2i} - c_2) \times d = (x_{2i} - 15) \times 10,$$
$$y'_i = (y_i - c) \times d = (y_i - 80) \times 10.$$

处理后的数据如表 10 - 3 所示.

表 10 - 3

i	x'_1	x'_2	y'	i	x'_1	x'_2	y'	i	x'_1	x'_2	y'
1	153	−8	35	7	14	−15	40	13	−120	14	15
2	−35	−4	−20	8	98	50	0	14	−120	31	57
3	−431	−1	−70	9	34	−20	80	15	89	4	19
4	10	−1	114	10	106	3	65	16	−105	33	−9
5	29	32	34	11	−197	−21	10	17	44	−12	99
6	−121	−18	20	12	−70	−3	86	18	19	−28	6

（2）由表 10 - 3 中的数据可计算出以下各值.

在计算中，求和过程都是从 1 到 18，因而均省掉 $\sum$ 的下限和上限.

① $\sum x'_{1i} = -603$，$\quad \sum x'^{2}_{1i} = 341\,921$，

　$\overline{x}'_1 = -33.5$，$\quad \overline{x}_1 = 100 + 0.1\overline{x}'_1 = 96.65$.

② $\sum x'_{2i} = 36$，$\quad \sum x'^{2}_{2i} = 8\,204$，

　$\overline{x}'_2 = 2$，$\quad \overline{x}_2 = 15 + 0.1\overline{x}'_2 = 15.2$.

③ $\sum y'_i = 581$，$\quad \sum y'^{2}_i = 54\,551$，

　$\overline{y}' \approx 32.28$，$\quad \overline{y} = 80 + 0.1\overline{y}' \approx 83.23$.

④ $l'_{11} = \sum x'^{2}_{1i} - \dfrac{1}{18}\left(\sum x'_{1i}\right)^2 = 321\,720.5$，

　$l_{11} = 0.01 l'_{11} \approx 3\,217.2$.

⑤ $\sum x'_{1i} x'_{2i} = 1\,549$.

　$l'_{12} = \sum x'_{1i} x'_{2i} - \dfrac{1}{18}\left(\sum x'_{1i}\right)\left(\sum x'_{2i}\right) = 2\,755$，

　$l_{12} = l_{21} = 0.01 l'_{12} = 27.55$.

⑥ $l'_{22} = \sum x'^{2}_{2i} - \dfrac{1}{18}\left(\sum x'_{2i}\right)^2 = 8\,132$，

　$l_{22} = 0.01 l'_{22} = 81.32$.

⑦ $\sum x'_{1i} y'_i = 36\,577$，

　$l'_{1y} = \sum x'_{1i} y'_i - \dfrac{1}{18}\left(\sum x'_{1i}\right)\left(\sum y'_i\right) = 56\,040.5$，

　$l_{1y} \approx 560.4$，

⑧ $\sum x'_{2i} y'_i = -1\,589$，

　$l'_{2y} = \sum x'_{2i} y'_i - \dfrac{1}{18}\left(\sum x'_{2i}\right)\left(\sum y'_i\right) = -2\,751$，

　$l_{2y} = -27.51$.

⑨ $l'_{yy} = \sum y'^{2}_i - \dfrac{1}{18}\left(\sum y'_i\right)^2 = 35\,797.61$，

　$l_{yy} \approx 357.98$.

（3）经验公式（回归方程）.

正规方程为

$$\begin{cases} b_0 = \overline{y} - b_1 \overline{x}_1 - b_2 \overline{x}_2, \\ l_{11} b_1 + l_{12} b_2 = l_{1y}, \\ l_{21} b_1 + l_{22} b_2 = l_{2y}. \end{cases}$$

解得

$$\hat{b}_1 = \frac{l_{1y} l_{22} - l_{2y} l_{12}}{l_{11} l_{22} - l^2_{12}} \approx 0.177\,6,$$

$$\hat{b}_2 = \frac{l_{11} l_{2y} - l_{21} l_{1y}}{l_{11} l_{22} - l^2_{12}} = -0.398\,5,$$

$$\hat{b}_0 = \bar{y} - \hat{b}_1 \bar{x}_1 - \hat{b}_2 \bar{x}_2 \approx 72.12.$$

于是，得到回归方程

$$\hat{y} = 72.12 + 0.177\,6x_1 - 0.398\,5x_2.$$

（4）相关性检验.

在显著性水平 $\alpha = 0.10$ 下，分位数

$$F_\alpha(k, n-k-1) = F_{0.10}(2, 15) = 2.70,$$

而

$$U = \sum_{i=1}^{2} \hat{b}_i l_{iy} = \hat{b}_1 l_{1y} + \hat{b}_2 l_{2y} \approx 110.49,$$
$$Q = l_{yy} - U = 247.49.$$

于是

$$F = \frac{U/k}{Q/(n-k-1)} = \frac{110.49/2}{247.49/15} \approx 3.35 > 2.70.$$

所以认为回归方程是显著的（在显著性水平 $\alpha = 0.10$ 下）.

2. 一种合金在某种添加剂的不同浓度之下各做三次试验，得数据如表 10-4 所示：

表 10-4

浓度 x(%)	10.0	15.0	20.0	25.0	30.0
抗压强度 y	25.2	29.8	31.2	31.7	29.4
	27.3	31.1	32.6	30.1	30.8
	28.7	27.8	29.7	32.3	32.8

（1）作散点图.

（2）以模型 $Y = b_0 + b_1 x + b_2 x^2 + \varepsilon, \varepsilon \sim N(0, \sigma^2)$ 拟合数据，其中 b_0, b_1, b_2, σ^2 与 x 无关.求回归方程 $\hat{y} = \hat{b}_0 + \hat{b}_1 x + \hat{b}_2 x^2$.

解 （1）散点图如图 10-1 所示.

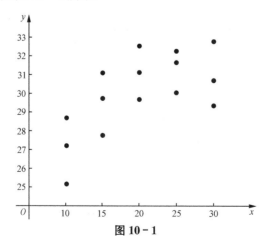

图 10-1

（2）令 $x_1 = x, x_2 = x^2$，则题中假设的模型可写成

$$Y = b_0 + b_1 x_1 + b_2 x_2 + \varepsilon, \quad \varepsilon \sim N(0, \sigma^2).$$

本题要求利用给定的数据来估计系数 b_0, b_1, b_2.

引入矩阵

$$X = \begin{pmatrix} 1 & 10 & 100 \\ 1 & 10 & 100 \\ 1 & 10 & 100 \\ 1 & 15 & 225 \\ 1 & 15 & 225 \\ 1 & 15 & 225 \\ 1 & 20 & 400 \\ 1 & 20 & 400 \\ 1 & 20 & 400 \\ 1 & 25 & 625 \\ 1 & 25 & 625 \\ 1 & 25 & 625 \\ 1 & 30 & 900 \\ 1 & 30 & 900 \\ 1 & 30 & 900 \end{pmatrix}, \quad Y = \begin{pmatrix} 25.2 \\ 27.3 \\ 28.7 \\ 29.8 \\ 31.1 \\ 27.8 \\ 31.2 \\ 32.6 \\ 29.7 \\ 31.7 \\ 30.1 \\ 32.3 \\ 29.4 \\ 30.8 \\ 32.8 \end{pmatrix}, \quad B = \begin{pmatrix} b_0 \\ b_1 \\ b_2 \end{pmatrix}.$$

经计算得

$$X'X = \begin{pmatrix} 15 & 300 & 6\,750 \\ 300 & 6\,750 & 165\,000 \\ 6\,750 & 165\,000 & 4\,263\,750 \end{pmatrix}$$

$$= 15 \begin{pmatrix} 1 & 20 & 450 \\ 20 & 450 & 11\,000 \\ 450 & 11\,000 & 284\,250 \end{pmatrix},$$

$$X'Y = \begin{pmatrix} 450.5 \\ 9\,155 \\ 207\,990 \end{pmatrix},$$

$$(X'X)^{-1} = \frac{1}{26\,250} \begin{pmatrix} 138\,250 & -14\,700 & 350 \\ -14\,700 & 1\,635 & -40 \\ 350 & -40 & 1 \end{pmatrix}.$$

得正规方程组的解为

$$\hat{B} = \begin{pmatrix} \hat{b}_0 \\ \hat{b}_1 \\ \hat{b}_2 \end{pmatrix} = (X'X)^{-1} X'Y = \begin{pmatrix} 19.033\,33 \\ 1.008\,57 \\ -0.020\,38 \end{pmatrix}.$$

故回归方程为

$$\hat{y} = 19.033\,3 + 1.008\,57 x_1 - 0.020\,38 x_2,$$

即
$$\hat{y}=19.033\,3+1.008\,57x-0.020\,38x^2.$$

3. 某种化工产品的得率 Y 与反应温度 x_1、反应时间 x_2 及某反应物浓度 x_3 有关. 今得试验结果如表 10-5 所示, 其中 x_1,x_2,x_3 均为二水平且均以编码形式表达.

表 10-5

x_1	-1	-1	-1	-1	1	1	1	1
x_2	-1	-1	1	1	-1	-1	1	1
x_3	-1	1	-1	1	-1	1	-1	1
得率	7.6	10.3	9.2	10.2	8.4	11.1	9.8	12.6

（1）设 $\mu(x_1,x_2,x_3)=b_0+b_1x_1+b_2x_2+b_3x_3$, 求 Y 的多元线性回归方程.

（2）若认为反应时间不影响得率, 即认为
$$\mu(x_1,x_2,x_3)=\beta_0+\beta_1x_1+\beta_3x_3,$$
求 Y 的多元线性回归方程.

解 （1）引入矩阵
$$\boldsymbol{X}=\begin{pmatrix}1&-1&-1&-1\\1&-1&-1&1\\1&-1&1&-1\\1&-1&1&1\\1&1&-1&-1\\1&1&-1&1\\1&1&1&-1\\1&1&1&1\end{pmatrix},\quad \boldsymbol{Y}=\begin{pmatrix}7.6\\10.3\\9.2\\10.2\\8.4\\11.1\\9.8\\12.6\end{pmatrix},\quad \boldsymbol{B}=\begin{pmatrix}b_0\\b_1\\b_2\\b_3\end{pmatrix},$$

则所求的线性回归模型为
$$Y=b_0+b_1x_1+b_2x_2+b_3x_3+\varepsilon,\quad \varepsilon\sim N(0,\sigma^2).$$
其正规方程为
$$\boldsymbol{X}'\boldsymbol{X}\boldsymbol{B}=\boldsymbol{X}'\boldsymbol{Y}.$$

易得
$$\boldsymbol{X}'\boldsymbol{X}=\begin{pmatrix}8&0&0&0\\0&8&0&0\\0&0&8&0\\0&0&0&8\end{pmatrix},\quad \boldsymbol{X}'\boldsymbol{Y}=\begin{pmatrix}79.2\\4.6\\4.4\\9.2\end{pmatrix},$$

故
$$(\boldsymbol{X}'\boldsymbol{X})^{-1}=\mathrm{diag}\left(\frac{1}{8},\frac{1}{8},\frac{1}{8},\frac{1}{8}\right),$$

所以

$$\hat{\boldsymbol{B}} = \begin{pmatrix} \hat{b}_0 \\ \hat{b}_1 \\ \hat{b}_2 \\ \hat{b}_3 \end{pmatrix} = (\boldsymbol{X}'\boldsymbol{X})^{-1}\boldsymbol{X}'\boldsymbol{Y} = \begin{pmatrix} 9.9 \\ 0.575 \\ 0.55 \\ 1.15 \end{pmatrix}.$$

所以多元回归方程为
$$\hat{y} = 9.9 + 0.575x_1 + 0.55x_2 + 1.15x_3.$$

（2）若认为 $\mu(x_1,x_2,x_3)=\beta_0+\beta_1x_1+\beta_3x_3$，则引入的 8×3 矩阵就是上述 $\boldsymbol{X}$ 中删去第 3 列后所得的矩阵，即

$$\boldsymbol{M} = \begin{pmatrix} 1 & -1 & -1 \\ 1 & -1 & 1 \\ 1 & -1 & -1 \\ 1 & -1 & 1 \\ 1 & 1 & -1 \\ 1 & 1 & 1 \\ 1 & 1 & -1 \\ 1 & 1 & 1 \end{pmatrix}, \quad \boldsymbol{\beta} = \begin{pmatrix} \beta_0 \\ \beta_1 \\ \beta_3 \end{pmatrix},$$

模型 $Y=\beta_0+\beta_1x_1+\beta_3x_3+\varepsilon,\varepsilon\sim N(0,\sigma^2)$ 的正规方程为
$$\boldsymbol{M}'\boldsymbol{M}\boldsymbol{\beta}=\boldsymbol{M}'\boldsymbol{Y}$$
（$\boldsymbol{Y}$ 见（1）），则有

$$\boldsymbol{M}'\boldsymbol{M} = \begin{pmatrix} 8 & 0 & 0 \\ 0 & 8 & 0 \\ 0 & 0 & 8 \end{pmatrix}, \quad \boldsymbol{M}'\boldsymbol{Y} = \begin{pmatrix} 79.2 \\ 4.6 \\ 9.2 \end{pmatrix},$$

故
$$(\boldsymbol{M}'\boldsymbol{M})^{-1} = \mathrm{diag}\left(\frac{1}{8},\frac{1}{8},\frac{1}{8}\right),$$

$$\hat{\boldsymbol{\beta}} = \begin{pmatrix} \hat{\beta}_0 \\ \hat{\beta}_1 \\ \hat{\beta}_3 \end{pmatrix} = \begin{pmatrix} 9.9 \\ 0.575 \\ 1.15 \end{pmatrix},$$

得多元回归方程为
$$\hat{y} = 9.9 + 0.575x_1 + 1.15x_3.$$

常用分布表

附表1 泊松分布表

$$\left(\text{表中列出} \sum_{i=0}^{k} \frac{\lambda^i}{i!} e^{-\lambda} \text{ 的值}\right)$$

k \ λ	0.1	0.2	0.3	0.4	0.5	0.6	0.7	0.8
0	0.90484	0.81873	0.74082	0.67032	0.60653	0.54881	0.49659	0.44933
1	0.99532	0.98248	0.96306	0.93845	0.90980	0.87810	0.84420	0.80879
2	0.99985	0.99885	0.99640	0.99207	0.98561	0.97689	0.96586	0.95258
3	1.00000	0.99994	0.99973	0.99922	0.99825	0.99664	0.99425	0.99092
4		1.00000	0.99998	0.99994	0.99983	0.99961	0.99921	0.99859
5			1.00000	1.00000	0.99999	0.99996	0.99991	0.99982
6					1.00000	1.00000	0.99999	0.99998
7							1.00000	1.00000

k \ λ	0.9	1.0	1.2	1.4	1.6	1.8	2.0
0	0.40657	0.36788	0.30119	0.24660	0.20190	0.16530	0.13534
1	0.77248	0.73576	0.66263	0.59183	0.52493	0.46284	0.40601
2	0.93714	0.91970	0.87949	0.83350	0.78336	0.73062	0.67668
3	0.98654	0.98101	0.96623	0.94627	0.92119	0.89129	0.85712
4	0.99766	0.99634	0.99225	0.98575	0.97632	0.96359	0.94735
5	0.99966	0.99941	0.99850	0.99680	0.99396	0.98962	0.98344
6	0.99996	0.99992	0.99975	0.99938	0.99866	0.99743	0.99547
7	1.00000	0.99999	0.99996	0.99989	0.99974	0.99944	0.99890
8		1.00000	0.99999	0.99998	0.99995	0.99989	0.99976
9			1.00000	1.00000	0.99999	0.99998	0.99995
10					1.00000	1.00000	0.99999
11							1.00000

续表

k \ λ	2.5	3.0	3.5	4.0	4.5	5.0
0	0.08208	0.04979	0.03020	0.01832	0.01111	0.00674
1	0.28730	0.19915	0.13589	0.09158	0.06110	0.04043
2	0.54381	0.42319	0.32085	0.23810	0.17358	0.12465
3	0.75758	0.64723	0.53663	0.43347	0.35230	0.26503
4	0.89118	0.81526	0.72544	0.62884	0.54210	0.44049
5	0.95798	0.91608	0.85761	0.78513	0.70293	0.61596
6	0.98581	0.96649	0.93471	0.88933	0.83105	0.76218
7	0.99575	0.98810	0.97326	0.94887	0.91341	0.86663
8	0.99886	0.99620	0.99013	0.97864	0.95974	0.93191
9	0.99972	0.99890	0.99668	0.99187	0.98291	0.96817
10	0.99994	0.99971	0.99898	0.99716	0.99333	0.98630
11	0.99999	0.99993	0.99971	0.99908	0.99760	0.99455
12	1.00000	0.99998	0.99992	0.99973	0.99919	0.99798
13		1.00000	0.99998	0.99992	0.99975	0.99930
14			1.00000	0.99998	0.99993	0.99977
15				1.00000	0.99998	0.99993
16					0.99999	0.99998
17					1.00000	0.99999
18						1.00000

附表 2　标准正态分布表 $\left(\Phi(x) = \dfrac{1}{\sqrt{2\pi}}\displaystyle\int_{-\infty}^{x} \exp\left(-\dfrac{t^2}{2}\right)\mathrm{d}t\right)$

x	0.00	0.01	0.02	0.03	0.04	0.05	0.06	0.07	0.08	0.09
0.0	0.5000	0.5040	0.5080	0.5120	0.5160	0.5199	0.5239	0.5279	0.5319	0.5359
0.1	0.5398	0.5438	0.5478	0.5517	0.5557	0.5596	0.5636	0.5675	0.5714	0.5753
0.2	0.5793	0.5832	0.5871	0.5910	0.5948	0.5987	0.6026	0.6064	0.6103	0.6141
0.3	0.6179	0.6217	0.6255	0.6293	0.6331	0.6368	0.6406	0.6443	0.6480	0.6517
0.4	0.6554	0.6591	0.6628	0.6664	0.6700	0.6736	0.6772	0.6808	0.6844	0.6879
0.5	0.6915	0.6950	0.6985	0.7019	0.7054	0.7088	0.7123	0.7157	0.7190	0.7224
0.6	0.7257	0.7291	0.7324	0.7357	0.7389	0.7422	0.7454	0.7486	0.7517	0.7549
0.7	0.7580	0.7611	0.7642	0.7673	0.7704	0.7734	0.7764	0.7794	0.7823	0.7852
0.8	0.7881	0.7910	0.7939	0.7967	0.7995	0.0823	0.8051	0.8078	0.8106	0.8133
0.9	0.8159	0.8186	0.8212	0.8238	0.8264	0.8289	0.8315	0.8340	0.8365	0.8389
1.0	0.8413	0.8438	0.8461	0.8485	0.8508	0.8531	0.8554	0.8577	0.8599	0.8621
1.1	0.8643	0.8665	0.8686	0.8708	0.8729	0.8749	0.8770	0.8790	0.8810	0.8830
1.2	0.8849	0.8869	0.8888	0.8907	0.8925	0.8944	0.8962	0.8980	0.8997	0.9015
1.3	0.9032	0.9049	0.9066	0.9082	0.9099	0.9115	0.9131	0.9147	0.9162	0.9177
1.4	0.9192	0.9207	0.9222	0.9236	0.9251	0.9265	0.9279	0.9292	0.9306	0.9319
1.5	0.9332	0.9345	0.9357	0.9370	0.9382	0.9394	0.9406	0.9418	0.9429	0.9441
1.6	0.9452	0.9463	0.9474	0.9484	0.9495	0.9505	0.9515	0.9525	0.9535	0.9545
1.7	0.9554	0.9564	0.9573	0.9582	0.9591	0.9599	0.9608	0.9616	0.9625	0.9633
1.8	0.9641	0.9649	0.9656	0.9664	0.9671	0.9678	0.9686	0.9693	0.9699	0.9706
1.9	0.9713	0.9719	0.9726	0.9732	0.9738	0.9744	0.9750	0.9756	0.9761	0.9767
2.0	0.9772	0.9778	0.9783	0.9788	0.9793	0.9798	0.9803	0.9808	0.9812	0.9817
2.1	0.9821	0.9826	0.9830	0.9834	0.9838	0.9842	0.9846	0.9850	0.9854	0.9857
2.2	0.9861	0.9864	0.9868	0.9871	0.9875	0.9878	0.9881	0.9884	0.9887	0.9890
2.3	0.9893	0.9896	0.9898	0.9901	0.9904	0.9906	0.9909	0.9911	0.9913	0.9916
2.4	0.9918	0.9920	0.9922	0.9925	0.9927	0.9929	0.9931	0.9932	0.9934	0.9936
2.5	0.9938	0.9940	0.9941	0.9943	0.9945	0.9946	0.9948	0.9949	0.9951	0.9952
2.6	0.9953	0.9955	0.9956	0.9957	0.9959	0.9960	0.9961	0.9962	0.9963	0.9964
2.7	0.9965	0.9966	0.9967	0.9968	0.9969	0.9970	0.9971	0.9972	0.9973	0.9974
2.8	0.9974	0.9975	0.9976	0.9977	0.9977	0.9978	0.9979	0.9979	0.9980	0.9981
2.9	0.9981	0.9982	0.9982	0.9983	0.9984	0.9984	0.9985	0.9985	0.9986	0.9986
3.0	0.9987	0.9987	0.9987	0.9988	0.9988	0.9989	0.9989	0.9989	0.9990	0.9990
3.1	0.9990	0.9991	0.9991	0.9991	0.9992	0.9992	0.9992	0.9992	0.9993	0.9993
3.2	0.9993	0.9993	0.9994	0.9994	0.9994	0.9994	0.9994	0.9995	0.9995	0.9995

附表3 χ² 分布表 (P{χ²(n)>χ²_α(n)}=α)

α n	0.990	0.975	0.950	0.900	0.1	0.05	0.025	0.01
1	—	0.001	0.004	0.016	2.706	3.841	5.024	6.635
2	0.020	0.051	0.103	0.211	4.605	5.991	7.378	9.210
3	0.115	0.216	0.352	0.584	6.251	7.815	9.348	11.34
4	0.297	0.484	0.711	1.064	7.779	9.488	11.14	13.28
5	0.554	0.831	1.145	1.610	9.236	11.07	12.83	15.09
6	0.872	1.237	1.635	2.204	10.64	12.59	14.45	16.81
7	1.239	1.690	2.167	2.833	12.02	14.07	16.01	18.48
8	1.646	2.180	2.733	3.490	13.36	15.51	17.53	20.09
9	2.088	2.700	3.325	4.168	14.68	16.92	19.02	21.67
10	2.558	3.247	3.940	4.865	15.99	18.31	20.48	23.21
11	3.053	3.816	4.575	5.578	17.28	19.68	21.92	24.73
12	3.571	4.404	5.226	6.304	18.55	21.03	23.34	26.22
13	4.107	5.009	5.892	7.042	19.81	22.36	24.74	27.69
14	4.660	5.629	6.571	7.790	21.06	23.68	26.12	29.14
15	5.229	6.262	7.261	8.547	22.31	25.00	27.49	30.58
16	5.812	6.908	7.962	9.312	23.54	26.30	28.85	32.00
17	6.408	7.564	8.672	10.09	24.77	27.59	30.19	33.41
18	7.015	8.231	9.390	10.86	25.99	28.87	31.53	34.81
19	7.633	8.907	10.12	11.65	27.20	30.14	32.85	36.19
20	8.260	9.591	10.85	12.44	28.41	31.41	34.17	37.57
21	8.897	10.28	11.59	13.24	29.62	32.67	36.48	38.93
22	9.542	10.98	12.34	14.04	30.81	33.92	36.78	40.29
23	10.20	11.69	13.09	14.85	32.01	35.17	38.08	41.64
24	10.86	12.40	13.85	15.66	33.20	36.42	39.36	42.98
25	11.52	13.12	14.61	16.47	34.38	37.65	40.65	44.31
26	12.20	13.84	15.38	17.29	35.56	38.89	41.92	45.64
27	12.88	14.57	16.15	18.11	36.74	40.11	43.19	46.96
28	13.56	15.31	16.93	18.94	37.92	41.34	44.46	48.28
29	14.26	16.05	17.71	19.77	39.09	42.56	45.72	49.59
30	14.95	16.79	18.49	20.60	40.26	43.77	46.98	50.89
35	18.51	20.57	22.47	24.80	46.06	49.80	53.20	57.34
40	22.16	24.43	26.51	29.05	51.81	55.76	59.34	63.69
45	25.90	28.37	30.61	33.35	57.51	61.66	65.41	69.96

附表 4　t 分布表　$(P\{t(n) > t_\alpha(n)\} = \alpha)$

n \ α	0.05	0.025	0.01	0.005	0.0005
1	6.31	12.71	31.82	63.66	636.62
2	2.92	4.30	6.96	9.92	31.60
3	2.35	3.18	4.54	5.84	12.92
4	2.13	2.78	3.75	4.60	8.61
5	2.02	2.57	3.37	4.03	6.87
6	1.94	2.45	3.14	3.71	5.96
7	1.89	2.36	3.00	3.50	5.41
8	1.86	2.31	2.90	3.36	5.04
9	1.83	2.26	2.82	3.25	4.78
10	1.81	2.23	2.76	3.17	4.59
11	1.80	2.20	2.72	3.11	4.44
12	1.78	2.18	2.68	3.05	4.32
13	1.77	2.16	2.65	3.01	4.22
14	1.76	2.15	2.62	2.98	4.14
15	1.75	2.13	2.60	2.95	4.07
16	1.75	2.12	2.58	2.92	4.02
17	1.74	2.11	2.57	2.90	3.97
18	1.73	2.10	2.55	2.88	3.92
19	1.73	2.09	2.54	2.86	3.88
20	1.73	2.09	2.53	2.85	3.85
21	1.72	2.08	2.52	2.83	3.82
22	1.72	2.07	2.51	2.82	3.79
23	1.71	2.07	2.50	2.81	3.77
24	1.71	2.06	2.49	2.80	3.75
25	1.71	2.06	2.49	2.79	3.73
26	1.71	2.06	2.48	2.78	3.71
27	1.70	2.05	2.47	2.77	3.69
28	1.70	2.05	2.47	2.76	3.67
29	1.70	2.04	2.46	2.76	3.66
30	1.70	2.04	2.46	2.75	3.65
40	1.68	2.02	2.42	2.70	3.55
60	1.67	2.00	2.39	2.66	3.46
120	1.66	1.98	2.36	2.62	3.37
∞	1.65	1.96	2.33	2.58	3.29

附表 5　**F 分布表** （$P\{F>F_\alpha\}=\alpha$）

$$\alpha=0.05$$

n_1 / n_2	1	2	3	4	5	6	7	8	9	10
1	161.4	199.5	215.7	224.6	230.2	234.0	236.8	238.9	240.5	241.9
2	18.51	19.00	19.16	19.25	19.30	19.33	19.35	19.37	19.38	19.40
3	10.13	9.55	9.28	9.12	9.01	8.94	8.89	8.85	8.81	8.79
4	7.71	6.94	6.59	6.39	6.26	6.16	6.09	6.04	6.00	5.96
5	6.61	5.79	5.41	5.19	5.05	4.95	4.88	4.82	4.77	4.74
6	5.99	5.14	4.76	4.53	4.39	4.28	4.21	4.15	4.10	4.06
7	5.59	4.74	4.35	4.12	3.97	3.87	3.79	3.73	3.68	3.64
8	5.32	4.46	4.07	3.84	3.69	3.58	3.50	3.44	3.39	3.35
9	5.12	4.26	3.86	3.63	3.48	3.37	3.29	3.23	3.18	3.14
10	4.96	4.10	3.71	3.48	3.33	3.22	3.14	3.07	3.02	2.98
11	4.84	3.98	3.59	3.36	3.20	3.09	3.10	2.95	2.90	2.85
12	4.75	3.89	3.49	3.26	3.11	3.00	2.91	2.85	2.80	2.75
13	4.67	3.81	3.41	3.18	3.03	2.92	2.83	2.77	2.71	2.67
14	4.60	3.74	3.34	3.11	2.96	2.85	2.76	2.70	2.65	2.60
15	4.54	3.68	3.29	3.06	2.90	2.79	2.71	2.64	2.59	2.54
16	4.49	3.63	3.24	3.01	2.85	2.74	2.66	2.59	2.54	2.49
17	4.45	3.59	3.20	2.96	2.81	2.70	2.61	2.55	2.49	2.45
18	4.41	3.55	3.16	2.93	2.77	2.66	2.58	2.51	2.46	2.41
19	4.38	3.52	3.13	2.90	2.74	2.63	2.54	2.48	2.42	2.38
20	4.35	3.49	3.10	2.87	2.71	2.60	2.51	2.45	2.39	2.35
21	4.32	3.47	3.07	2.84	2.68	2.57	2.49	2.42	2.37	2.32
22	4.30	3.44	3.05	2.82	2.66	2.55	2.46	2.40	2.34	2.30
23	4.28	3.42	3.03	2.80	2.64	2.53	2.44	2.37	2.32	2.27
24	4.26	3.40	3.01	2.78	2.62	2.51	2.42	2.36	2.30	2.25
25	4.24	3.39	2.99	2.76	2.60	2.49	2.40	2.34	2.28	2.24
30	4.17	3.32	2.92	2.69	2.53	2.42	2.33	2.27	2.21	2.16
40	4.08	3.23	2.84	2.61	2.45	2.34	2.25	2.18	2.12	2.08
120	3.92	3.07	2.68	2.45	2.29	2.18	2.09	2.02	1.96	1.91

续表　　　　　　　　　　　　　　　　　　　$\alpha=0.05$

n_1 \ n_2	12	14	16	18	20	22	26	30	40	100
1	244	245	246	247	248	249	249	250	251	253
2	19.4	19.4	19.4	19.4	19.4	19.5	19.5	19.5	19.5	19.5
3	8.74	8.71	8.69	8.67	8.66	8.65	8.63	8.62	8.59	8.55
4	5.91	5.87	5.84	5.82	5.80	5.79	5.76	5.75	5.72	5.66
5	4.68	4.64	4.60	4.58	4.56	4.54	4.52	4.50	4.46	4.41
6	4.00	3.96	3.92	3.90	3.87	3.86	3.83	3.81	3.77	3.71
7	3.57	3.53	3.49	3.47	3.44	3.43	3.40	3.38	3.34	3.27
8	3.28	3.24	3.20	3.17	3.15	3.13	3.10	3.08	3.04	2.97
9	3.07	3.03	2.99	2.96	2.94	2.92	2.89	2.86	2.83	2.76
10	2.91	2.86	2.83	2.80	2.77	2.75	2.72	2.70	2.66	2.59
11	2.79	2.74	2.70	2.67	2.65	2.63	2.59	2.57	2.53	2.46
12	2.69	2.64	2.60	2.57	2.54	2.52	2.49	2.47	2.43	2.35
13	2.60	2.55	2.51	2.48	2.46	2.44	2.41	2.38	2.34	2.26
14	2.53	2.48	2.44	2.41	2.39	2.37	2.33	2.31	2.27	2.19
15	2.48	2.42	2.38	2.35	2.33	2.31	2.27	2.25	2.20	2.12
16	2.42	2.37	2.33	2.30	2.28	2.25	2.22	2.19	2.15	2.07
17	2.38	2.33	2.29	2.26	2.23	2.21	2.17	2.15	2.10	2.02
18	2.34	2.29	2.25	2.22	2.19	2.17	2.13	2.11	2.06	1.98
19	2.31	2.26	2.21	2.18	2.16	2.13	2.10	2.07	2.03	1.94
20	2.28	2.22	2.18	2.15	2.12	2.10	2.07	2.04	1.99	1.91
21	2.25	2.20	2.16	2.12	2.10	2.07	2.04	2.01	1.96	1.88
22	2.23	2.17	2.13	2.10	2.07	2.05	2.01	1.98	1.94	1.85
23	2.20	2.15	2.11	2.07	2.05	2.02	1.99	1.96	1.91	1.82
24	2.18	2.13	2.09	2.05	2.03	2.00	1.97	1.94	1.89	1.80
25	2.16	2.11	2.07	2.04	2.01	1.98	1.95	1.92	1.87	1.78
30	2.09	2.04	1.99	1.96	1.93	1.91	1.87	1.84	1.79	1.70
40	2.00	1.95	1.90	1.87	1.84	1.81	1.77	1.74	1.69	1.59
100	1.85	1.79	1.75	1.71	1.68	1.65	1.61	1.57	1.52	1.39

续表　　　　　　　　　　　　　　　　　　　　　$\alpha=0.01$

n_1 n_2	1	2	3	4	5	6	7	8	9	10
1	4052	5000	5403	5624	5763	5860	5928	5981	6022	6056
2	98.5	99.0	99.2	99.2	99.3	99.3	99.4	99.4	99.4	99.4
3	34.1	30.8	29.5	28.7	28.2	27.9	27.7	27.5	27.3	27.2
4	21.2	18.0	16.7	16.0	15.5	15.2	15.0	14.8	14.7	14.5
5	16.3	13.3	12.1	11.4	11.0	10.7	10.5	10.3	10.2	10.1
6	13.7	10.9	9.78	9.15	8.75	8.47	8.26	8.10	7.98	7.87
7	12.2	9.55	8.45	7.85	7.46	7.19	6.99	6.84	6.72	6.62
8	11.3	8.65	7.59	7.01	6.63	6.37	6.18	6.03	5.91	5.81
9	10.6	8.02	6.99	6.42	6.06	5.80	5.61	5.47	5.35	5.26
10	10.0	7.56	6.55	5.99	5.64	5.39	5.20	5.06	4.94	4.85
11	9.65	7.21	6.22	5.67	5.32	5.07	4.89	4.74	4.63	4.54
12	9.33	6.93	5.95	5.41	5.06	4.82	4.64	4.50	4.39	4.30
13	9.07	6.70	5.74	5.21	4.86	4.62	4.44	4.30	4.19	4.10
14	8.86	6.51	5.56	5.04	4.70	4.46	4.28	4.14	4.03	3.94
15	8.68	6.36	5.42	4.89	4.56	4.32	4.14	4.00	3.89	3.80
16	8.53	6.23	5.29	4.77	4.44	4.20	4.03	3.89	3.78	3.69
17	8.40	6.11	5.18	4.67	4.34	4.10	3.93	3.79	3.68	3.59
18	8.29	6.01	5.09	4.58	4.25	4.01	3.84	3.71	3.60	3.51
19	8.18	5.93	5.01	4.50	4.17	3.94	3.77	3.63	3.52	3.43
20	8.10	5.85	4.94	4.43	4.10	3.87	3.70	3.56	3.46	3.37
21	8.02	5.78	4.87	4.37	4.04	3.81	3.64	3.51	3.40	3.31
22	7.95	5.72	4.82	4.31	3.99	3.76	3.59	3.45	3.35	3.26
23	7.88	5.66	4.76	4.26	3.94	3.71	3.54	3.41	3.30	3.21
24	7.82	5.61	4.72	4.22	3.90	3.67	3.50	3.36	3.26	3.17
25	7.77	5.57	4.68	4.18	3.86	3.63	3.46	3.32	3.22	3.13
30	7.56	5.39	4.51	4.02	3.70	3.47	3.30	3.17	3.07	2.98
40	7.31	5.18	4.31	3.83	3.51	3.29	3.12	2.99	2.89	2.80
100	6.90	4.82	3.98	3.51	3.21	2.99	2.82	2.69	2.59	2.50

续表　　　　　　　　　　　　　　　　　　$\alpha=0.01$

n_1 n_2	12	14	16	18	20	22	26	30	40	100
1	6106	6142	6170	6192	6208	6222	6244	6261	6287	6334
2	99.4	99.4	99.4	99.4	99.4	99.5	99.5	99.5	99.5	99.5
3	27.1	26.9	26.8	26.8	26.7	26.6	26.6	26.5	26.4	26.2
4	14.4	14.2	14.2	14.1	14.0	14.0	13.9	13.8	13.7	13.6
5	9.89	9.77	9.68	9.61	9.55	9.51	9.43	9.38	9.29	9.13
6	7.72	7.60	7.52	7.45	7.40	7.35	7.28	7.23	7.14	6.99
7	6.47	6.36	6.28	6.21	6.16	6.11	6.04	5.99	5.91	5.75
8	5.67	5.56	5.48	5.41	5.36	5.32	5.25	5.20	5.12	4.96
9	5.11	5.01	4.92	4.86	4.81	4.77	4.70	4.65	4.57	4.41
10	4.71	4.60	4.52	4.46	4.41	4.36	4.30	4.25	4.17	4.01
11	4.40	4.29	4.21	4.15	4.10	4.06	3.99	3.94	3.86	3.71
12	4.16	4.05	3.97	3.91	3.86	3.82	3.75	3.70	3.62	3.47
13	3.96	3.86	3.78	3.72	3.66	3.62	3.56	3.51	3.43	3.27
14	3.80	3.70	3.62	3.56	3.51	3.46	3.40	3.35	3.27	3.11
15	3.67	3.56	3.49	3.42	3.37	3.33	3.26	3.21	3.13	2.98
16	3.55	3.45	3.37	3.31	3.26	3.22	3.15	3.10	3.02	2.86
17	3.46	3.35	3.27	3.21	3.16	3.12	3.05	3.00	2.92	2.76
18	3.37	3.27	3.19	3.13	3.08	3.03	2.97	2.92	2.84	2.68
19	3.30	3.19	3.12	3.05	3.00	2.96	2.89	2.84	2.76	2.60
20	3.23	3.13	3.05	2.99	2.94	2.90	2.83	2.78	2.69	2.54
21	3.17	3.07	2.99	2.93	2.88	2.84	2.77	2.72	2.64	2.48
22	3.12	3.02	2.94	2.88	2.83	2.78	2.72	2.67	2.58	2.42
23	3.07	2.97	2.89	2.83	2.78	2.74	2.67	2.62	2.54	2.37
24	3.03	2.93	2.85	2.79	2.74	2.70	2.63	2.58	2.49	2.33
25	2.99	2.89	2.81	2.75	2.70	2.66	2.59	2.54	2.45	2.29
30	2.84	2.74	2.66	2.60	2.55	2.51	2.44	2.39	2.30	2.13
40	2.66	2.56	2.48	2.42	2.37	2.33	2.26	2.20	2.11	1.94
100	2.37	2.27	2.19	2.12	2.07	2.02	1.95	1.89	1.80	1.60

附表6 检验相关系数的临界值表

$$P(|R| > r_\alpha) = \alpha$$

n \ α	0.10	0.05	0.02	0.01	0.001
1	0.98769	0.99692	0.999507	0.999877	0.9999988
2	0.90000	0.95000	0.98000	0.99000	0.99900
3	0.8054	0.8783	0.9343	0.9587	0.9911
4	0.7293	0.8114	0.8822	0.9172	0.9741
5	0.6694	0.7545	0.8329	0.8745	0.9509
6	0.6215	0.7067	0.7887	0.8343	0.9249
7	0.5822	0.6664	0.7498	0.7977	0.8983
8	0.5494	0.6319	0.7155	0.7646	0.8721
9	0.5214	0.6021	0.6851	0.7348	0.8471
10	0.4973	0.5760	0.6581	0.7079	0.8233
11	0.4762	0.5529	0.6339	0.6835	0.8010
12	0.4575	0.5324	0.6120	0.6614	0.7800
13	0.4409	0.5140	0.5923	0.6411	0.7604
14	0.4259	0.4973	0.5742	0.6226	0.7420
15	0.4124	0.4821	0.5577	0.6055	0.7247
16	0.4000	0.4683	0.5425	0.5897	0.7084
17	0.3887	0.4555	0.5285	0.5751	0.6932
18	0.3783	0.4438	0.5155	0.5614	0.6788
19	0.3687	0.4329	0.5034	0.5487	0.6652
20	0.3598	0.4227	0.4921	0.5368	0.6524
25	0.3233	0.3809	0.4451	0.4869	0.5974
30	0.2960	0.3494	0.4093	0.4487	0.5541
35	0.2746	0.3246	0.3810	0.4182	0.5189
40	0.2573	0.3044	0.3578	0.3932	0.4896
45	0.2429	0.2876	0.3384	0.3721	0.4647
50	0.2306	0.2732	0.3218	0.3542	0.4432
60	0.2108	0.2500	0.2948	0.3248	0.4078
70	0.1954	0.2319	0.2737	0.3017	0.3798
80	0.1829	0.2172	0.2565	0.2830	0.3568
99	0.1726	0.2050	0.2422	0.2673	0.3375
100	0.1638	0.1946	0.2301	0.2540	0.3211

图书在版编目（CIP）数据

概率论与数理统计（第三版）学习参考/姚孟臣编著. --北京：中国人民大学出版社，2022.7
（经济应用数学基础）
ISBN 978-7-300-30788-6

Ⅰ.①概… Ⅱ.①姚… Ⅲ.①概率论-高等学校-教学参考资料②数理统计-高等学校-教学参考资料 Ⅳ.①O21

中国版本图书馆 CIP 数据核字（2022）第 115872 号

经济应用数学基础
概率论与数理统计（第三版）学习参考
姚孟臣　编著
Gailülun yu Shuli Tongji（Di-san Ban）Xuexi Cankao

出版发行	中国人民大学出版社		
社　　址	北京中关村大街 31 号	邮政编码	100080
电　　话	010－62511242（总编室）	010－62511770（质管部）	
	010－82501766（邮购部）	010－62514148（门市部）	
	010－62515195（发行公司）	010－62515275（盗版举报）	
网　　址	http://www.crup.com.cn		
经　　销	新华书店		
印　　刷	固安县铭成印刷有限公司		
开　　本	787 mm×1092 mm　1/16	版　　次	2022 年 7 月第 1 版
印　　张	12.25	印　　次	2024 年 12 月第 2 次印刷
字　　数	270 000	定　　价	32.00 元